卓越系列·21世纪高职高专精品规划教材

五年制学前教育专业

数　　学

（上册）

王金娥　主编

天津大学出版社
TIANJIN UNIVERSITY PRESS

内 容 提 要

本书分为上、下两册,涵盖了幼儿园、小学、初中数学的全部内容以及部分高中数学的内容.全书由4部分共17章构成,包括数与集合、代数与函数、量与几何、概率统计与简易逻辑.各部分的内容从幼儿园中涉及的数学知识开始逐渐拓展到小学、初中、高中的数学知识,以基础知识为主,覆盖面广、体系完整.

本书不仅可作为高职高专学校数学课程的教材,还适合于幼儿园教师、初级数学爱好者阅读,有利于补充读者在数学领域中欠缺的基础知识.

图书在版编目(CIP)数据

数学.上/王金娥主编.—天津:天津大学出版社,2014.7
(卓越系列)(2020.8重印)
21世纪高职高专精品规划教材·五年制学前教育专业
ISBN 978-7-5618-5057-2

Ⅰ.①数…　Ⅱ.①赵…　Ⅲ.①高等数学—高等职业教育—教材　Ⅳ.① O13

中国版本图书馆CIP数据核字(2014)第093326号

出版发行	天津大学出版社
地　　址	天津市卫津路92号天津大学内(邮编:300072)
电　　话	发行部:022-27403647
网　　址	www.tjupress.com.cn
印　　刷	天津泰宇印务有限公司
经　　销	全国各地新华书店
开　　本	185mm×260mm
印　　张	19.5
字　　数	474千字
版　　次	2014年7月第1版
印　　次	2020年8月第3次
定　　价	45.00元

本书编委会

主　编　王金娥　黑龙江幼儿师范高等专科学校

参　编　（按姓氏笔画排序）
　　　　于洪波　黑龙江幼儿师范高等专科学校
　　　　卢华栋　黑龙江幼儿师范高等专科学校
　　　　闫　玲　黑龙江幼儿师范高等专科学校
　　　　李　宏　黑龙江幼儿师范高等专科学校
　　　　李海波　黑龙江幼儿师范高等专科学校
　　　　杨晓华　黑龙江幼儿师范高等专科学校
　　　　周　超　黑龙江幼儿师范高等专科学校
　　　　徐镇红　黑龙江幼儿师范高等专科学校

前　言

　　随着社会的进步、科技的发展,国际的竞争已经逐渐形成以科技为主的多元化趋势,世界各国也越来越重视教育.1997—2007 年时任英国首相布莱尔执政期间,英国先后出台了多项学前教育改革政策,应对其学前教育发展、教育改革乃至社会发展的困境与危机.其中最重要的学前教育改革政策有 1998 年制定的"确保开端"计划、2003 年制定的"每个孩子都重要"规划、2004 年制定的"儿童保育十年战略"及 2005 年制定的"早期奠基阶段",它们极大地推动了英国学前教育的改革与发展。而我国早在 2001 年就颁布了《幼儿园教育指导纲要》,2010 年颁布了《国家中长期教育改革和发展规划纲要》,随后又出台了《国务院关于当前发展学前教育的若干意见》,可见我国对学前教育的重视程度.

　　本书是作者所在数学教研室的全体教师在长期对黑龙江幼儿师范高等专科学校数学课程教学进行改革的基础上编写而成的,是以学前教育中涉及的数学知识为蓝本,以生活中的数学应用为切入点,以 4 部分——数与集合、代数与函数、量与几何、概率统计与简易逻辑为出发点.各部分的内容以整合小学、初中数学内容为主,以幼儿园数学知识为辅,适当增加高中数学知识.

　　本书内容以基础为主,覆盖面广、体系完整,不仅可作为高职高专学校数学课程的教材,还适合于幼儿园教师阅读,有利于补充读者在数学领域中欠缺的基础知识.

　　在本书编写的过程中,黑龙江幼儿师范高等专科学校王金娥任主编并负责策划、统稿,且编写了第 2 章、第 3 章、第 4 章;黑龙江幼儿师范高等专科学校于洪波负责第 6 章、第 7 章、第 8 章的编写工作;黑龙江幼儿师范高等专科学校卢华栋负责第 13 章、第 17 章的编写工作;黑龙江幼儿师范高等专科学校闫玲负责第 1 章、第 5 章的编写工作;黑龙江幼儿师范高等专科学校李宏负责第 11 章、第 12 章前 3 节的编写工作;黑龙江幼儿师范高等专科学校李海波负责第 15 章、第 16 章的编写工作;黑龙江幼儿师范高等专科学校杨晓华负责第 12 章后 4 节的编写工作;黑龙江幼儿师范高等专科学校周超负责第 14 章的编写工作;黑龙江幼儿师范高等专科学校徐镇红负责第 9 章、第 10 章的编写工作.

　　另外,在本书编写的过程中还得到了黑龙江幼儿师范高等专科学校教务处徐青处长的大力支持,也得到了牡丹江市幼教中心、教育实验幼儿园、未来之星幼儿园的园长和教师们的大力支持与帮助,在此一并感谢.

由于编者学识水平有限,且时间仓促,本书难免有不妥和不完善之处,编者将继续不断地修改,同时也恳请读者给予批评指正.

编者

2014 年 6 月

目　　录

第一部分　数与集合

第二部分　代数与函数

第一部分　数与集合

　　儿童从开始记事起,爸爸妈妈就掰着手指头教他们数 1,2,3,…他们也慢慢地知道 3 个指头、3 颗糖、3 个人……都表示的是数字 3.慢慢地,他们开始萌发了数的概念,但系统地建立数的概念还是从进入学校后开始的,首先认识整数,再认识小数与分数、有理数与无理数以及实数与复数,从而建立数的概念.掌握有关数的基础知识,是学习数学的基础.当然,幼儿对数的概念的形成起始于对集合的感知,随着数学知识的丰富,又可以加深他们对数与集合有关知识的理解和认识.

　　"数与集合"是数学学科中的基础,因此具有非常重要的地位.关于"数与集合"的学习,首先是对数的认识,着重研究初等数学中数的概念.这部分内容从纵向看,包括整数、小数、分数、百分数、无理数和虚数的有关概念,也包括对负数的初步认识;从横向看,可以归结为 5 个方面的内容,即数的意义、数的读法和写法、数的比较大小、数的性质、数的改写.其次是数的运算,着重研究整数、小数、分数、有理数、实数和复数的四则运算,包括四则运算的意义、计算方法、运算定律及其应用.最后,在对数的感性认识的基础上,结合实例引出集合及其元素的概念与关系,介绍集合的表示方法、关系与运算,并给出集合在学前教育数学中的应用.

第1章 整数

整数的学习是数学的基础阶段．在整数的有关知识中,有些概念比较抽象,难以理解和记忆,其中有的很容易混淆,应用时容易出现错误．譬如多位数的读写,特别是含有 0 的多位数,最容易读错或写错．此外,整数的知识除了数的意义、性质与运算等内容,还包括"数的整除",它涉及的概念与法则较多,如约数与倍数、质数与合数以及奇数与偶数等概念,还有求最大公约数、最小公倍数、分解质因数的方法等．

1.1 自然数

听,幼儿园里老师正在与小朋友一同欣赏音乐呢!

这是一个多么美妙的夜晚啊,小朋友们,让我们一起听着音乐,尽情地享受这无尽的美妙吧!在这美妙的夜空中也隐藏着许多的数学知识,你们发现了吗? 天空有很多很多的星星,这些星星可以用我们学过的数字来表示,1 颗、2 颗、3 颗……我们用肉眼看到的星星有 3 000 多颗呢!

"数"在数学学习中占有十分重要的地位,它可以帮助我们从数量关系的角度更准确、更清晰地认识、描述和把握现实世界．我们平时数物体的时候,像 1,2,3,4,5,…这样一个一

个地数,这些数都是自然数.如果一颗星星也看不到,用数 0 来表示,0 也是自然数.

一、自然数的意义

用来表示物体个数的 1,2,3,4,5,…叫作自然数.一个物体也没有,用 0 表示,0 也是自然数."1"是自然数的基本单位,任何非 0 的自然数都由若干个"1"组成.

二、自然数的性质

1)0 是自然数,而且是最小的自然数.

2)每一个自然数 a,都有一个确定的后续数 $a+1$.一个数的后续数 $a+1$ 就是紧接在这个数后面的数.

三、自然数的含义

1. 基数

自然数用来表示物体多少时叫作基数.例如:"54 个学生"中的"54"是基数.

【注意】基数表示事物的数量.不同的基数词表示的数量不一样.

教幼儿认识 10 以内的基数是幼儿数学教育的一个重要内容.幼儿形成 10 以内基数概念,可为幼儿形成初步数概念和今后学习加减运算奠定基础.

2. 序数

自然数用来表示物体次序时叫作序数.例如:"小军站在第 3 排第 7 列的位置"中的"3"和"7"都是序数.

【注意】序数表明各数在自然数列中的位置,通常用"第几"来表示.

序数不仅表示事物的数量,而且还能表示事物的次序.每个序数词都有它特定的位置.

在一个句子里出现的自然数究竟是基数还是序数,要根据语言环境来判断.用来表示物体多少时是基数,用来表示物体次序时是序数.

区别序数词和基数词时,要知道,当问"共有多少"时,应该用基数词"几个"来回答;当问到某一样东西在哪一个位置上时,要用序数词"第几"来回答.总之,通过序数可以加深对自然数的理解,并让幼儿会使用序数词和基数词.

四、自然数中"正整数"的含义

像 $+1,+3,+5,+11$ 等大于 0 的自然数("+"通常省略不写)叫作正整数,正整数前面的"+"称为正号.在小学阶段,正整数的意义是通过自然数的意义表述的,我们也称它为非负整数.

五、自然数的分类

自然数可以分为正整数和零.

1. 负整数的含义

像 $-5,-8,-20$ 等在正整数前面加上"—"的数叫作负整数,负整数前面的"—"称为负号．负整数小于 0.

这种在一个数前面添加"＋""－"来表示它的"正""负"的符号叫作性质符号．添加了性质符号"＋"或"－"的数分别称为正数或负数，0 既不是正数也不是负数，正数前的正号可以省略不写．

2. 负（整）数的产生

正数和负数都是根据生活实际需要而产生的，比如一些具有相反意义的量：收入 2 000 元与支出 2 000 元，上升 5 米与下降 5 米，零上 2℃与零下 2℃等。虽然它们意义相反，却表示着一样的数量．

相反意义的量必须满足的两个条件：

1）它们必须是同一属性的量；

2）它们的意义相反，例如上升和下降，向东运动和向西运动．

3. 负（整）数的用法

我们把一种意义的量规定为正（如收入 2 000 元规定为＋2 000 元），把另一种和它意义相反的量规定为负（如支出 2 000 元规定为－2 000 元），负数与正数表示的量具有相反的意义．在生活中，当气温低于 0℃时，为了把零下温度与零上温度区分开，会采用一种新的记数方法．例如：为了区分零下 18℃与零上 18℃，用－18℃表示零下 18℃；再如存折上存入 1 000 元，用＋1 000 元表示，支出 1 000 元，则用－1 000 元表示．

思考："上升"高度一定要用正数表示吗？

1. 判断下列说法的对错，对打"√"，错打"×"．

(1)自然数中一定有一个数是最大的自然数．（　　　）

(2)0 是自然数．（　　　）

(3)在所有自然数中，因为 8 在 3 的后面，所以 8 大于 3.（　　　）

(4)1 是最小的整数．（　　　）

(5)比 3 小的自然数只有两个．（　　　）

(6)自然数的基本单位是 1,93 由 93 个基本单位组成．（　　　）

2. 下列数是基数的画"△"，是序数的画"○"．

(1)我们班有 58 个同学．（　　　）

(2)我的学号是 45.（　　　）

(3)小明期末考试考了第 2 名．（　　　）

(4)我是大一 5 班的学生．（　　　）

(5)我在第 4 排第 2 组坐着．（　　　）

(6)数学课本有 65 页．（　　　）

3. 观察下面的卡片回答问题．

　　　1　　8　　6　　7　　4　　9　　5　　3

(1)一共有几张数字卡片？

（2）哪一张卡片排在最左边？卡片是从右边数，卡片 ⑦ 是第几张？

（3）卡片 ⑨ 是在标有哪两个数字的卡片之间？

4．一只老猫捉了 12 只老鼠，其中有一只小白鼠．老猫自言自语地说："我要分三批吃它们．不过吃以前叫它们站好队，我从第一个开始吃，隔一个吃掉一个，也就是我第一次吃掉站在第 1，3，5，7，9，11 号位置小老鼠；剩下的叫它们不许动，第二次还是从第一个吃起，隔一个吃掉一个；第三次也是按照这个办法吃．但把最后剩下的一个放了．"这话被聪明的小白鼠听见了，于是它站在了某个号的位置上，最后没有被吃掉．你知道小白鼠站的是第几号位置吗？

数的诞生

数学——自然科学之父，起源于用来计数的自然数的伟大发明．

若干年以前，人类的祖先为了生存，往往几十人生活在一起，过着群居的生活．他们白天共同劳动，猎捕野兽、飞禽或采集果蔬食物；晚上住在洞穴里，共同享用劳动所得．在长期的共同劳动和生活中，他们之间逐渐到了有些什么东西非说不可的地步，于是产生了语言．他们能用简单的语言夹杂手势，来表达感情和交流思想．随着劳动内容的增多，他们的语言也不断发展，终于超过了一切其他动物的语言．其中的主要标志之一，就是语言包含了算术的色彩．

人类先是产生了"数"的朦胧概念．他们狩猎归来，猎物或有或无，于是有了"有"与"无"两个概念．连续几天"无"猎可狩，就没有肉吃了，"有""无"的概念便逐渐加深．

后来，群居发展为部落．部落由一些成员很少的家庭组成．所谓"有"，就分为"一""二""三""多"等四种（有的部落甚至连"三"也没有）．任何大于"三"的数量，他们都理解为"多"或"一堆""一群"．有些酋长虽是长者，却说不出他捕获过多少种野兽，看见过多少种树，如果问巫医，巫医就会编造一些词汇来回答"多少种"的问题，并煞有介事地吟诵出来．然而，不管怎样，他们已经可以用双手表达清楚这样的话（用一个指头指鹿，三个指头指箭）："要换我一头鹿，你得给我三支箭．"这是他们当时没有的算术知识．

大约在 1 万年以前，冰河退却了．一些从事游牧的石器时代的狩猎者在中东的山区内，开始了一种新的生活方式——农耕生活．他们遇到了怎样记录日期、季节，怎样计算收藏谷物数、种子数等问题．特别是在尼罗河谷、底格里斯河与幼发拉底河流域发展起更复杂的农业社会时，他们还碰到交纳租税的问题．这就要求数有名称，而且计数必须更准确些，只有"一""二""三""多"，已远远不够用了．

底格里斯河与幼发拉底河之间及两河周围，叫作美索不达米亚，那儿产生过一种文化，与埃及文化一样，也是世界上最古老的文化之一．美索不达米亚人和埃及人虽然相距很远，但却以同样的方式建立了最早的书写自然数的方法——在树木或石头上刻痕划印来记录流逝的日子．尽管数的形状不同，但却有共同之处，他们都是用单画表示"1"．

后来（特别是以村寨定居后），他们逐渐以符号代替刻痕，即用 1 个符号表示 1 件东西，2 个符号表示 2 件东西，以此类推，这种记数方法延续了很久．大约在 5 000 年以前，埃及的祭司已在一种用芦苇制成的草纸上书写数的符号，而美索不达米亚的祭司则是将数的符号写在松软的泥板上．他们除了仍用单画表示"1"以外,还用其他符号表示"+"或更大的自然数;他们重复地使用这些单画和符号,以表示所需要的数字．

公元前1500年,南美洲秘鲁印加族(印第安人的一部分)习惯于"结绳记数"——每收进一捆庄稼,就在绳子上打个结,用结的多少来记录收成．"结"与痕有一样的作用,也是用来表示自然数的．根据我国古书《易经》的记载,上古时期的中国人也是"结绳而治",就是用在绳上打结的办法来记事表数．后来又改为"书契",即用刀在竹片或木头上刻痕记数．用一画代表"1"．直到今天,中国人还常用"正"字来记数,每一画代表"1"．当然,这个"正"字还包含着"逢五进一"的意思．

1.2   计数与记数

幼儿园里的数字歌:1像铅笔细长条;2像天鹅水上漂;3像耳朵听声音;4像红旗风中飘;5像鱼钩来钓鱼;6像口哨吹个响;7像镰刀把草割;8像葫芦有个腰;9像勺子把饭盛;画个鸡蛋都像0.

一般家长都有一个共同的感觉,孩子学语言、学文字较容易,学数、学计算就比较困难．这是可以理解的．因为幼儿掌握和接触的语言和文字都比较具体、形象,而数本身却很抽象．所以在幼儿园的数学活动中,学习数字的时候经常编成像上面那样的儿歌．孩子学会数数是有一个发展过程的,了解了这个过程就可以帮助孩子较好地学会数数．

一、计数

1．计数的含义

数数就是计数．计数的过程就是把物体与自然数列里从"1"开始的、由小到大的若干个自然数建立一一对应的过程．要想知道一队学生有多少人,就从排头一个一个地数,把人数和自然数1,2,3,4,…依次对应起来,如果数到"25"正好数完,则这一队就有25名学生．

2．计数公理

1)只要不遗漏、不重复,计数的结果与计数的顺序无关．

2)用其他事物代替要数的事物,计数的结果不变．

3)最后出现的数就是数的结果．

计数的这些特征,称为计数公理或计数原则．

3．计数单位

一(个)、十、百、千、万、十万、百万、千万、亿、十亿、百亿、千亿……都是自然数的计数单位．"一"是基本单位,其他计数单位又叫作辅助单位．每相邻的两个计数单位,10个较低单位等于1个较高单位．

4. 计数过程

3～6 岁幼儿计数能力发展的一般过程：口头计数→按物点数→说出总数→从任意一数起计数→按数取物→按群计数．

二、记数符号

用来记数的符号叫作数字，也叫作数码．现在世界上通用的记数符号 1，2，3，…被称为阿拉伯数字．实际上，世界各国都有自己的记数符号，常用的数字有中国数字、罗马数字和阿拉伯数字，具体写法见表 1－1．

表 1－1

种类	写法	备注
中国数字	小写：零、一、二、三、四、五、六、七、八、九、十、百、千、万、亿等 大写：零、壹、贰、叁、肆、伍、陆、柒、捌、玖、拾、佰、仟、万、亿等	中国数字是我国常用的数字
阿拉伯数字	1，2，3，4，5，6，7，8，9，0	阿拉伯数字是世界各国通用的数字，也是数学中常用的数字
罗马数字	Ⅰ 表示 1，Ⅱ 表示 2，X 表示 10，L 表示 50，C 表示 100，D 表示 500，M 表示 1 000．例如 Ⅳ 表示 4，CV 表示 105 等	罗马数字是罗马人创造的记数符号，共有 7 个记数符号．由于罗马数字记数不方便，现在已经很少使用

思考：数字与数有什么区别？计数与记数呢？

三、数位与位值

1. 数位的含义

在记数时，计数单位要按照一定的顺序排列起来，它们所占的位置叫作数位．例如：9 357 中的"5"在右起第二位，即"5"所在的数位是十位．

在一个数里，某一位数左边的数位，就是这一位以及它右边的数位的高位．一个数左起的第一位，就是这个数的最高位．在一个数里，某一位数右边的数位，就是这一位以及它左边的数位的低位．一个数右起的第一位，就是这个数的最低位．在自然数范围内，个位是最低位．例如：在一个五位数中，百位相对于千位、万位来说是低位，但这个数的最低位是个位．

2. 位值的含义

数字本身与它所占的位置结合起来所表示的数值叫作位值．例如：在 44 404 中，个位上的"4"表示 4 个一，万位上的"4"表示 4 个万．

3. 位数

位数是指一个数(自然数)要用几个数字写出来(最左端数字不能为 0)，有几个数字就是几位数；或者说，一个自然数含有几个数位，就是几位数．例如：9 052 含有四个数位，那么 9 052 就是四位数．

思考：位数与数位有什么区别和联系？

知识链接

一、十进制计数法

1. 十进制计数法的含义

每相邻的两个计数单位之间的进率都是 10，这样的计数方法称为十进制计数法．即 10

个一等于 1 个十、10 个十等于 1 个百……

2. 十进制计数法的应用范围

十进制计数法遵循"满十进一"的原则,它是全世界通用的一种计数方法.

3. 十进制数

用十进制计数法表示的数,称为十进制数,简称十进数.

二、二进制计数法

根据"逢二进一"的原则,使用 0,1 两个数字计数,即进率是 2 的进位制方法,称为二进制计数法.用二进制计数法表示的数叫作二进制数,简称二进数.

由于二进制只有两个数码,故它的运算法则较简单,并且由于 0 和 1 可以与电器的开和关、纸带的有孔和无孔等建立起对应关系,所以二进制被广泛地应用于电子计算机中.

那么十进制和二进制如何转换呢?

二进制与十进制的对应关系如表 1—2 所示.

表 1—2

十进制	1	2	3	4	5	6	7	8	9	10	…
二进制	1	10	11	100	101	110	111	1000	1001	1010	…

二进制与十进制的转化方法如下.

(1)十进数化为二进数

把一个十进数化为二进数,只要用 2 连续去除此数,然后将每次所得的余数,按自下而上的顺序写出来即可.例如:

$$13 \div 2 = 6 \cdots 余 1$$
$$6 \div 2 = 3 \cdots 余 0$$
$$3 \div 2 = 1 \cdots 余 1$$
$$1 \div 2 = 0 \cdots 余 1$$

所以,$(13)_{10} = (1101)_2$.这种方法通常叫作"除二取余法".

(2)二进数化为十进数

把一个二进数化为十进数,只要把二进数各位上的数与以 2 为底的幂相乘(幂的次数为位数减 1),再把它们相加即可.例如:

$$(1\ 101)_2 = 1 \times 2^3 + 1 \times 2^2 + 0 \times 2^1 + 1 \times 2^0 = 8 + 4 + 0 + 1 = (13)_{10}.$$

众所周知,计算机就是采用二进制.计算机内部之所以采用二进制,其主要原因是二进制具有以下优点.

(1)技术上容易操作

用双稳态电路表示二进制数字 0 和 1,是比较容易的事情.

(2)可靠性高

二进制中只有 0 和 1 两个数字,传输和处理时不易出错,因而可以保障计算机具有很高的可靠性.

(3)运算规则简单

与十进数相比,二进数的运算规则要简单得多,这不仅可以使运算器的结构得到简化,而且有利于提高运算速度.

(4)与逻辑量相吻合

二进制中的0和1正好与逻辑量"真"和"假"相对应,因此用二进制数表示二值逻辑显得十分方便.

(5)二进数与十进数之间容易转换

人们使用计算机时可以仍然使用自己习惯的十进数,而计算机将其自动转换成二进数存储和处理,输出处理结果时又将二进数自动转换成十进数,这给工作带来极大的方便.

1. 填空.

(1)536是( )位数,3在( )位上,表示( ).

(2)用3,9,8,0,7组成的最大五位数是( ),最小五位数是( ).

(3)一个四位数最高位是( )位,最低位是( )位.

(4)一个数的最高位是万位,这个数是( )位数.

(5)观察下列各数之间的关系,根据数序填数.

①1,2,4,( ),11; ②25,( ),21,19,17,( ).

2. 判断.

(1)由8,0,2组成的最小三位数是028.( )

(2)一个数,个位上是3,十位上是5,这个数是53.( )

(3)27里面有7个十和2个一.( )

(4)一个正整数从右边起第九位是亿.( )

(5)最小的一位数是0.( )

阿拉伯数字的由来

通常,我们把0,1,2,…,8,9称为"阿拉伯数字".其实,这些数字并不是阿拉伯人创造的,它们最早产生于古代的印度.可是人们为什么又把它们称为"阿拉伯数字"呢?据传早在公元7世纪时,阿拉伯人渐渐地征服了周围的其他民族,建立起一个东起印度,西到非洲北部及西班牙的萨拉森帝国.到后来,这个大帝国又分裂成为东、西两个国家.由于两个国家的历代君主都注重文化艺术,所以两国的都城非常繁荣,其中东都巴格达更胜一筹.这样,西来的希腊文化,东来的印度文化,都汇集于此.阿拉伯人将两种文化理解并消化,形成了新的阿拉伯文化.大约在公元750年,有一位印度的天文学家拜访了巴格达王宫,把他随身带来的印度制作的天文表献给了当时的国王.印度数字1,2,3,…以及印度式的计算方法,也就在这个时候介绍给了阿拉伯人.因为印度数字和计算方法既简单又方便,所以很快就被阿拉伯人接受了,并且逐渐传播到欧洲各个国家.在漫长的传播过程中,印度创造的数字就被称为"阿拉伯数字"了.后来,人们虽然弄清了"阿拉伯数字"的来龙去脉,但大家早已习惯了"阿拉伯数字"这个叫法,所以一直沿用了下来.

1.3　整数的读写

有的幼儿一见到大数字,就不知道怎么读;还有的知道是从高位读起,于是就从个位数起,个位、十位、……一直数到最高位,这样读,不但慢,而且易出错,只要数错一位,整个数就会读错.其实,读数很容易,会读四位数的幼儿,都能准确、快速地读出多位数.如何准确读出和写出身边事物的数据信息呢?

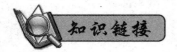

一、正整数的读写

读数时,从高位读起,一级一级地往下读,先读亿级,再读万级,最后读个级.

写数时,也从高位写起,一级一级地往下写,先写亿级,再写万级,最后写个级.

1. 万以内数的读写

读万以内的数,要从最高位起,按照数位的顺序读.千位上是几就读几千,百位上是几就读几百,十位上是几就读几十,个位上是几就读几;中间有一个"0"或两个"0",只读一个"零";末尾无论有几个"0"都不读.具体归纳见表1—3.

表1—3

项目	不带 0 的数	中间带 0 的数		末尾带 0 的数
		带一个 0 的数	带两个 0 的数	
读法	全读出来	读一个零	读一个零	各个数位上的 0 都不读
写法	全写出来	写一个 0	写两个 0	各个数位上的 0 都要写

例如:

千位	百位	十位	个位	
4	3	2	1	读作:四千三百二十一
4	0	0	1	读作:四千零一
4	0	2	0	读作:四千零二十
3	5	6	0	读作:三千五百六十

2. 万以上数的读写

读万以上的数,要从最高位起,顺次读出各级里的数及它的级名.万级和亿级,都按照个级的读法去读,再在后面加上"万"字或"亿"字;每级末尾的"0"都不读,其他各数位上,无论有一个"0"或连续几个"0",都只读一个"零".

例如：

亿级	万级	个级	
50	3 000	0 005	读作：五十亿三千万零五
4	1 005	3 000	读作：四亿一千零五万三千

写多位数的关键是确定最高位是哪一级里的哪一位,然后从最高位起一级一级、一位一位地往下写．哪一位上一个单位也没有,就在那一位上写 0.

二、负整数的读写

"—"读作"负",负号后面是几就读几．例如：—38 读作负三十八．

思考:零下温度可不可以按负数的读法读?

写数时,因为正数和负数表示的是一对具有相反意义的量,为了把正(整)数和负(整)数区分开,正(整)数就是在数的前面写"＋",负(整)数则是在数的前面写"—".

例如:月球表面白天的平均温度是零上 126 ℃,记作＋126 ℃;夜间的平均温度是零下 150 ℃,记作—150 ℃.

三、整数的改写

为了读写方便,可以把一个较大的多位数改写成以"万"或"亿"为单位的数．

1. 整万或整亿数的多位数的改写

整万、整亿数的改写,就是把万位后面的 4 个 0 或亿位后面的 8 个 0 省略,换成一个"万"或"亿"字．

例如:100 000＝10 万;30 200 000 000＝302 亿.

2. 不是整万或整亿数的多位数的改写

如果要改写的多位数不是整万或整亿的数,改写的方法是在万位或亿位数字的右下角点上小数点,去掉小数末尾的 0,再在小数后面加写"万"或"亿"字作单位．

例如:43 580＝4.358 万;1 350 000 000＝13.5 亿.

四、整数的近似数

1. 近似数和准确数

有些数据只是与实际大体符合,或者说与实际的数接近,这样的数叫作近似数．

在人类的实践活动中,经常遇到各种各样的数据,有的数据是与实际完全符合的,叫作准确数．例如:某班有 45 名学生,这里的 45 就是准确数．

2. 表示近似数与准确数关系的符号

因为近似数是接近于准确值的数,大小发生了变化,所以准确数与近似数中间不能用"＝"连接．准确数与近似数中间应用"≈"(约等号,读作约等于)来连接．

对大的数目进行统计时,一般取近似数．例如:某城市有 1 200 万人,并不是指正好有 1 200 万人．显然,1 200 万就是个近似数．在计算中也常遇到近似数,例如:1÷3≈0.33,0.33 也是近似数．

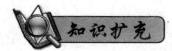

近似数是把一个数按照具体要求截取到指定的数位而得到的,求近似数的方法一般有三种,如表1-4所示.

表1-4

方法名称	四舍五入法	进一法	去尾法
具体做法	按需要截取到指定数位后,如果尾数的最高位上的数比5小,就把尾数都舍去(叫四舍);如果尾数的最高位是5或大于5,把尾数舍去后,再向它的前一位进一(叫五入),"四舍""五入"后,再在保留数后面加上指定的计数单位	在截取近似数时,不管多余部分的数是多少,都向前一位进一	在截取近似数时,不管多余部分的数是多少,一概去掉
举例	例如:732 890 省略万位后面的尾数,即 732 890≈73 万 (四舍)(填写万字) 1 970 084 000 吨省略亿位后面的尾数,即 1 970 084 000 吨≈20 亿吨 (五入) (填写亿字)	例如:一个油桶能装油100千克,425千克油需要多少个油桶? 425÷100=4(个)…25(千克) 也就是说,装满4个油桶还余25千克.余下的油还需要1个油桶,所以商中的4应改成5,即 425÷100≈5(个)	例如:制造一台机器用1.2吨钢材,现有39吨钢材,可以制造多少台机器? 39÷1.2=32.5(台) 也就是说,制造32台还余下0.6(因为0.5×1.2=0.6)吨钢材.余下的钢材不够制造一台机器,所以商中的0.5应去掉,即 39÷1.2≈32(台)
特点	"四舍"时得到的数比准确数小(叫不足近似值),"五入"时得到的数比准确数大(叫过剩近似值)	用进一法得到的近似数总是比准确数大	用去尾法得到的近似数总是比准确数小
备注	尾数:一个数的某一位后面的部分叫作它的尾数.如 35 489 的万位后面的尾数是 5 489 用法:这三种截取近似数的方法,各自适用于不同的情况,具体运用时要根据实际情况而定,一般来说,如果没有特殊要求或其他条件限制,我们都可以采用四舍五入法		

我国是世界上最早使用"四舍五入法"进行计算的国家.2 000多年前,人们就已经使用"四舍五入法"进行计算了;1 700多年前,天文学家杨伟明确提出了"四舍五入法"."四舍五入法"在生活中应用非常广泛,用它能更好地解决生活中的许多问题.

思考:

(1)用"进一法""去尾法""四舍五入法"取近似数有何区别;

(2)改写整数和省略尾数在方法、结果以及与原数的关系上有何区别.

1. 填空.

(1)在87后面添上(　)个0就组成了八千七百万.

(2)最大的八位数是(　　　　　),最小的九位数是(　　　　　),它们相差(　　　).

(3)"六千零三万零五十六"写作(　　　　　　　　).

2. 把下面各数改写成用"万"或"亿"作单位的数:

(1)80 000;　　　　(2)286 000;　　　　(3)2 700 000;

(4)28 700 010 000;　(5)1 007 890;　　(6)203 097.

3. 省略下面各数万位后面的尾数,求它们的近似数:

(1)85 379;　　　　(2)319 005;　　　　(3)7 980 185.

4. 省略下面各数亿位后面的尾数,求它们的近似数:

(1)427 000 000;　　(2)41 056 000 000;　(3)8 036 703 000.

5. 下面的□里可以填哪些数字.

(1)19□785≈20 万;　　　　　　(2)60□907≈60 万;

(3)9□8 765≈100 万;　　　　　(4)9□4 765≈90 万.

师徒读数

有一天,唐僧想考考三个徒弟的数学水平,于是他把徒弟们叫到面前,说:"徒儿们,现在我在地上写 3 个数,你们谁能准确读出来,我就把真经传给他."

唐僧首先写出:23 456.猪八戒迫不及待地说:"这个读二三四五六!"唐僧摇了摇头,说:"八戒,多位数的读法是有规律的.每个数字从右到左依次为个位、十位、百位、千位和万位.只要从左到右把每个数字读出来,并在后面加上万、千、百、十就可以了,只是需要注意,最后一个数字不要读'个'.所以,23 456 读作二万三千四百五十六."

唐僧又写出:130 567.孙悟空马上说:"这太容易了,读作十三万零千五百六十七."唐僧又摇了摇头,说:"遇到 0,要特别注意,当一串数中间有 0 时,只要读零就可以了,它后面的数位不要读出来.所以,这个数应该读作十三万零五百六十七."

第三个数是 120 034.沙和尚想了想说:"应该读作十二万零零三十四."唐僧叹了口气,说:"如果一串数中有连续的几个零,读一个就可以了.所以,这个数要读作十二万零三十四.徒儿们,你们的数学都学得不太好,还得继续努力,真经暂时不能传给你们!"

1.4　整数的比较

"哥哥有 4 个苹果,姐姐有 3 个苹果,弟弟有 8 个苹果,哥哥给弟弟 1 个后,弟弟吃了 3 个,这时谁的苹果最多?"像这样的问题在幼儿园教学中经常出现,你能帮助他们解决这样的问题吗?

表示数与数或式与式之间某种关系的特定记号,叫作关系符号.如:">""<""=""≈"

"≡""≠".

一、表示整数大小关系的符号

表示整数大小关系的符号如表 1－5 所示

表 1－5

符号名称	意义	特点	共同点	应用举例	注意事项
"＞"叫作大于号	表示一个数（或式）比另一个数（或式）大的符号	连接的两个数（或式），左边的永远大于右边的	开口对着的数（或式的结果）永远是大的	"366＞365"读作：三百六十六大于三百六十五	几个大于号或几个小于号可以分别把一些数连接起来。例如 58＞57＞50 或 50＜57＜58. 但在同一个式子中不能同时使用"＞"和"＜"两种符号
"＜"叫作小于号	表示一个数（或式）比另一个数（或式）小的符号	连接的两个数（或式），左边的永远小于右边的		"365＜366"读作：三百六十五小于三百六十六	

表示一个数（或式）小于或等于另一个数（或式）的符号叫作小于等于号，用"≤"表示. 例如：$a \leqslant b+c$，表示 a 小于或等于 $b+c$，读作 a 小于等于 $b+c$.

表示一个数（或式）大于或等于另一个数（或式）的符号叫作大于等于号，用"≥"表示. 例如：$a \geqslant b+c$，表示 a 大于或等于 $b+c$，读作 a 大于等于 $b+c$.

二、正整数大小的比较

比较两个多位数的大小时，先把两个多位数相同数位对齐后，根据下面的规则比较.

1. 两个数的位数不相同

如果两个数的位数不相同，那么位数较多的那个数就大.

例如：$1\ 110＞986$；$11\ 401＞9\ 998$.

2. 两个数的位数相同

1）如果两个数的位数相同，最高位上的数字较大的那个数就大.

例如：$500＞499$；$20\ 001＞19\ 999$.

2）如果两个数的位数相同，并且最高位上的数字也相同，这时左边第二位上的数字大的那个数就大. 如果左边两个数字都相同，就看这两个数的左边第三位，第三位上的数字大的那个数就大. 以此类推，直到比出两个数的大小为止.

例如：$486＞476$；$486＞485$.

三、负整数大小的比较

负号后面的数越大，这个数反而越小. 例如：$-116＜-10$，$-7＞-8$.

思考：-1 比 -10 小吗？

【注意】负数小于正数. 例如：$-1＜1$，$-3＜1$；负数小于 0，正数大于 0.

哥哥原来有 4 个苹果,给弟弟 1 个后,这时有 3 个苹果.弟弟原来有 8 个苹果,得到哥哥给的 1 个,又吃了 3 个后,这时有 6 个苹果.姐姐的苹果数没变,还是 3 个.因为 6>3,所以这时弟弟的苹果最多.

比较负数的大小,可以借助数轴来说明.表示－1 的点在表示－10 的点的右边,而在数轴上右边的数永远大于左边的数,因此－1>－10.另一方面也可以结合生活实际来说明,零下 1 ℃要比零下 10 ℃的温度高,所以－1>－10.

通过数轴能更直观地比较数的大小.数轴上以 0 为分界点,左侧的数都是负数,右侧的数都是正数.所有的负数都在 0 的左边,也就是负数都比 0 小,正数都比 0 大,因此负数都比正数小.在数轴上,从左到右的顺序就是数从小到大的顺序.

数轴的定义、画法及利用数轴比较数的大小的方法如下.

1)定义:数轴是一条规定了原点、正方向和单位长度的直线.其中,原点、正方向和单位长度称为数轴的三要素.

2)画法:画一条水平直线,在这条直线上任取一点作为原点,再确定正方向和单位长度.数轴的三要素缺一不可,其中正方向只有一个,一般规定向右的方向为正方向,且数轴无端点.标数字时,通常把数字标在数轴的下方,而表示点的字母标在数轴的上方,如图 1-1 所示.

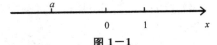

图 1-1

3)利用数轴比较数的大小的方法:数轴上从左向右的点表示的数是从小到大的顺序.在数轴上表示的两个数,右边的总比左边的大;正数都大于零;负数都小于零;正数大于一切负数.

数轴是非常重要的数学工具.它不仅使得数与直线上的点建立了一一对应的关系,而且使数与最简单的几何图形(直线)建立了相互对应的关系,揭示了数与形之间的内在联系,是数形结合思想形成的基础.

1. 选择.

(1)在－3,－1,0,2 这四个数中,最小的数是(　　).

　　A.－3　　　　B.－1　　　　C.0　　　　D.2

(2)下列各数比－3 小的数是(　　).

　　A.0　　　　B.1　　　　C.－4　　　　D.－1

(3)下面是几个城市某年一月份的平均温度,其中平均温度最低的城市是(　　).

　　A.桂林 11 ℃　　B.广州 13 ℃　　C.北京－4 ℃　　D.南京 3 ℃

(4)470 925,479 025,907 452,907 254 四个数按从小到大顺序排列正确的一组是(　　).

A. 470 925＜479 025＜907 452＜907 254

B. 470 925＜479 025＜907 254＜907 452

C. 907 452＞907 254＞479 025＞470 925

D. 479 025＜470 925＜907 254＜907 452

(5)下面与 3 000 最接近的数是（ ）.

A. 3 002　　　B. 2 999　　　C. 3 998　　　D. 2 998

(6)下面四个数中,有一个是小华在作业本上写的七位数,这个数比 5 000 000 小. 小华写的数是（ ）.

A. 408 050　　　B. 5 080 600　　　C. 4 809 060　　　D. 10 000 001

(7)3 456＜4□56,□里最小能填（ ）.

A. 4　　　B. 5　　　C. 0　　　D. 1

(8)把下面的数按从小到大的顺序排列,第三个数是（ ）.

A. 303 033　　　B. 330 303　　　C. 303 303　　　D. 330 330

2. 填空.

(1)比 2 小 1 的整数是（ ）.

(2)下面的□里最大能填几.

①8□00＜8 400;　　　　　②67□32 000＜67 532 000;

③67□000≈68 万;　　　　　④5 6□9 900 000≈56 亿.

(3)在 9,36,41,100,38,99 中,最大的数是（ ）,比 38 小得最多的数是（ ）,比 38 大得最少的数是（ ）.

3. 在下面填"＞""＜"或"＝":

(1)369 ＿＿＿ 693;　　　(2)1 2546 ＿＿＿ 6 548;　　　(3)456 332 ＿＿＿ 456 312;

(4)89 654 ＿＿＿ 86 542;　　(5)5 999 ＿＿＿ 6 001;　　(6)99 864 ＿＿＿ 101 010;

(7)574 500 ＿＿＿ 575 400;　　　　(8)68 000 900 ＿＿＿ 680 000 090;

(9)58 750 ＿＿＿ 42 300;　　　(10)1 070 200 ＿＿＿ 780 420;

(11)568 600 ＿＿＿ 876 800;　　　(12)240 009 000 ＿＿＿ 240 000 900.

4. 按从小到大的顺序排列下面各组数:

(1)87 406,　　78 604,　　86 704,　　84 670,　　76 840;

(2)500 505,　　505 005,　　555 000,　　5 000 550,　　500 055;

(3)573 907,　　57 万,　　5 700,　　573 197;

(4)514 600,　　516 400,　　614 500,　　1 456 000,　　415 600.

1.5　整数的运算

1.5.1　相邻数和数的组成

幼儿园里孩子们正在看着一张挂图:5 号房间的狐狸的邻居是 4 号房间的小猪和 6 号

房间的老虎,小动物有了邻居,那房间的门牌号数字也有自己的邻居,5 的邻居就是离它最近的两个数.

一、相邻数

自然数中比某数多 1 和少 1 的两个数叫作这个数的相邻数.如自然数"5",比 5 多 1 的是 6,比 5 少 1 的是 4,4 和 6 都是 5 的相邻数.

通过相邻数的教学,使幼儿了解每后一个数都比前一个数多 1 和每前一个数都比后一个数少 1 的关系,即知道某数的相邻数是几和几,使幼儿进一步认识到自然数列中各数之间的关系.相邻数教学是中班教学内容,也是中班教学重点,它是幼儿数概念形成的一个标志.幼儿掌握了相邻数的概念,说明幼儿不仅理解数的实际意义,而且了解了数的顺序及数与数之间的关系,形成了自然数列概念.

如何让幼儿认识相邻数呢?

1. 利用实物直观教学

通过比较两组物体的相等或不相等认识相邻数.先比较两组数量相等的物体,再比较两组数量不相等的物体,通过比较认识两个相邻数之间的关系.

展示两组相等的物体,让幼儿观察比较,判断两组物体是相等还是不相等.例如:展示两排数量相等的圆片,让幼儿观察比较,这两排圆片是相等还是不相等.启发幼儿数一数,第一排是几个圆片,第二排是几个圆片,结果表明两排圆片数量是相等的.教师说:如果在第二排添上 1 个圆片,那么两排圆片的数量还是否相等? 请比一比,数一数.幼儿认识到这两排物体由相等变为不相等.在第二排 4 个圆片基础上添上 1 个圆片,就变成 5 个圆片.在此基础上,老师继续提出问题:4 和 5 相比哪个多? 哪个少? 多多少? 少多少? 要求幼儿说出 4 比 5 少,5 比 4 多,4 比 5 少 1,5 比 4 多 1.所以,4 是 5 的相邻数,4 和 5 互为相邻数.

2. 学习认识三个相邻数

在幼儿认识两个相邻数的基础上让幼儿认识三个相邻数.认识三个相邻数是比较复杂的,幼儿不仅要知道某数前后的两个数是什么,还要知道它们之间的关系,特别是某数与它前后两个数多 1、少 1 的关系.

认识三个相邻数用观察法比较,主要有以下三个步骤.

第一步,先比较两组不相等的物体.在绒布板上出展两组数量不相等的物体,进行一对一的比较.例如,第一组是 2 个物体,第二组是 3 个物体.幼儿通过观察比较认识到这两组物体的个数是不相等的,同时指出第二组比第一组多 1,第一组比第二组少 1.具体地说,3 比 2 多 1,2 比 3 少 1.

第二步,在第二组物体的后面,展示第三组物体,一一对应排列,第三组物体比第二组物体多 1 个,让幼儿比较这两组物体是相等还是不相等.通过比较幼儿认识到:这两组物体个数不相等,第二组物体比第三组少 1 个,第三组比第二组多 1 个.具体地说,就是 3 比 4 少 1,4 比 3 多 1.

第三步,进行三个数连续比较.以第二组物体为主,先比较第二组与第一组的关系,再比较第二组与第三组的关系．幼儿从比较的结果认识到：第一组比第二组少1，第三组比第二组多1．具体地说：2比3少1，4比3多1，3的相邻数是2和4．

【注意】幼儿认识相邻数，是在实物演示的基础上，通过观察、比较理解数与数之间的关系．同时，在实际教学中，再结合数字进行，使幼儿不仅学会比较两组或三组物体数量的大小，而且学会比较两个数或三个数之间多和少的关系，逐步形成自然数列概念．幼儿掌握了相邻数，表明幼儿已经理解了数与数之间的抽象关系，这是幼儿初步数概念形成的重要方面．

幼儿认识5以内相邻数时，应逐个数进行，目的是使幼儿理解相邻数的含义，知道某数与相邻两个数的关系，掌握比较相邻数的方法与规律．在此基础上，继续认识6～10各数的相邻数．在这个阶段，教师多用启发谈话法、探索法、操作法和游戏法等启发幼儿亲自动手动脑，运用已有的经验和规律去认识新的相邻数，促进幼儿知识的迁移和推理能力的发展．

二、数的组成

把一个数（总数）分成几个部分数和几个部分数合成一个数（总数）叫作数的组成．数的组成包括数的分解与数的组合．

1. 数的分解

数的分解是指自然数列里除1以外的任何一个数，至少可以分成两个数．如4可以分成2和2、1和3、3和1．

2. 数的组合

数的组合是指自然数列里除1以外的任何一个数，至少由两个数组成．如2和2合起来是4，1和3、3和1合起来是4．

【注意】幼儿学习10以内的数的组成，可以使幼儿初步了解整体与部分的关系，部分与部分之间的互补、互换关系，加深对数概念的理解，并为学习加减法打下基础．

如何让幼儿学会数的分解与组合呢？

1）运用实物操作法教幼儿理解数的组合与分解．展示两个皮球和两个布娃娃，请小朋友将两个皮球分别送给两个布娃娃，应该怎么分，每个布娃娃分几个球，然后再把两个皮球合在一起．可将分合的过程用符号表示出来，并向幼儿讲解分合的含义及分合的方法．还可以发给幼儿每人5个棋子，然后向幼儿提出明确的要求，要求幼儿动手动脑，将5个棋子分成两部分，有几种分法，把分合的过程摆出来，并用数字表示出来．

2）运用一个总数分成的两个部分数互换位置，而总数不变的规律理解数的组合与分解．展示6个萝卜，请小朋友将6个萝卜分给2只小兔子，应该怎么分，有几种分法，用数字表示出来．先做示范，并强调运用部分数互换的规律进行数的组合与分解．然后发给幼儿一些操作材料，让幼儿按要求进行分合练习．

3）运用总数分成的两个部分可以互补，而总数不变的规律理解数的组合与分解．分给每个小朋友7块儿糖，请小朋友想一想：如果将7块儿糖分成两份，有几种分法，怎样才能分得又快又准．示范后请幼儿自己分，在分合的过程中认识互补的规律．

4）联系幼儿生活实际学习数的分解与组合．教师可根据生活情节编题，例如教师说：一天，两个小猴子飞跑到山上玩，突然发现一棵桃树上结了许多桃子，数一数一共9个桃子．请小朋友把 9 个桃子分给两个小朋友,有几种分法?请分一分,用数字表示出来.

5)在数的组合与分解的教学中,应注意以下问题.

①组合与分解教学要同时进行.例如:4 能分成 1 和 3;1 和 3 合起来是 4.

②要求对每一个数都作出全部的分合形式.例如:5 能分成 1 和 4、2 和 3、3 和 2、4 和 1;1 和 4、2 和 3、3 和 2、4 和 1 合起来都是 5.

③在数的组合与分解的教学中,不仅让幼儿观察数量关系,而且鼓励幼儿动手操作,获得大量的感性经验,然后逐步脱离具体实物,从感知水平上的分合,过渡到抽象水平上的分合,来提高幼儿的思维能力.

按下面的格式,写出 10 以内数的所有分解和组合.

数的分解　　　　数的组成

数的组成包含着组合与分解两个部分.幼儿学习数的组成主要学习如何将一个数分成两个部分数.

幼儿掌握数的组成是数群概念的发展,也是进一步理解数之间关系的标志.幼儿掌握数的组成比理解数的实际含义、数守恒及序数等都要困难.因为它包含了三个数群之间的关系,即等量(总数可以分成两个相等或不相等的部分数,两个部分数合起来等于总数)、互补(总数不变,一个部分数减少,另一个部分数就增加)、互换(两个部分数交换位置,总数不变)的关系.数群之间的这三种关系,适用于除 1 以外的所有自然数,蕴含在数组成中并带有普遍的规律,这是数组成的实质所在,幼儿只有掌握了数组成的这些关系,才能掌握某数的全部组成形式,才能顺利地达到完全掌握的水平.同时,数的组成也是一种概念水平上的数运算,是抽象加减运算的基础,幼儿在抽象概念水平上掌握数的组成之间的数群关系,也就直接成为掌握加减法中数群关系的基础.

幼儿掌握数的组成,在心理上是对总数和部分数三种关系的综合反应.综合反应是指儿童必须同时掌握并运用三个数群之间的关系,才能做到完全掌握数的组成.研究证明:幼儿初期难以理解数群之间的关系,而且对三种数群关系的认识有难易之分.普遍先掌握等量关系,然后才是互补和互换关系.自 5 岁开始,所有年龄组对数群关系的认识均明显优于数的组合与分解,年龄越小差异越大.这说明儿童能理解数群关系并不等于掌握了数的组成,对数的组成的理解要难于对数群关系的理解,儿童是先理解数群关系进而再掌握数的组成.

幼儿掌握数的组成需经历从具体到抽象的认识发展过程,则必然要经历具体水平(以实物或图片等直观材料为工具进行分合)、表象水平(不借助直观的物体,在头脑中依靠对形象化物体的再现进行分合,受数量范围、大小的限制)、抽象水平(直接运用抽象的数概念进行分合,无须依靠实物的直观作用或以表象为依托),这个发展过程在加减法运算中表现相同. 其整个发展过程因孩子的年龄、思维特点等个体特征的不同而有所差异.

幼儿掌握数组成的年龄特点:在4岁半以前不能理解数的组成,他们任意地摆弄物体,有的虽然在行动上将一个数分成两个部分数,但口头上却随便说出另外的两个数;5岁以后,幼儿能初步理解数的组成,但不全面、不稳定,表现为不能完成数所有的组成形式,需要经过反复练习和尝试才能独立完成;5岁半以后,幼儿数的组成能力发展较快;6岁左右能达到基本掌握的水平.

1.5.2 整数的加减法

一辆公共汽车从起点站开出时车上有一些乘客,到了第2站共下车6人,又上车9人,到了第3站又下车6人,没有人上车,这时车上共有18人. 从起点站出发时车上有多少人?

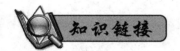

一、整数的加法

1. 意义

把两个或几个数合并成一个数的运算叫作加法.

2. 运算式及符号名称

$$a \quad + \quad b \quad = \quad c$$

| | | | | |
加 加 加 等 和
数 号 数 号

读作:a 加 b 等于 c.

3.(竖式)运算法则

多位数加法,通常用竖式计算. 相同数位上下对齐,从个位加起,哪一位上的数相加满十,就向前一位进一.

从上向下竖着书写需要计算的数,用运算符号表示计算方法,并能把计算过程体现出来的式子叫作竖式. 用竖式计算,过程清晰,便于检查,可以减少多位数四则运算的错误.

在加法运算中,如果某一数位上的几个数之和等于或超过该数制的基数(十进制的基数为 10)时,则向前一位进 1,这种方法叫作进位.

例如:$258+344=602$

$$
\begin{array}{r}
2\ \ 5\ \ 8 \\
+\ 3_1\ 4_1\ 4 \\
\hline
6\ \ 0\ \ 2
\end{array}
$$

$1\ 189+815=2\ 004$

$$
\begin{array}{r}
1\ \ 1\ \ 8\ \ 9 \\
+\ \ _1\ 8_1\ 1_1\ 5 \\
\hline
2\ \ 0\ \ 0\ \ 4
\end{array}
$$

4. 运算定律

加法的运算定律分为加法交换律与加法结合律,应用加法运算定律可以使计算更简便.

(1)加法交换律

两个数相加,交换加数的位置,它们的和不变.

字母表示:$a+b=b+a$.

推广:若干个数相加,任意交换加数的位置,它们的和不变.

例如:$15+17+885=15+885+17$.

(2)加法结合律

三个数相加,先把前两个数相加,再加上第三个数,或先把后两个数相加,再加上第一个数,它们的和不变.

字母表示:$(a+b)+c=a+(b+c)$.

推广:若干个数相加,先把其中的任意几个加数作为一组加起来,再与其他加数相加,它们的和不变.

5. 和的变化规律

和的变化规律如表 1—6 所示.

表 1—6

和的变化规律	字母表示与举例
如果一个加数增加一个数,另一个加数不变,那么它们的和也增加同一个数	字母表示:如果 $a+b=c$,那么 $(a+m)+b=c+m$ 例如:因为 $10+5=15$,所以 $(10+5)+5=15+5=20$
如果一个加数减少一个数,另一个加数不变,那么它们的和也减少同一个数	字母表示:如果 $a+b=c$,那么 $(a-m)+b=c-m$ 例如:因为 $10+5=15$,所以 $(10-5)+5=15-5=10$
如果一个加数增加一个数,另一个加数减少同一个数,那么它们的和不变	字母表示:$a+b=(a+m)+(b-m)(b\geqslant m)$ 例如:$598+327=(598+2)+(327-2)=925$

6. 加法表

一位数的加法共 81 题,可以列成表 1—7 的形式.

表 1—7

1+1	1+2	1+3	1+4	1+5	1+6	1+7	1+8	1+9
2+1	2+2	2+3	2+4	2+5	2+6	2+7	2+8	2+9
3+1	3+2	3+3	3+4	3+5	3+6	3+7	3+8	3+9
4+1	4+2	4+3	4+4	4+5	4+6	4+7	4+8	4+9
5+1	5+2	5+3	5+4	5+5	5+6	5+7	5+8	5+9
6+1	6+2	6+3	6+4	6+5	6+6	6+7	6+8	6+9
7+1	7+2	7+3	7+4	7+5	7+6	7+7	7+8	7+9
8+1	8+2	8+3	8+4	8+5	8+6	8+7	8+8	8+9
9+1	9+2	9+3	9+4	9+5	9+6	9+7	9+8	9+9

表内和在 10 以内(包括和是 10),叫作 10 以内的加法;其和都在 20 以内,而且要进位,所以叫作 20 以内的进位加法;其中一些基本题目,可以运用加法交换律得出结果.

二、整数的减法

1. 意义

已知两个加数的和与其中的一个加数,求另一个加数的运算叫作减法.

2. 运算式及符号名称

$$a \quad - \quad b \quad = \quad c$$
$$| \quad\quad | \quad\quad | \quad\quad | \quad\quad |$$
被 减 减 等 差
减 号 数 号
数

读作:a 减 b 等于 c.

减法还可以用下述方式定义.

一般地说,已知两个(非负)整数 a 和 b,如果存在一个非负整数 c,使 c 与 b 的和等于 a,这种运算叫作减法.记作:$a-b=c$.读作:a 减 b 等于 c.

从定义可知,减法是加法的逆运算.

在(非负)整数的集合中,减法运算不是总能施行的,如 $3-8$ 就不能施行在学前阶段.这样一来,在定义中我们必须使用"如果""存在"这两个词.

"差"满足如下性质:

1)如果两个数的差存在,那么它是唯一的;

2)某数减去一个数,再加上同一个数,某数不变,即 $(c-a)+a=c$;

3)某数加上一个数,再减去同一个数,某数不变,即 $(c+a)-a=c$.

3.(竖式)运算法则

1)法则:多位数减法,一般用竖式计算,要把被减数与减数的相同数位上下对齐,再从个位开始减,被减数哪一位上的数不够减时,就从前一位退一当十,与本位上的数加在一起再减.

2)退位减法:在减法运算中,需要退位的减法叫作退位减法或借位减法.

3)连续退位减法:在减法运算中,需要连续退位的减法叫作连续退位减法或连续借位减法.

例如:$3\,124-869=2\,255$

$$
\begin{array}{r}
3\;1\;2\;4\\
-\quad 8\;6\;9\\
\hline
2\;2\;5\;5
\end{array}
$$

4. 减法的运算性质

减法的运算性质如表 $1-8$ 所示.

表 1—8

减法的运算性质	字母表示与举例
性质1:在无括号的加、减混合或连减的算式中,改变运算顺序,结果不变	字母表示:$a+b-c=a-c+b(a\geqslant c)$, 　　　　$a-b-c=a-c-b(a\geqslant c+b)$ 例如:$724+248-24=724-24+248$, 　　　$724-248-24=724-24-248$
性质2:一个数加上两个数的差,等于这个数加上差里的被减数,再减去差里的减数	字母表示:$a+(b-c)=a+b-c(b\geqslant c)$ 例如:$197+(83-67)=197+83-67$
性质3:一个数减去两个数的和,等于这个数连续减去和里的两个加数	字母表示:$a-(b+c)=a-b-c(a\geqslant b+c)$ 例如:$58-(26+18)=58-26-18$
性质4:一个数减去两个数的差,等于先在这个数上加上差里的减数,然后再减去被减数;或先从这个数中减去差里的被减数(在够减的情况下),然后再加上减数	字母表示:$a-(b-c)=a+c-b$, 　　　　$a-(b-c)=a-b+c(a\geqslant b)$ 例如:$96-(56-24)=96+24-56$, 　　　$96-(56-24)=96-56+24$
性质5:若干个数的和减去另外若干个数的和,可以用第一个和中的各个加数分别减去第二个和中不大于它的一个加数,然后把所得的差加起来,这个性质是减法法则的依据	字母表示:$(a_1+a_2+\cdots+a_n)-(b_1+b_2+\cdots+b_n)$ 　　　$=(a_1-b_1)+(a_2-b_2)+\cdots+(a_n-b_n)$ 其中 $a_i>b_i(i=1,2,\cdots,n)$,a_i、b_i 可以是0 (举例见表后的"思考")

思考:为什么说减法的运算性质5是减法法则的依据?

以 $4\,237-519$ 为例.

$4\,237-519$

$=(4\times1\,000+2\times100+3\times10+7)-(5\times100+1\times10+9)$

$=(3\times1\,000+12\times100+2\times10+17)-(5\times100+1\times10+9)$

$=3\times1\,000+(12\times100-5\times100)+(2\times10-1\times10)+(17-9)$

$=3\times1\,000+7\times100+1\times10+8$

$=3\,718$

用竖式简写为

$$
\begin{array}{r}
\overset{\cdot}{4}\ \ 2\ \ \overset{\cdot}{3}\ \ 7 \\
-\ \ \ 5\ \ 1\ \ 9 \\
\hline
3\ \ 7\ \ 1\ \ 8
\end{array}
$$

所以,减法的性质 5 是减法法则的依据.

5. 差的变化规律

差的变化规律如表 1—9 所示.

表 1—9

差的变化规律	字母表示与举例
如果被减数增加(或减少)一个数,减数不变,那么它们的差也增加(或减少)同一个数	字母表示:如果 $a-b=c$,那么 $(a+m)-b=c+m$, $\quad\quad (a-m)-b=c-m(c\geqslant m)$ 例如:因为 $100-60=40$,所以 $(100+50)-60=40+50$, $(100-10)-60=40-10$
如果被减数不变,减数增加(或减少)一个数,那么它们的差反而减少(或增加)同一个数	字母表示:如果 $a-b=c$,那么 $a-(b+m)=c-m(c\geqslant m)$, $\quad\quad a-(b-m)=c+m(b\geqslant m)$ 例如:因为 $180-60=120$,所以 $180-(60+20)=120-20$, $\quad\quad$因为 $180-60=120$,所以 $180-(60-20)=120+20$
如果被减数和减数都增加(或减少)同一个数,那么它们的差不变	字母表示:如果 $a-b=c$,那么 $(a+m)-(b+m)=c$, $\quad\quad (a-m)-(b-m)=c$ 例如:因为 $500-200=300$,所以 $(500+100)-(200+100)=300$, $\quad\quad$因为 $500-200=300$,所以 $(500-100)-(200-100)=300$

6. 减法表

差是一位数的减法也有 81 题,可以列成表 1—10 的形式.

表 1—10

2－1	3－2	4－3	5－4	6－5	7－6	8－7	9－8	10－9
3－1	4－2	5－3	6－4	7－5	8－6	9－7	10－8	11－9
4－1	5－2	6－3	7－4	8－5	9－6	10－7	11－8	12－9
5－1	6－2	7－3	8－4	9－5	10－6	11－7	12－8	13－9
6－1	7－2	8－3	9－4	10－5	11－6	12－7	13－8	14－9
7－1	8－2	9－3	10－4	11－5	12－6	13－7	14－8	15－9
8－1	9－2	10－3	11－4	12－5	13－6	14－7	15－8	16－9
9－1	10－2	11－3	12－4	13－5	14－6	15－7	16－8	17－9
10－1	11－2	12－3	13－4	14－5	15－6	16－7	17－8	18－9

表中灰底题目共 45 题,它们的被减数都在 10 以内(包括 10),叫作 10 以内数的减法. 白底题目有 36 题,是与 20 以内的进位加法相对应的减法,叫作 20 以内的退位减法.

三、加法与减法的关系

1. 加法与减法的互逆关系

加法是已知加数求和的运算;而减法是已知和与一个加数,求另一个加数的运算. 根据加法与减法的意义,可以看出它们之间的互逆关系,即加法中的和相当于减法中的被减数,

加法中的一个加数相当于减法中的减数(或差),另一个加数相当于减法中的差(或减数),
例如:

$$12 + 28 = 40 \qquad 40 - 28 = 12$$
加数 + 加数 = 和 　　　　　被减数 - 减数 = 差

2. 加法与减法各部分之间的关系式

加法与减法各部分之间的关系可以表示为

　　加数＋加数＝和　　　　　　　和－一个加数＝另一个加数

　　被减数－减数＝差　　　　　被减数－差＝减数　　　　　差＋减数＝被减数

利用这几个关系式,可以进行加减法的验算,还可以求加减法中的未知数.

问题解决

一辆公共汽车从起点站开出时车上有一些乘客,到了第 2 站共下车 6 人,又上车 9 人,到了第 3 站又下车 6 人,没有人上车,这时车上共有 18 人. 所以这辆公共汽车从起点站出发时车上有 18＋6－9＋6＝21 人.

知识扩充——儿童手口算

一、手指与数的认识

1. 手指定数口诀

　　　　　食指伸开"1",中指伸开"2"
　　　　　无名指为"3",小指伸开"4"
　　　　四指一握伸拇指,拇指是"5"要记住
　　　　再伸食指到小指,"6""7""8""9"排成数

【注意】

1)食指、中指、无名指和小指统称为群指.

2)不能忽略大拇指的存在,要把 1 和 5、2 和 6、3 和 7、4 和 8 区分开.

2. 手指定位口诀

　　　　　我有一双手,代表九十九
　　　　　左手定十位,九十我会数
　　　　　右手定个位,从一数到九
　　　　　加减很方便,计算不用愁

【注意】

1)顺数 11 至 99 或者倒数 99 至 11 时,要先出左手(十位),再出右手(个位),并且边读边出.

2)在进行"数指互译"时,手口交替地完成"数译指"(一听到报数,就能出指)和"指译数"(一看到手势,就能报数),"儿童手口算"也因此得名.

【说明】右手握拳表示"0",同时左手出食指代表"10",这就是十进位.

二、儿童手口算加减法运算类型

（一）直加、直减

1. 含义

（1）直接加法

两数相加时,加数在手上可直接伸出得到和,这种手口算称为直接加法,简称为直加.

（2）直接减法

两数相减时,减数在手上可直接屈回得到差,这种手口算称为直接减法,简称为直减.

2. 口诀

直接加法真容易,加几手指伸出几
直接减法真简单,减几手指屈回几

3. 典型题

（1）直加

10 以内直接加法包括以下 26 题:

1+1	1+2	1+3	1+5	1+6	1+7	1+8
2+1	2+2		2+5	2+6	2+7	
3+1			3+5	3+6		
			4+5			
5+1	5+2	5+3	5+4			
6+1	6+2	6+3				
7+1	7+2					
8+1						

（2）直减

10 以内直接减法包括以下 35 题:

9-1	9-2	9-3	9-4	9-5	9-6	9-7	9-8	9-9
8-1	8-2	8-3		8-5	8-6	8-7	8-8	
7-1	7-2			7-5	7-6	7-7		
6-1				6-5	6-6			
				5-5				
4-1	4-2	4-3	4-4					
3-1	3-2	3-3						
2-1	2-2							
1-1								

(二)满 5 加、破 5 减

1. 含义

(1)伸拇屈凑加法

两数相加时,加数在手上不能直接伸出,要伸出拇指(加 5)与群指调换才能得到和,这种手口算称为伸拇屈凑加法,简称为满 5 加.

(2)屈拇伸凑减法

两数相减时,减数在手上不能直接屈回,要屈回拇指(减 5)与群指调换才能得到差,这种手口算称为屈拇伸凑减法,简称为破 5 减.

【说明】和为 5 的两个数互为凑数,即 1 和 4、2 和 3 互为凑数.

2. 口诀

> 直加群指若不足,伸出拇指减去凑
>
> 直减群指若不够,屈回拇指加上凑

具体地说,即

> 加 1 伸拇屈 4,加 2 伸拇屈 3
>
> 加 3 伸拇屈 2,加 4 伸拇屈 1
>
> 减 1 屈拇伸 4,减 2 屈拇伸 3
>
> 减 3 屈拇伸 2,减 4 屈拇伸 1

3. 典型题

(1)满 5 加

伸拇屈凑加法包括以下 10 题:

$$4+1 \quad 4+2 \quad 4+3 \quad 4+4$$
$$3+2 \quad 3+3 \quad 3+4$$
$$2+3 \quad 2+4$$
$$1+4$$

(2)破 5 减

屈拇伸凑减法包括以下 10 题:

$$5-1 \quad 5-2 \quad 5-3 \quad 5-4$$
$$6-2 \quad 6-3 \quad 6-4$$
$$7-3 \quad 7-4$$
$$8-4$$

(三)进位加、退位减

1. 含义

(1)进 1 屈补加法

两数相加,只用右手上的手指不足时,就要向左手进 1(加 10),同时右手减去加数补数的方法来计算,当补数可以直接从右手上减去时,这种手口算称为进 1 屈补加法,简称为进位加.

(2)退 1 伸补减法

两数相减,只用右手上的手指不够时,就要将左手退 1(减 10),同时右手加上减数补数的方法来计算,当补数可以直接加到右手上时,这种手口算称为退 1 伸补减法,简称为退位减.

【说明】和为 10 的两个数互为补数,即 1 和 9、2 和 8、3 和 7、4 和 6、5 和 5 互为补数.

2. 口诀

　　　直加右手若不足,左手进 1 右屈补(右手不足,进 1 屈补)
　　　直减右手若不够,左手退 1 右伸补(右手不够,退 1 伸补)

具体地说,即

　　　加 1 进 1 屈 9,加 2 进 1 屈 8,加 3 进 1 屈 7
　　　加 4 进 1 屈 6,加 5 进 1 屈 5,加 6 进 1 屈 4
　　　加 7 进 1 屈 3,加 8 进 1 屈 2,加 9 进 1 屈 1
　　　减 1 退 1 伸 9,减 2 退 1 伸 8,减 3 退 1 伸 7
　　　减 4 退 1 伸 6,减 5 退 1 伸 5,减 6 退 1 伸 4
　　　减 7 退 1 伸 3,减 8 退 1 伸 2,减 9 退 1 伸 1

【注意】当后一个加数大于或等于前一个加数的补数时,这种加法运算就是"进位加".

(四)破 5 进位加、满 5 退位减

1. 含义

(1)进 1 屈拇伸尾加法

两数相加,直接用右手加手指不足,在向左手进 1(加 10)减去补数时,需要屈拇指调换才能减去补数,这种手口算称为进 1 屈拇伸尾加法,简称为破 5 进位加.

(2)退 1 伸拇屈尾减法

两数相减,直接将右手减手指不够,在向左手退 1(减 10)加上补数时,需要伸拇指调换才能加上补数,这种手口算称为退 1 伸拇屈尾减法,简称为满 5 退位减.

【注意】小于 10、超过 5 的数,都可以分成 5 和另一个数,把该数与 5 相减所得的数叫作该数的尾数.因该数由拇指和群指组成,将拇指去掉,只剩群指(尾)所以叫作尾数.

2. 口诀

　　　进 1 无法直屈补,伸尾同时屈回拇
　　　退 1 无法直伸补,屈尾同时伸出拇

具体地说,即

　　　加 6 进 1 屈拇伸 1,加 7 进 1 屈拇伸 2
　　　加 8 进 1 屈拇伸 3,加 9 进 1 屈拇伸 4
　　　减 6 退 1 伸拇屈 1,减 7 退 1 伸拇屈 2
　　　减 8 退 1 伸拇屈 3,减 9 退 1 伸拇屈 4

3. 典型题

1)20 以内的"进位加"包括以下 45 题,其中灰底题目的 10 题是"破 5 进位加".

9＋1	9＋2	9＋3	9＋4	9＋5	9＋6	9＋7	9＋8	9＋9
	8＋2	8＋3	8＋4	8＋5	8＋6	8＋7	8＋8	8＋9
		7＋3	7＋4	7＋5	7＋6	7＋7	7＋8	7＋9
			6＋4	6＋5	6＋6	6＋7	6＋8	6＋9
				5＋5	5＋6	5＋7	5＋8	5＋9
					4＋6	4＋7	4＋8	4＋9
						3＋7	3＋8	3＋9
							2＋8	2＋9
								9＋9

2)20 以内的"退位减"包括以下 45 题,其中灰底题目的 10 题是"满 5 退位减".

10－1	10－2	10－3	10－4	10－5	10－6	10－7	10－8	10－9
	11－2	11－3	11－4	11－5	11－6	11－7	11－8	11－9
		12－3	12－4	12－5	12－6	12－7	12－8	12－9
			13－4	13－5	13－6	13－7	13－8	13－9
				14－5	14－6	14－7	14－8	14－9
					15－6	15－7	15－8	15－9
						16－7	16－8	16－9
							17－8	17－9
								18－9

习题演练

1. 选择 .

(1)已知○＋△＝□,下列算式正确的是(　　).

A. ○＋□＝△　　　　　B. △＋□＝○　　　　　C. □－△＝○　　　　　D. △－○＝□

(2)如果被减数、减数与差这三个数的和为 36,那么被减数是(　　).

A. 12　　　　　　B. 18　　　　　　C. 21　　　　　　D. 24

(3)甲－(乙＋丙)＝(　　).

A. 甲－乙＋丙　　　　B. 甲－乙－丙　　　　C. 甲＋乙－丙　　　　D. 甲＋乙＋丙

(4)验算 472－328＝144,下列验算方法错误的是(　　).

A. 472－144　　　　B. 328＋144　　　　C. 472＋144　　　　D. 144＋328

(5)$\triangle+\bigcirc=9$,$\square+\triangle=11$,$\bigcirc+\bigcirc=12$,$\bigcirc=($　　$)$,$\triangle=($　　$)$,$\square=($　　$)$.

A. $\bigcirc=6$,$\triangle=3$,$\square=8$ 　　　　　　 B. $\bigcirc=6$,$\triangle=3$,$\square=7$

C. $\bigcirc=6$,$\triangle=15$,$\square=4$ 　　　　　 D. $\bigcirc=6$,$\triangle=3$,$\square=14$

2. 解答.

(1)杨老师在批改作业时,发现一本作业上的数字被墨水弄脏了,题目变成了 $3\,625-384-●=2\,016$. 你能告诉杨老师这个数是多少吗?

(2)一根 60 米长的绳子,做跳绳用去 12 米,修排球网用去 30 米,这根绳子少了多少米?

(3)小马虎做一道减法题时,把被减数十位上的 6 错写成 9,减数个位上的 9 错写成 6,最后所得的差是 326. 此题的正确答案应该是多少?

(4)哥哥送给弟弟 5 支铅笔后,还剩 6 支,哥哥原来有几支铅笔?

(5)小诚在做一道减法题时,错把被减数十位上的 2 看作 7,减数个位上的 5 看作 8,结果得到的是 592. 正确的差是多少?

(6)a、b 都是自然数,并且 $a+b=25$,那么 a、b 两数最多相差多少?

 阅读材料

加号、减号的由来

加号"$+$"是加法符号,表示相加. 减号"$-$"是减法符号,表示相减."$+$"与"$-$"这两个符号是德国数学家威特曼在 1489 年他的著作《简算与速算》一书中首先使用的. 在 1514 年被荷兰数学家赫克作为代数运算符号,后来又经法国数学家韦达的宣传和提倡开始普及,直到 1630 年,才获得世人的公认.

计数问题举例

1. 数一数下图中有多少条线段?

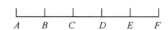

$$\underset{A}{\vdash}\quad\underset{B}{\vdash}\quad\underset{C}{\vdash}\quad\underset{D}{\vdash}\quad\underset{E}{\vdash}\quad\underset{F}{\dashv}$$

解　方法 1——化归法:从 A 开始数有 5 条,

从 B 开始数有 4 条,

从 C 开始数有 3 条,

从 D 开始数有 2 条,

从 E 开始数有 1 条.

所以一共有 $5+4+3+2+1=15$ 条.

方法 2——直接法:没有规律,随便数,但不要数漏、数重.

方法 3——分类法:①找出基本线段 AB、BC、CD、DE、EF;

②指出由两条基本线段连成的线段;

③依次类推,最后由五条基本线段连成的线段 AF.

方法 4——递推法:①对于 AB 两点只有一条线段 AB;

②添上点 C,增加了两条线段;

③依次类推,最后添上点 F,增加了五条线段.

即 1＋2＋3＋4＋5＝15.

2. 图中一共有多少个角？

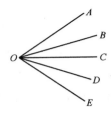

解　4＋3＋2＋1＝10.

3. 图中一共有多少个三角形？

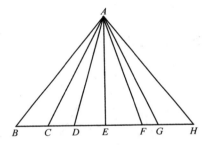

解　1＋2＋3＋4＋5＋6＝21.

4. 图中一共有多少个三角形？

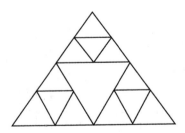

解　1＋4＋4＋4＋4＝17.

5. 图中一共有多少条线段？

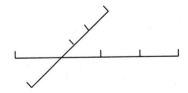

解　(4＋3＋2＋1)×2＝20.

6. 图中一共有多少个三角形？

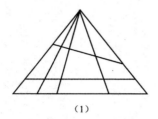 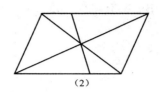

(1)　　　　　　　　　　　　　(2)

(1)解　按竖数：(1+2+3)×5=30 个，

　　　　按横数：(4+3+2+1)×3=30 个，

　　　　共 30 个

(2)解　基本三角形 6 个，

　　　　两个三角形 2 个，

　　　　三个三角形 4 个，

　　　　共 6+2+4=12 个.

7. 图中点 A 包含在多少个三角形之内？

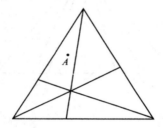

解　竖线左边有 3 个，

　　竖线右边有 2 个，

　　大三角形有 1 个，

　　共有 6 个.

8. 图中共有多少个正方形？

4	3	2	1
3	3	2	1
2	2	2	1
1	1	1	1

解　分类法：1+16+9+4=30 个.

　　化归法：4+3×3+2×5+1×7=30 个.

9. 图中共有多少个长方形？

1	8	6	4	2
5	4	3	2	1

解　10+8+6+4+2+5+4+3+2+1=45 个.

10. 图中共有多少个三角形?

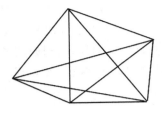

解　由单个三角形构成的有 10 个,
　　　由两个三角形构成的有 10 个,
　　　由三个三角形构成的有 5 个,
　　　由四个三角形和中心五边形构成的有 5 个,
　　　由两个三角形和中心五边形构成的有 5 个,
　　　共 10+10+5+5+5=35 个.

1.5.3　整数的乘除法

已知 $a \times b = c$,下面算式中正确的是(　　).

A. $c \div a = b$　　　B. $c \times a = b$　　　C. $a \div c = b$　　　D. $c \times b = a$

一、整数的乘法

1. 意义

求几个相同加数的和的简便运算,叫作乘法. 例如:5+5+5+5=20,是 4 个 5 相加,可以表示为 5×4=20 或 4×5=20.

2. 各部分名称

$$
\begin{array}{ccccc}
a & \times & b & = & c \\
| & | & | & | & | \\
因 & 乘 & 因 & 等 & 积 \\
数 & 号 & 数 & 号 &
\end{array}
$$

读作:a 乘 b 等于 c.

思考:因数与积有什么关系?

在乘法算式里,因数和积是相互依存的,不能孤立地说什么数是因数,而应该说谁是谁的因数,谁是谁和谁的积.

3. 乘方(幂)

求几个相同因数的积的运算叫作乘方或幂. 几个相同因数的乘积叫作这个因数的几次乘方. 例如:$5×5×5×5×5×5=5^6$,5^6叫作 5 的 6 次乘方或 5 的 6 次幂.

平方也就是 2 次方,表示两个相同的数的乘积,例如:$3×3=3^2$.

立方也就是 3 次方,表示三个相同的数的乘积,例如:$7×7×7=7^3$.

4. 运算法则

法则 1　表内乘法法则

为了方便,把两个一位数相乘的结果,按两因数的大小顺序依次排列成一个表,叫作表内乘法. 乘法表又叫作乘法口诀表,通常叫作"九九乘法表",如表 1—11 所示. 应用乘法口诀就能直接说出任意两个一位数相乘的结果,这是乘除法计算的基础,被称为"表内乘法".

表 1—11

								一九得九
							一八得八	二九十八
						一七得七	二八十六	三九二十七
					一六得六	二七十四	三八二十四	四九三十六
				一五得五	二六十二	三七二十一	四八三十二	五九四十五
			一四得四	二五一十	三六十八	四七二十八	五八四十	六九五十四
		一三得三	二四得八	三五十五	四六二十四	五七三十五	六八四十八	七九六十三
	一二得二	二三得六	三四十二	四五二十	五六三十	六七四十二	七八五十六	八九七十二
一一得一	二二得四	三三得九	四四十六	五五二十五	六六三十六	七七四十九	八八六十四	九九八十一

法则 2　多位数乘一位数乘法法则

多位数乘一位数的乘法,用一位数依次去乘多位数的每一位,哪一位上乘的积满几十,就向前一位进几.

这种多位数乘一位数的乘法,实际上是先把多位数写成几个不同计数单位的数相加的形式,然后根据乘法分配律,归结为表内乘法.

例如:$456×4$

$=(400+50+6)×4$

$=400×4+50×4+6×4$

$=1\ 600+200+24$

$=1\ 824$

用竖式计算:

```
      4 5 6
   ×      4
   ─────────
        2 4
      2 0 0
   + 1 6 0 0
   ─────────
      1 8 2 4
```

可简写为 →

```
      4 5 6
   × 2 2 4
   ─────────
      1 8 2 4
```

法则 3　多位数乘多位数乘法法则

多位数乘多位数的乘法,先用其中一个多位数每一位上的数分别去乘另一个多位数,用哪一位上的数去乘,乘得的数的末位就要和哪一位对齐,然后把每次乘得的数加起来.

例如:456×125＝57 000

```
        4 5 6
   ×    1 2 5
      2 2 8 0    ……456×5
      9 1 2      ……456×20
    4 5 6        ……456×100
    5 7 0 0 0
```

【注意】

(1)部分积的含义

在乘法运算中,如果乘数是两位或两位以上的数,乘的时候就要用一个乘数每一位上的数去乘另一个乘数,每次乘得的结果叫作部分积.

(2)一个末尾有0的因数乘法的简便计算方法

因数是整十、整百或整千……的多位数乘法,先用这些数十位、百位或千位……上的数去乘,然后在乘得的数末尾添上一个0、两个0或三个0……

例如:326×20＝6 520

```
        3 2 6
   ×      1 2 | 0
        6 5 2 | 0
```

5.运算定律

整数乘法的运算定律有乘法交换律、乘法结合律和乘法分配律.

(1)乘法交换律

当两个数相乘时,若交换两个因数的位置,它们的积不变.

字母表示:$a×b＝b×a$.

例如:$6×7＝7×6$.

推广:若干个数连乘,任意交换因数的位置,它们的积不变.

字母表示:$a×b×c＝a×c×b＝b×a×c$.

例如:$3×4×5＝3×5×4＝4×3×5$.

(2)乘法结合律

当三个数相乘时,先把前两个数相乘,再乘第三个数,或先把后两个数相乘,再同第一个数相乘,它们的积不变.

字母表示:$a×b×c＝(a×b)×c＝a×(b×c)$.

例如:$15×4×7＝(15×4)×7＝15×(4×7)$.

推广:若干个数相乘,可以先把其中的几个数结合成一组相乘,再把所得的积同其余的数相乘,它们的积不变.

例如:$25×17×4×3＝(25×4)×(17×3)$.

同时应用乘法交换律、乘法结合律,可以使某些计算更简便.

例如:$125×35×8＝(125×8)×35＝1 000×35＝35 000$.

（3）乘法分配律

当两个数的和乘一个数时，可以把这两个加数分别与这个数相乘，再把两个积相加，所得的结果不变．

字母表示：$(a+b) \times c = a \times c + b \times c$．

例如：$(25+15) \times 4 = 25 \times 4 + 15 \times 4 = 160$．

推广：当若干个数的和与一个数相乘时，可以先把每个加数与这个数相乘，再把各个积加起来，所得的结果不变．

例如：$(2\ 500 + 250 + 25) \times 4 = 2\ 500 \times 4 + 250 \times 4 + 25 \times 4$
$$= 10\ 000 + 1\ 000 + 100 = 11\ 100.$$

应用乘法分配律，有时可以简化某些计算．

例如：$408 \times 25 = (400+8) \times 25 = 400 \times 25 + 8 \times 25 = 10\ 000 + 200 = 10\ 200$，

$15 \times 28 + 13 \times 28 + 12 \times 28 = (15+13+12) \times 28 = 1\ 120$．

6. 积的变化规律

积的变化规律如表 1—12 所示．

表 1—12

具体内容	字母表示及举例
如果一个因数扩大到原来的几倍或缩小到原来的几分之几，另一个因数不变，那么它们的积也相应地扩大到原来的几倍或缩小到原来的几分之几	字母表示：如果 $a \times b = c$，那么 $(a \times n) \times b = c \times n$，$(a \div n) \times b = c \div n$（$a$ 能被 n 整除） 例如：因为 $8 \times 4 = 32$，所以 $8 \times (4 \times 2) = 32 \times 2$，因为 $25 \times 4 = 100$，所以 $(25 \div 5) \times 4 = 100 \div 5$
如果一个因数扩大到原来的几倍，另一个因数缩小到原来的几分之一，则它们的积不变	字母表示：如果 $a \times b = c$，那么 $(a \times n) \times (b \div n) = c$（$b$ 能被 n 整除） 例如：因为 $5 \times 6 = 30$，那么 $(5 \times 2) \times (6 \div 2) = 30$

二、整数的除法

1. 意义

已知两个因数的积和其中的一个因数，求另一个因数的运算叫作除法．

2. 各部分名称

$$a \div b = c$$

被除数　除号　除数　等号　商

读作：a 除以 b 等于 c；或 b 除 a 等于 c．

从除法的意义可知，除法是乘法的逆运算．

思考："除"和"除以"相同吗？

二者虽然都表示两个数相除,但表达的意义是不相同的.一个除法算式,先读除数,后读被除数时,就读成几除几;先读被除数,后读除数时,就读成几除以几.例如:$9 \div 3$ 可读成 9 除以 3,也可以读成 3 除 9.

【注意】数学上对于除法作了如下补充定义.

0 除以任何不为 0 的数,商为 0.即 $0 \div a = 0 (a \neq 0)$.括号里注明 $a \neq 0$,说明 0 不能作除数.

3. 运算法则

法则 1　表内除法法则

被除数和除数都是一位数,或被除数是两位数,除数是一位数且商是一位数的除法,可以用乘法口诀直接求商.这样的除法通常叫作表内除法.

例如:因为五七三十五,所以 $35 \div 5 = 7$;因为七八五十六,所以 $56 \div 7 = 8$.

法则 2　除数是一位数的除法竖式计算法则

从被除数的最高位除起,除到被除数的哪一位,就把商写在哪一位的上面,如果不够商 1,就在这一位上写 0;每次除得的余数必须比除数小,并且在余数右边一位写下被除数在这一位上的数,再继续除.

例如:$369 \div 9 = 41$

$$
\begin{array}{r}
4\ 1 \\
9\,\overline{)3\ 6\ 9} \\
3\ 6 \\
\hline
9 \\
9 \\
\hline
0
\end{array}
$$

法则 3　除数是多位数的除法竖式计算法则

从被除数的最高位除起,除数有几位就看被除数的前几位,如果前几位比除数小,就要多看一位;除到被除数的哪一位,就把商写在哪一位的上面;哪一位不够商 1,就在哪一位上写 0;每次除得的余数必须比除数小,并且在余数右边一位写下被除数在这一位上的数,再继续除.

例如:$8\,415 \div 45 = 187$

$$
\begin{array}{r}
1\ 8\ 7 \\
45\,\overline{)8\ 4\ 1\ 5} \\
4\ 5 \\
\hline
3\ 9\ 1 \\
3\ 6\ 0 \\
\hline
3\ 1\ 5 \\
3\ 1\ 5 \\
\hline
0
\end{array}
$$

4. 运算性质

性质 1　在不含有括号的乘除混合运算或连除运算中,改变其运算顺序,结果不变.

字母表示:$a \times b \div c = a \div c \times b (a 是 c 的倍数)$,$a \div b \div c = a \div c \div b (a 是 b, c 的公倍数)$.

例如:$125 \times 7 \div 25 = 125 \div 25 \times 7$,$630 \div 5 \div 63 = 630 \div 63 \div 5$.

性质2 一个数除以两个数的积,等于这个数依次除以积中的两个因数.

字母表示:$a \div (b \times c) = a \div b \div c$($a$ 是 b,c 的公倍数).

例如:$80 \div (5 \times 8) = 80 \div 5 \div 8$.

推广:一个数除以几个数的积,等于这个数依次除以积中的每一个因数.

例如:$480 \div (2 \times 3 \times 4 \times 5) = 480 \div 2 \div 3 \div 4 \div 5$.

性质3 一个数除以两个数的商,等于这个数先乘商中的除数,再除以商中的被除数;或等于这个数先除以商中的被除数,再乘商中的除数.

字母表示:$a \div (b \div c) = (a \times c) \div b$,或 $a \div (b \div c) = a \div b \times c$($a$ 是 b 的倍数).

例如:$240 \div (12 \div 6) = 240 \div 12 \times 6 = 20 \times 6 = 120$,或 $240 \div (12 \div 6) = (240 \times 6) \div 12 = 1\,440 \div 12 = 120$.

性质4 两个数的积除以一个数,等于用除数先去除积中的任意一个因数,再与另一个因数相乘.

字母表示:$(a \times b) \div c = (a \div c) \times b$($a$ 是 c 的倍数),或 $(a \times b) \div c = a \times (b \div c)$($b$ 是 c 的倍数).

例如:$(88 \times 28) \div 4 = (88 \div 4) \times 28 = 22 \times 28 = 616$,或 $(88 \times 28) \div 4 = 88 \times (28 \div 4) = 88 \times 7 = 616$.

推广:几个数的积除以一个数,可以先用这个数去除积中的任意一个因数(在积中的因数中有除数的倍数的情况下),再将所得的商与其他因数相乘.

例如:$(8 \times 5 \times 4) \div 2 = (8 \div 2) \times 5 \times 4 = 80$,或 $(8 \times 5 \times 4) \div 2 = 8 \times 5 \times (4 \div 2) = 80$.

性质5 两个数的商除以一个数,等于商中的被除数先除以这个数,再除以原来商中的除数;也可以先将两个除数相乘,再用被除数除以这个积.

字母表示:$a \div b \div c = (a \div c) \div b$ 或 $a \div b \div c = a \div (b \times c)$($a$ 是 b,c 的公倍数).

例如:$540 \div 6 \div 9 = (540 \div 9) \div 6 = 60 \div 6 = 10$,或 $540 \div 6 \div 9 = 540 \div (6 \times 9) = 540 \div 54 = 10$.

性质6 两个数的和(或差)除以一个数,等于这个数分别去除这两个数(在能整除的情况下),再把两个商相加(或相减).

字母表示:$(a + b) \div c = a \div c + b \div c$,或 $(a - b) \div c = a \div c - b \div c$($a,b$ 是 c 的公倍数).

例如:$(60 + 36) \div 4 = 60 \div 4 + 36 \div 4 = 24$,$(75 - 45) \div 3 = 75 \div 3 - 45 \div 3 = 10$.

推广:几个数的和(或差)除以一个数,等于这个数分别去除这几个数(在能整除的情况下),再把这几个商相加(或相减).

例如:$(10 + 12 + 14 + 16) \div 2 = 10 \div 2 + 12 \div 2 + 14 \div 2 + 16 \div 2 = 26$.

5. 商的变化规律

商的变化规律如表 $1-13$ 所示.

三、乘法与除法的关系

1. 乘、除法的互逆关系

根据乘法和除法的意义,可以看出它们之间的互逆关系.即乘法中的积相当于除法中的被除数,乘法中的一个因数相当于除法中的除数(或商),另一个因数相当于除法中的商

（或除数）.

表 1—13

商的变化规律	字母表示及举例
如果被除数扩大到原来的几倍或缩小到原来的几分之几，除数不变，那么它们的商也扩大到原来的几倍或缩小到原来的几分之几	字母表示：如果 $a \div b = c$，那么 $(a \times n) \div b = c \times n$，或 $(a \div n) \div b = c \div n (a, c$ 都是 n 的倍数) 例如：$40 \div 5 = 8$，$(40 \times 5) \div 5 = 8 \times 5$，$(40 \div 4) \div 5 = 8 \div 4$
如果被除数不变，除数扩大到原来的几倍或缩小到原来的几分之一，那么它们的商缩小到原来的几分之一或扩大到原来的几倍	字母表示：如果 $a \div b = c$，那么 $a \div (b \times n) = c \div n (a$ 是 $b \times n$ 的倍数)，或 $a \div (b \div n) = c \times n (b$ 是 $b \div n$ 的倍数) 例如：$120 \div 20 = 6$，$120 \div (20 \times 3) = 6 \div 3$，$120 \div (20 \div 2) = 6 \times 2$

例如：

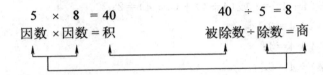

2. 乘、除法各部分间的关系

乘、除法各部分之间的关系可以表示为

积＝因数×因数　　　一个因数＝积÷另一个因数

商＝被除数÷除数　　　被除数＝商×除数（除数×商）　　　除数＝被除数÷商

根据乘、除法的关系，可以进行乘、除法的验算，还可以求乘、除法中的未知数.

思考："1"在乘、除法运算中有何特点？

事实上，在乘法运算中，"1"与任何数或式相乘，积还是原数或原式，例如 $1 \times a = a$，$1 \times (a+b) = a+b$；两个相同的非零数相除，商为"1"，例如 $a \div a = 1 (a \neq 0)$；任何数或式除以"1"，商还是原数或原式，例如 $a \div 1 = a$，$(a+b) \div 1 = a+b$.

3. 有余数除法各部分间的关系

在有余数的除法里，被除数等于除数乘商的积再加上余数；除数等于被除数减去余数的差再除以商. 可以表示为

被除数＝商×除数＋余数　　　除数＝（被除数－余数）÷商

根据有余数除法各部分的关系，余数是小于除数的，最小是1，最大是除数减1.

例如：在算式（　）÷9＝16……（　）中，被除数最大是几呢？由除数是 9，可知此算式的余数最大是 8，此时被除数最大是商×除数＋余数＝$16 \times 9 + 8 = 152$，所以被除数最大是 152.

思考：在有余数的除法里，如果被除数和除数同时扩大到原来的几倍或同时缩小到原来的几分之一，商和余数有何变化？

本小节开始的问题中，由已知 $a \times b = c$，根据乘法与除法各部分之间的关系式，选项 A

的 $c \div a = b$ 是唯一正确的.

知识扩充

例1 在下列数字间填上运算符号和括号,使等式成立.

(1)4 4 4 4=1;

(2)4 4 4 4=2;

(3)4 4 4 4=3;

(4)4 4 4 4=4;

(5)4 4 4 4=5.

解 (1)$(4+4) \div (4+4) = 1$;

(2)$(4 \times 4) \div (4+4) = 2$ 或 $(4 \div 4) + (4 \div 4) = 2$;

(3)$(4+4+4) \div 4 = 3$;

(4)$(4-4) \times 4 + 4 = 4$;

(5)$(4 \times 4 + 4) \div 4 = 5$.

练习:

(1)5 5 5 5=1;

　　5 5 5 5=2;

　　5 5 5 5=3;

　　5 5 5 5=4;

　　5 5 5 5=5;

　　5 5 5 5=6.

(2)4 4 4 4=20;

　　4 4 4 4=24;

　　4 4 4 4=28;

　　4 4 4 4=48;

　　4 4 4 4=68.

(3)7 7 7 7=1;

　　7 7 7 7=2;

　　7 7 7 7=3;

　　7 7 7 7=4;

　　7 7 7 7=5;

　　7 7 7 7=6;

　　7 7 7 7=7;

　　7 7 7 7=8;

　　7 7 7 7=9;

　　7 7 7 7=10.

(4)7 7 7 7 7 7 7=1;

　　7 7 7 7 7 7 7=2;

$7 \quad 7 \quad 7 \quad 7 \quad 7 \quad 7 \quad 7=3$；

$\qquad 7 \quad 7 \quad 7 \quad 7 \quad 7 \quad 7 \quad 7=4$；

$\qquad 7 \quad 7 \quad 7 \quad 7 \quad 7 \quad 7 \quad 7=5$；

$\qquad 7 \quad 7 \quad 7 \quad 7 \quad 7 \quad 7 \quad 7=6.$

例 2 在下列数字间填上"＋、－、×、÷"运算符号使等式成立.

(1)3　3　3　3　3　3　3＝100；

(2)3　3　3　3　3　3　3　3＝100；

(3)9　9　9　9　9　9＝100；

(4)9　9　9　9＝100.

解 (1)$33×3＋33÷33＝100$；

$\qquad$(2)$33＋33＋33＋3÷3＝100$；

$\qquad$(3)$9×9＋9÷9＋9＋9＝100$；

$\qquad$(4)$99＋9÷9＝100.$

例 3 "＋、－、×、÷"运算符号及小括号只能用一次,怎样填才能使下面的算式得到最大的整数答案?

$$4 \quad 2 \quad 5 \quad 4 \quad 9$$

解 $(4÷2＋5－4)×9＝27.$

例 4 在 15 个 8 之间填上"＋、－、×、÷"运算符号使等式成立.

$$8 \; 8 \; 8 \; 8 \; 8 \; 8 \; 8 \; 8 \; 8 \; 8 \; 8 \; 8 \; 8 \; 8 \; 8＝1\,989.$$

分析 (1)先找一个与 1 989 比较接近的数.

$\qquad$例如：$8\,888÷8＋888＝1\,999$ 与 1 989 差 10.

(2)转化为 8　8　8　8　8　8　8＝10.

$\qquad 88÷8＝11$ 与 10 差 1.

(3)转化为 8　8　8　8＝1.

$\qquad 8÷8＋8－8＝1$ 或 $88÷88＝1.$

因此,$8\,888÷8＋888－88÷8＋88÷88＝1\,989.$

练习:24 点游戏.

(1)3,3,5,5

$\qquad 5×5－3÷3＝24.$

(2)2,4,6,8

$\qquad 2×8×6÷4＝2×6＋4×8＝6×8÷4×2＝4×8－6－2＝24.$

(3)1,3,5,7

$\qquad (1＋5)×(7－3)＝(3－1)×(5＋7)＝24.$

(4)3,5,7,9

$\qquad 3＋5＋7＋9＝(9＋3)×(7－5)＝24.$

(5)2,7,12,13

$\qquad (13－7)×2＋12＝24.$

(6)2,5,6,10

$\qquad 10÷5×6×2＝(10÷5＋2)×6＝(2×10)÷5×6＝24.$

(7)1,5,6,8

$(8-5+1)\times6=24$

(8)2,4,8,10

$2+4+8+10=4\times8-10+2=2\times10+8-4=24$

(9)1,5,6,6

$5\times6-6\times1=5\div(1\div6)-6=24$

(10)3,4,4,9

$9\times4-4\times3=(9-4\div4)\times3=(9\div3)\times(4+4)=24$

(11)6,6,6,10

$6\times10-6\times6=24$

(12)4,4,10,10

$(10\times10-4)\div4=24$

(13)1,3,9,10

$(10+1)\times3-9=24$

(14)3,3,8,9

$3^3\div9\times8=(9-3-3)\times8=(3+8)\times3-9=(8-3)\times3+9=24$

(15)6,8,8,9

$9\times8-6\times8=24$

(16)1,4,5,6

$4\div(1-5\div6)=6\div(5\div4-1)=24$

(17)2,4,10,10

$(2+4\div10)\times10=24$

(18)3,4,4,10

$(10-3)\times4-4=4^3-4\times10=24$

(19)3,5,5,5

$(5^3-5)\div5=24$

(20)1,8,12,12

$12\div(12\div8-1)=(12+12)\times1^8=24$

 习题演练

1. 选择.

(1)根据 $3\times152=456$ 可以写出(   )道除法算式.

　　A. 1　　　　B. 2　　　　C. 3　　　　D. 4

(2)把除数 45 错写成 54,结果得到的商是 30,正确的结果应该是(   ).

　　A. 36　　　　B. 25　　　　C. 63　　　　D. 39

(3)如果 1 个△是 24 个○,下面算式正确的是(   ).

　　A. △+24=○　　　　　　　B. △×24=○

　　C. ○+24=△　　　　　　　D. ○×24=△

(4)在一个除法算式里,被除数、除数、商的和是 53,商是 5,被除数是(　　).

  A. 8   B. 9.6   C. 40   D. 35

(5)被除数＋除数×商＝258,则被除数是(　　).

  A. 129   B. 200   C. 250   D. 300

2. 填空.

(1)除数和商都是 29,则被除数是_____.

(2)_____÷400 的商是 25,余数最大.

(3)如果 $a×b＝320,b÷2＝40$,那么 $a=$_____,$b=$_____.

(4)一个除法算式,商是 6,且被除数与除数的和是 210,则除数是_____,被除数是_____.

(5)两数相除商是 4,余数是 17,被除数、除数、商和余数的和是 673,则被除数是_____.

3. 判断.

(1)每一句乘法口诀都能写出两道乘法算式和两道除法算式.   (　　)

(2)一个因数正好与积相等,另一个因数一定是 1.   (　　)

阅读材料

"包含除"与"等分除"

  对于除法运算的引入,传统教材总是人为地将除法划分为"等分除"(即将整体平均分成几份,求每一份的数量)和"包含除"(即告诉每一份的数量,求能将整体平均分成几份). 于是对运算意义的理解等同于将大量精力放在背诵"两种"除法的"意义"和在各种题型中"分辨"它们上. 而事实上,无论是"等分除"还是"包含除",它们都表示将整体分成若干个相等的部分,这正是除法的意义.

  其实,虽然以往的数学课程标准中没有出现"包含除"和"等分除"的概念,但在具体的情景中"包含除"和"等分除"这两种情况都有所体现. 例如,把 12 根香蕉平均分成 2 份,得出每份 6 根,这一分物活动用算式表示为 $12÷2＝6$,就是所谓的"等分除";12 根香蕉,每 4 根装一盘,求需要几个盘子,这一分物活动用算式表示为 $12÷4＝3$,就是所谓的"包含除". 虽然这两种形式在教材中都有体现,但这里的分物活动,对分的步骤不作统一要求,不出现"等分除""包含除",不要求机械记忆这些人为划分的题型,而是力求在分物活动中,利用自己的策略实际进行操作,并在操作中体验除法的含义.

完全商与不完全商

  当整数 a 除以整数 $b(b≠0)$,整数商存在时,这时的整数商叫作完全商. 例如:$8÷4＝2$ 中的"2"就是完全商.

  如果整数 a 除以整数 $b(b≠0)$ 得不到整数商,那么被除数中最多含有的除数的个数,叫作不完全商. 例如:$15÷7＝2……1$ 中的"2"就是不完全商.

1.5.4 "0"的意义和性质

文文在电视机前看天气预报,当听到播音员说:"明天气温将降至零度……"文文立刻惊叫起来:"坏了,明天就没有温度了!"你能帮文文解释这句话吗?

一、"0"的意义

0 既不是正数也不是负数,而是正数和负数之间的一个数.当某个数 x 大于 $0(x>0)$ 时,称为正数;反之,当 x 小于 $0(x<0)$ 时,称为负数.0 又是介于 -1 和 $+1$ 之间的整数.汉字记作"零",是最小的自然数.0 在不同地方,有不同的意思.

1. 表示没有

在实际生活和生产中,通常用"0"表示没有.

例如,电视机厂生产了一批彩电,经检验没有不合格的,那么不合格产品的个数就用"0"表示;又如,屋里一个人也没有,这屋里的人数就是"0".

2. 表示起点

计时秒表从 0 开始计时,这里的"0"表示起点的意思.

3. 表示分界

如温度计和数轴上的"0"表示分界的含义.

4. 表示占位

在进行数的书写时,例如四位数 4 030 中百位和个位上的"0",起到了占位的作用,显然不可写作 43.

此外,"0"还可以表示精确度、用于编号和记账等.

二、0 的性质

0 有以下性质.

1)0 既不是正数也不是负数,而是介于 -1 和 $+1$ 之间的整数.

2)0 是最小的自然数.

3)0 的相反数是 0,即 $-0=0$.

4)0 的绝对值是其本身,即 $|0|=0$.

5)0 与任何一个自然数相加的和仍等于这个数,即 $a+0=a,0+a=a,0+0=0$.

6)任何数减去 0 仍是原数,即 $a-0=a$;任何数减去它本身差是 0,即 $a-a=0$.

7)在乘法运算中,只要有一个因数是 0,其积必为 0;若积为 0,则至少有一个因数为 0.即 $0\times0=0,0\times a=0,a\times0=0(a\neq0)$.

8)0 是最小的完全平方数.

9)0 的正数次方等于 0.

10)除 0 外,任何数的 0 次方都等于 1.

11)0 不能作除数.

12)0 除以任何不为 0 的数商为 0,即 $0 \div a = 0 (a \neq 0)$.

13)0 不可作为多位数的最高位.

14)当 0 不位于其他数字之前时表示一个有效数字.

在今后的学习中,可以自行推导关于 0 是否为奇数、偶数、质数、合数以及 0 的因数与倍数等问题.

思考:0 不能作除数的原因是什么?

(1)数学原因

如果除数是 0,被除数是非 0 的自然数,则没有任何一个数(商)与 0(除数)相乘能得到一个非 0 自然数,它们相乘只能得到 0,在这种情况下,商是不存在的;如果被除数和除数都等于 0,则有许多个数(商)与 0(除数)相乘,结果都得到 0(被除数),在这种情况下,商不是唯一的.所以 0 不能作除数.

(2)物理原因

一个正整数 x(被除数)除以另一个正整数 n(除数)意味着将被除数等分 n 份后每一份的大小.除以 0 的物理意义就是要把一个物体等分成 0 份,也就是将一个存在的物体完全消灭,使它在宇宙中消失.但是,在一般的物理电学计算中,一般把 0 当作无限小.爱因斯坦相对论向我们揭示了物质与能量的关系,这个理论说明整个宇宙中的物质和能量是守恒的,根本不可能将一个物体完全毁灭,有时候一个物体看起来消失了,其实是转化成了能量.除以 0 从物理意义看违背了物质能量守恒定理.

"0"可以表示没有,也可以表示有.气温 0℃,并不是说没有气温,而是零上温度与零下温度的分界点.

"0"的历史

0 是极为重要的数字,0 的发明被称为人类伟大的发明之一.0 在我国古代叫作金元数字(极为珍贵的数字).0 这个数据说是由印度人在约公元 5 世纪时发明的,在 1202 年时,一个商人写了一本《算盘书》,在东方当时数学是以运算为主,而西方则以几何图形为主,即写出"印度人的 9 个数字,加上阿拉伯人发明的 0 符号便可以写出所有数字".由于一些原因,在初引入 0 这个符号到西方时,曾经引起西方人的困惑,因当时西方认为所有数都是正数,而且 0 这个数字会使很多算式、逻辑不能成立(如除以0),甚至认为它是魔鬼数字,而被禁用.直至公元 15、16 世纪,0 和负数才逐渐被西方人认同,才使西方数学得到快速发展.

0 的发明还有另一种说法.0 的发明始于印度.印度最古老的文献《吠陀》已有"0"这个

符号的应用,当时的 0 在印度表示无(空)的位置. 约在公元 6 世纪初,印度开始使用命位记数法. 公元 7 世纪初印度大数学家葛拉夫·玛格蒲达首先说明了 0 的意义,即任何数加上 0 或减去 0 还是得原来的数. 遗憾的是,他并没有提到以命位记数法来进行计算的实例. 也有的学者认为,0 的概念之所以在印度产生并得以发展,是因为印度佛教中存在着"绝对无"这一哲学思想. 公元 733 年,印度一位天文学家在访问现伊拉克首都巴格达期间,将印度的这种记数法介绍给了阿拉伯人,因为这种方法简便易行,不久就取代了在此之前的阿拉伯数字. 这套记数法后来又传入西欧.

"0"的故事

大约 1 500 年前,欧洲的数学家们是不知道用"0"这个数字的. 这时,罗马有一位学者从印度记数法中发现了"0"这个符号. 他发现,有了"0",进行数学运算非常方便. 他非常高兴,还把印度人使用"0"的方法向大家做了介绍. 这件事不久就被罗马教皇知道. 当时,教会的势力非常大,而且远远超过皇帝. 教皇非常愤怒,他斥责说,神圣的数是上帝创造的,在上帝创造的数里没有"0"这个怪物. 如今谁要使用它,谁就是亵渎上帝! 于是,他下令,把那位学者抓了起来,并对他施加酷刑. 就这样,"0"被那个教皇命令禁止使用. 最后,"0"在欧洲被广泛使用,而罗马数字却逐渐被淘汰.

筹算数码中开始没有"零",遇到"零"就空位. 比如"6708"就可以表示为"67 8". 数字中没有"零",是很容易发生错误的. 所以后来有人把铜钱摆在空位上,以免弄错,这或许与"零"的出现有关. 不过多数人认为,"0"这一数学符号的发明应归功于公元 6 世纪的印度人. 他们最早用黑点表示零,后来逐渐变成了"0".

公元 6 世纪时,由于自君士坦丁大帝以后,罗马帝国举国改信基督教,僧侣就决定以耶稣出世的年份为 1 年. 但在目前,有没有公元 0 年尚有争议.

说起"0"的出现,应该指出,我国古代文字中,"零"字出现很早. 不过那时它不表示"空无所有",而只表示"零碎""不多"的意思,如"零头""零星""零丁"."一百零五"的意思是:在一百之外,还有一个零头是五. 随着阿拉伯数字的引进,"105"恰恰读作"一百零五","零"字与"0"恰好对应,"零"也就具有了"0"的含义.

我国罕见的姓氏"0"

0 姓就读"零"音,但辞海,查不到这个字. 重庆市民"0"先生因派出所居民姓名数据库无显示,无法办理二代身份证. 0 先生告诉户政民警,0 就读"零"音."我们查了辞海,怎么也查不到这个姓氏."户政处信息科艾科长说,现在在数据库中 0 先生的姓,是用一个黑色的小方块代替的. 所有无法用电脑打出的姓名用字,都要上传到公安部,然后公安部裁定升级字库后再由各地公安机关下载升级.

 习题演练

"整数运算定律与性质"专项训练题

1. 填空.

(1)用字母 a、b、c 表示下面运算定律:

①加法交换律:_____;

②乘法分配律:_____;

③乘法交换律：＿＿＿＿＿＿＿＿＿＿＿；

④加法结合律：＿＿＿＿＿＿＿＿＿＿＿；

⑤乘法结合律：＿＿＿＿＿＿＿＿＿＿＿．

(2)任意两个数相乘,交换两个因数＿＿＿＿,积不变,这叫作＿＿＿＿＿＿.

(3)任意三个数相加,先把＿＿＿＿相加或先把＿＿＿＿相加,和不变,这叫作加法结合律.

(4)两个数的＿＿＿＿与一个数相乘,可以先把它们分别与这个数＿＿＿＿,再相＿＿＿＿,结果不变,这叫作＿＿＿＿＿＿.

(5)一个数连续减去两个减数,等于用这个数减去这两个减数的＿＿＿＿.

(6)一个数连续除以几个数,任意＿＿＿＿除数的位置,商不变,即 $a \div b \div c =$ ＿＿＿＿.

(7)$45 \times (20 \times 39) = (45 \times 20) \times 39$ 应用了＿＿＿＿律.

(8)用简便方法计算 $376 + 592 + 24$,要先算＿＿＿＿,这是根据＿＿＿＿律.

(9)根据运算定律,在□里填上适当的数,在○里填上适当的运算符号.

①$a + (30 + 8) = (□ + □) + 8$.

②$45 \times □ = 32 \times □$.

③$25 \times (8 - 4) = □ \times □ ○ □ \times □$.

④$496 - 120 - 230 = 496 - (□ ○ □)$.

⑤$375 - (25 + 50) = 375 - □ ○ □$.

2. 选择.

(1)$49 \times 25 \times 4 = 49 \times (25 \times 4)$ 是根据(　　)运算.

    A. 乘法交换律　　B. 乘法分配律　　C. 乘法结合律　　D. 加法结合律

(2)$986 - 299$ 的简便算法是(　　).

    A. $986 - 300 - 1$　　B. $986 - 300 + 1$　　C. $986 - 200 - 99$　　D. $986 - (300 + 1)$

(3)$32 + 29 + 68 + 41 = 32 + 68 + (29 + 41)$ 是根据(　　)运算.

    A. 加法交换律　　　　　　　　　B. 加法结合律

    C. 加法交换律和结合律　　　　　D. 乘法结合律

(4)下面算式中(　　)运用了乘法分配律.

    A. $42 \times (18 + 12) = 424 \times 30$　　　　B. $a \times b + a \times c = a \times (b - c)$

    C. $4 \times a \times 5 = a \times (4 \times 5)$　　　　D. $(125 - 50) \times 8 = 125 \times 8 - 50 \times 8$

(5)$125 \div 25 \times 4$ 的简便算法是(　　).

    A. $125 \div (25 \times 4)$　　B. $125 \times 4 \div 25$　　C. $125 \div 5 \times 5 \times 4$　　D. $125 \div 25 \div 4$

3. 判断.

(1)$25 \times (4 + 8) = 25 \times 4 + 2 \times 58$. 　　　　　　　　　　　　　　　(　　)

(2)$(32 + 4) \times 25 = 32 + 4 \times 25$. 　　　　　　　　　　　　　　　　　(　　)

(3)$180 \div 5 \div 4 = 180 \div (5 \times 4)$. 　　　　　　　　　　　　　　　　　(　　)

(4)$125 \times 4 \times 25 \times 8 = (125 \times 8) + (4 \times 25)$. 　　　　　　　　　　(　　)

(5)$52 + 83 + 48 = 83 + (52 + 48)$ 这一步计算只运用了加法交换律. 　　(　　)

(6)$31 + 23 + 77 = 31 + 100$. 　　　　　　　　　　　　　　　　　　　　(　　)

(7)136－68＋32＝136－(68＋32). （　　）

(8)412＋78＋22＝412＋(78＋22). （　　）

(9)17×99＋1＝17×100. （　　）

(10)450×8÷100＝450×100÷8. （　　）

4. 解答.

(1)用简便方法计算下面各题:

①94＋38＋106＋62;

②125×15×8;

③25×32×125;

④125÷25×8;

⑤125×48;

⑥989－186－14;

⑦4 600÷25÷4;

⑧136×101－136;

⑨32×37＋47×37＋21×37;

⑩99×77＋77;

⑪99×8;

⑫78×37－37×68.

(2)解决问题,能简便的就简便计算.

①同学们去军区演出,四年级去 113 人,五年级去 272 人,六年级去 87 人. 三个年级一共去多少人?

②粮店运进一批大米,大、小袋各 16 袋,大袋每袋 50 千克,小袋每袋 25 千克. 一共运进大米多少千克?

③一个工程队要用一个月的时间挖一条长 2 670 米的水渠,已知上旬挖了 1 016 米,中旬挖了 984 米. 要想按期完成任务,下旬需要挖多少米?

④学校要做 4 800 面彩旗,把这个任务交给 25 个班,每个班有 4 个小组. 平均每个小组要做多少面彩旗?

⑤一座大楼有 25 层,每层有 24 个窗口,每个窗口有 4 块玻璃. 这座大楼一共有多少块玻璃?

1.6　因数和倍数

幼儿园老师与小朋友们做分糖果游戏.

(1)如果把手中的 12 粒糖果都给明明,明明得几粒糖果?（12÷1＝12）

(2)如果平均分给明明和丽丽,那么两人各得几粒糖果?（12÷2＝6）

(3)如果平均分给明明、丽丽和小杰,那么每人各得几粒糖果?（12÷3＝4）

(4)如果老师自己也想吃糖果,那么每人各得几粒糖果?（12÷4＝3）

（5）这时又来了 3 个小朋友加入游戏,如果老师手中的糖果分给 6 人,每人可得几粒糖果?（12÷6＝2）

（6）如果分给 12 个小朋友,每人又可得几粒糖果?（12÷12＝1）

上述问题都可以用数学式子表示出来. 思考糖果总数,人数与每人分得糖果数之间的关系,由整除的意义可知:1,2,3,4,6,12 都能整除 12（或说 12 能被 1,2,3,4,6,12 整除）,我们说它们都是 12 的因数,而 12 是它们的倍数.

知识链接

一、因数和倍数的含义

如果自然数 a 和自然数 b 的乘积是 c,即 $a×b＝c$,那么 a 和 b 都是 c 的因数,c 是 a 和 b 的倍数. 例如:$3×8＝24$,3 和 8 是 24 的因数,24 是 3 和 8 的倍数.

【注意】因数和倍数是相互依存的一种关系,任何一方都不能单独存在. 不能说某一个数是倍数,也不能说某一个数是因数. 如 $4×5＝20$,我们可以说 20 是 4 和 5 的倍数,或说 4 和 5 是 20 的因数;但不能说 20 是倍数,4 或 5 是因数.

二、确定一个数的因数或倍数的方法

（一）确定一个数的因数的方法

1. 根据定义

根据一个数的因数的定义,每列出一个乘法算式,就可以找出这个数的一对因数,所以只要有序地写出这个数所有乘法算式,就可以找到这个数的全部因数. 当两个因数相等时,就作为一个因数来看待.

例如,写出 18 的所有因数,具体方法如下:

$1×18＝18$,1 和 18 是 18 的因数;

$2×9＝18$,2 和 9 也是 18 的因数;

$3×6＝18$,3 和 6 也是 18 的因数.

所以,18 的所有因数为 1,2,3,6,9,18,共 6 个.

2. 根据除法算式

要找出一个数的全部因数还可以根据除法算式,即把这个数固定为被除数,只要改变除数,按照顺序,依次用 1,2,3,4,5,…去除这个数,看除得的商是不是整数,如果是整数,则除数和商都是被除数的因数,当除数和商相等时,就算一个因数;如果不是整数,除数和商都不是被除数的因数.

例如,写出 24 的所有因数,具体方法如下:

$24÷1＝24$,1 和 24 都是 24 的因数;

$24÷2＝12$,2 和 12 都是 24 的因数;

$24÷3＝8$,3 和 8 都是 24 的因数;

$24÷4＝6$,4 和 6 都是 24 的因数;

$24÷5＝4.8$,因为 4.8 不是整数,所以除数和商都不是 24 的因数.

因此,24 的所有因数为 1,2,3,4,6,8,12,24,共 8 个.

思考:1 是任意一个整数的因数吗?

1 和任意一个整数相乘仍得那个数,所以 1 是任意一个整数的因数,任意一个整数都是 1 的倍数.

(二)确定一个数的倍数的方法

根据一个数的倍数的定义,这个数与任意非零自然数之积都是这个数的倍数.在限定范围内找一个数的倍数,可先写出这个自然数,然后用这个自然数分别乘 2,3,4,5,…直到所乘得的积接近规定的限制范围为止.例如,写出 30 以内 4 的倍数,可以依次写出 4,8,12,16,20,24,28.

思考:一个自然数有几个因数和倍数?

一个自然数的因数的个数是有限的,其中最小的一个是 1,最大的一个是它本身.一个自然数的倍数的个数是无限的,其中最小的倍数是它本身,没有最大的倍数.

(三)2,5,3 的倍数的特征

1.2 的倍数的特征

如果一个数个位上的数字是 2 的倍数,那么这个数就是 2 的倍数.也可以说,如果一个整数个位上的数字是 0,2,4,6,8,那么这个数就一定是 2 的倍数.例如:4,10,48,126,302 等,都是 2 的倍数.反过来说,如果一个数个位上的数字不是 2 的倍数,那么这个数就不是 2 的倍数.或者说,凡是个位上的数字不是 0,2,4,6,8 的数,都不是 2 的倍数.

(1)偶数

自然数中,是 2 的倍数的数叫作偶数,偶数也叫作双数.例如:在非零自然数中,2,4,6,8,10,12,14,16,…都是偶数.

(2)奇数

自然数中,不是 2 的倍数的数叫作奇数,奇数也叫作单数.例如:1,3,5,7,9,11,13,15,…都是奇数.

(3)判断奇数、偶数的方法

个位上的数字是奇数的整数必定是奇数,个位上的数字是偶数的整数必定是偶数.

思考:所有的自然数不是奇数就是偶数吗?

所有的自然数中,如果一个数的个位上的数字是 0,2,4,6,8,那么这个数就是偶数;凡是个位上的数字是 1,3,5,7,9 的数就是奇数.因此,所有的自然数,不是奇数就是偶数,它们的个数是无限的.

(4)奇数与偶数的性质

奇数与偶数的性质如表 1—14 所示.

2.5 的倍数的特征

如果一个数的个位上的数字是 5 的倍数,那么这个数就是 5 的倍数.也可以说,个位上是 0 或 5 的数,都是 5 的倍数.例如:5,10,225,8 750,…都是 5 的倍数.

表 1—14

性质	用式子表示	举例
任意两个奇数的和(或差),一定是偶数	"奇+奇=偶" "奇-奇=偶"	35(奇)+17(奇)=52(偶数) 143(奇)-61(奇)=82(偶数)
任意两个奇数的积一定是奇数	"奇×奇=奇"	7(奇)×9(奇)=63(奇数) 105(奇)×11(奇)=1 155(奇数)
任意两个偶数的和(或差),一定是偶数	"偶+偶=偶" "偶-偶=偶"	40(偶)+28(偶)=68(偶数) 412(偶)-24(偶)=388(偶数)
任意两个偶数的积,一定是偶数	"偶×偶=偶"	8(偶)×4(偶)=32(偶数) 36(偶)×12(偶)=432(偶数)
一个奇数与一个偶数的和(或差),一定是奇数	"奇+偶=奇" "奇-偶=奇" "偶-奇=奇"	25(奇)+30(偶)=55(奇数) 71(奇)-12(偶)=59(奇数) 60(偶)-35(奇)=25(奇数)
一个奇数与一个偶数的积,一定是偶数	"奇×偶=偶" "偶×奇=偶"	27(奇)×30(偶)=810(偶数) 22(偶)×21(奇)=462(偶数)

3. 3 的倍数的特征

如果一个数各个数位上的数相加的和是 3 的倍数,那么这个数就是 3 的倍数. 例如:69,6+9=15,15 是 3 的倍数,则 69 也是 3 的倍数,69÷3=23.

可见自然数按用途分类,可以分为基数和序数;按能否被 2 整除分类,可以分为奇数和偶数;那么按因数的个数分类,可以分为哪几类呢?

三、质数与合数

1. 质数(素数)与合数的含义

一个数,如果只有 1 和它本身两个因数,这样的数叫作质数. 质数也叫素数. 例如:2,3,5,7,11,…都是质数. 最小的质数是 2.

一个数,如果除了 1 和它本身还有别的因数,这样的数叫作合数. 例如:4,6,8,9,10,12,…都是合数. 最小的合数是 4.

思考:自然数中除了质数就是合数吗?

这种说法不正确,因为 0 和 1 既不是质数,也不是合数.

根据自然数含有因数的个数,自然数可分为四类:0、1、质数、合数.

2. 判断质数的方法

判断质数的方法如表 1—15 所示.

表 1—15

名称	方法	备注
查表法	看质数表里有没有所要查找的数,如果表内有这个数,它就是质数;若表内没有,它就不是质数(要查的数小于质数表规定范围)	见质数表
试除法	可以用 2,3,5,7,11,13 等质数从小到大依次去除要查的数,如果到某一个质数正好整除,这个数就不是质数;如果不能整除,当除到的商小于除数时,就不必除了,可以断定这个数一定是质数	例如:检查 139 是否为质数,方法如下,先用 2,3,5 的倍数的特征进行检验,得知 139 不是 2,3,5 的倍数;再用试除法检验,即 $139 \div 7 = 19 \cdots 6$ $139 \div 11 = 12 \cdots 7$ $139 \div 13 = 10 \cdots 9$ 用 13 除,不能整除,并且所得的商比 13 小,由此可知 139 是质数

500 以内质数如表 1—16 所示.

表 1—16

2	3	5	7	11	13	17	19	23	29	31	37
41	43	47	53	59	61	67	71	73	79	83	89
97	101	103	107	109	113	127	131	137	139	149	151
157	163	167	173	179	181	191	193	197	199	211	223
227	229	233	239	241	251	257	263	269	271	277	281
283	293	307	311	313	317	331	337	347	349	353	359
367	373	379	383	389	397	401	409	419	421	431	433
439	443	449	457	461	463	467	479	487	491	499	

3. 质因数

(1)含义

每个合数都可以写成几个质数相乘的形式,这几个质数都叫作这个合数的质因数.

例如:$30 = 2 \times 3 \times 5$,其中 2,3,5 本身是质数,又是 30 的因数,所以都是 30 的质因数.

思考:"2 是质因数"的说法对吗?

质因数是相对于某一个积(合数)而言的,我们不能离开某一个积来谈哪个数是质因数.例如:$12 = 2 \times 2 \times 3$,可以说 2 是 12 的质因数,3 是 12 的质因数,而不能只说 2 是质因数.

(2)分解质因数的方法

把一个合数用质因数相乘的形式表示出来,叫作分解质因数.例如:$24 = 2 \times 2 \times 2 \times 3$ 叫作把 24 分解质因数.

分解质因数的方法有以下两种.

1) 用塔式分解图进行分解。对于一个较小的数,可采用塔式分解图进行分解.

例如:

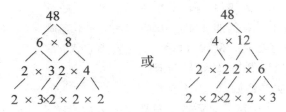

2) 短除法。分解质因数时,往往用到短除法. 短除法就是在被除数的下面直接写出商来,在被除数的左边写出除数(从最小质数起),而不是一一写出每一部分的积及剩余的除法格式. 得出的商如果是质数,就把除数和商写成相乘的形式;如果得出的商还是合数,就按照上面的方法继续除,直到得出的商是质数为止,然后把所有除数和最后的商写成连乘的形式.

例如:$60 = 2 \times 2 \times 3 \times 5$

$$
\begin{array}{r|r}
2 & 60 \\
\hline
2 & 30 \\
\hline
3 & 15 \\
\hline
& 5
\end{array}
$$

【注意】只有合数才能分解质因数. 分解质因数必须要把这个合数写成几个质数相乘的形式,最好把这些质数从小到大排列,以便于观察和分析. 一个数的质因数的个数是有限的.

四、公因数

(一)公因数的含义

几个数公有的因数,叫作这几个数的公因数.

例如:12 的因数有 1,2,3,4,6,12;30 的因数有 1,2,3,5,6,10,15,30.12 和 30 的公因数为 1,2,3,6,如图 1－2 所示.

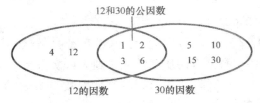

图 1－2

(二)最大公因数

1. 最大公因数的含义

几个数的公因数中最大的一个因数,叫作这几个数的最大公因数. 例如:12 与 30 的公因数是 1,2,3,6,其中 6 是 12 与 30 的最大公因数.

公因数只有 1 的两个数是互质数. 例如:3 和 7 的公因数只有 1,3 和 7 是互质数;6 和 13 的公因数只有 1,6 和 13 是互质数.

当两个或两个以上的数是互质数时,我们就说它们互质. 例如:12 和 13 是互质数,我们就说 12 和 13 这两个数互质.

思考:两个数互质的情况有哪些? 什么时候一定互质?

1)两个质数一定互质.例如:11 和 19 互质.

2)两个合数不一定互质.例如:8 和 9 互质,8 和 14 不互质.

3)质数与合数不一定互质.例如:11 和 15 互质,5 和 15 不互质.

4)1 和质数一定互质.例如:1 和 11 互质.

5)1 和合数一定互质.例如:1 和 18 互质.

可见,互质的两个数不一定都是质数.只要是公因数只有 1 的两个数都互质.

思考:质数、质因数和互质数是一回事吗?

质数、质因数和互质数含义是不同的.质数是除了 1 和它本身外,不再含有别的因数的数,它是一种独立的数,如 7,11,19 等都是质数;质因数是一个质数对某个合数而言的,它首先必须是质数,其次应是这个合数的因数,如 3 和 5 是 15 的质因数;互质数并非一种独立的数,被称为互质数的两个数必定存在公因数只有 1 这样特定的关系,如 8 和 9 的公因数只有 1,它们是一组互质数,我们可以说"8 和 9 是互质数",但绝不能说"8 是互质数,9 是互质数".

2. 求最大公因数的方法

(1)一般方法

1)枚举法.例如:求 18 和 30 的最大公因数.可分别把 18 和 30 所有的因数全部枚举出来,从中找到相同且最大的数.

18 的因数有 1,2,3,6,9,18.

30 的因数有 1,2,3,5,6,10,15,30.

18 和 30 的公因数有 1,2,3,6.

18 和 30 最大的公因数是 6.

2)分解质因数法.几个自然数的最大公因数,必须包含这几个自然数全部公有的质因数,因此可先把各个数分解质因数,再把这几个自然数全部公有的质因数选出,连乘起来,所得的积就是要求的最大公因数.例如:求 18 和 24 的最大公因数,先把 18 和 24 分解质因数.

$18=2\times3\times3,24=2\times2\times2\times3.$

18 和 24 都含有质因数 2 和 3,所以它们的最大公因数是 $2\times3=6$.

3)短除法.一般先把各个数公有的质因数从小到大依次作为除数,连续去除这几个数,把除得的商写在该数的下方,一直除到各个商只有公因数 1 为止,然后把所有除数连乘起来,所得的积就是这几个数的最大公因数.例如:求 36,24,42 的最大公因数.

用三个数的公因数 2 除……　　　$2\underline{)\,36\ \ 24\ \ 42}$

用三个数的公因数 3 除……　　　$3\underline{)\,18\ \ 12\ \ 21}$

除到三个数的公因数只有 1 为止……　　$6\ \ \ \ 4\ \ \ \ 7$

所示,36,24,42 的最大公因数是 $2\times3=6$.

4)辗转相除法.具体方法是用较小的数除较大的数,再用出现的余数(第一个余数)去除除数.接着再用出现的第二个余数去除第一个余数……直到余数是 0 为止.最后的除数就是两个数的最大公因数.应用此方法时,一般写成简便形式.例如:求 65 和 280 的最大公因数.

$$
\begin{array}{r|r|rr}
4 & 65 & 280 & \\
  & 60 & 260 & \\
4 & 5 & 20 & 3 \\
  &   & 20 & \\
  &   & 0 & \\
\end{array}
$$

第一次:用 65 除 280,商 4 余 20.

第二次:用 20 除 65,商 3 余 5.

第三次:用 5 除 20,商 4 余 0.

所以,65 和 280 的最大公因数是 5.

(2)特殊方法

1)如果两个数互质,则它们的最大公因数是 1.

例如:7 和 9 的最大公因数是 1.

2)如果较小数是较大数的因数,那么较小数就是这两个数的最大公因数.

例如:9 是 27 的因数,那么 9 就是 9 和 27 的最大公因数.

3. 最大公因数的性质

1)两个数分别除以它们的最大公因数,所得的商互质.

例如:36 和 24 的最大公因数是 12,36÷12＝3,24÷12＝2,所得的商 3 和 2 互质.

2)两个数的最大公因数的因数,一定是这两个数的公因数.

例如:36 和 48 的最大公因数是 12,12 的因数有 1,2,3,4,6,12,这些因数也是 36 和 48 的公因数.

3)两个数的公因数都是这两个数的最大公因数的因数.

例如:12 和 18 的公因数有 1,2,3,6,最大公因数是 6,12 和 18 的公因数 1,2,3,6 是它们的最大公因数 6 的因数.

4)两个数都乘以同一个自然数 m,所得的两个积的最大公因数等于这两个数的最大公因数与 m 的积.

例如:4 和 6 都乘以 5,4×5＝20,6×5＝30,20 和 30 的最大公因数 10 为 4 和 6 的最大公因数 2 和 5 的积.

5)若两个数都除以它们的一个公因数 m,则所得的两个商的最大公因数等于这两个数的最大公因数与 m 的商.

例如:45 和 75 都除以 3,45÷3＝15,75÷3＝25,15 和 25 的最大公因数 5 等于 45 和 75 的最大公因数 15 除以 3.

五、公倍数

(一)含义

几个自然数公有的倍数,叫作这几个数的公倍数.

例如:8 的倍数有 8,16,24,32,40,48,56,64,72,…

12 的倍数有 12,24,36,48,60,72,…

可知,12 和 8 的公倍数有 24,48,72,…

(二)最小公倍数

1. 含义

几个自然数所有的公倍数中最小的一个,叫作这几个数的最小公倍数. 例如:12 和 8 的公倍数有 $24,48,72,\cdots$ 其中 12 和 8 的最小公倍数是 24.

【注意】两个数有最大公倍数吗?

两个数的公倍数的个数是无限的,最小的一个被称为最小公倍数,两个数没有最大公倍数.

2. 求最小公倍数的方法

(1)一般方法

1)枚举法. 例如:求 18 和 30 的最小公倍数. 可分别把 18 和 30 的倍数从小到大依次枚举出来,从中找到相同且最小的数.

18 的倍数有 $18,36,54,72,90,108,126,144,162,180,\cdots$

30 的倍数有 $30,60,90,120,150,180,\cdots$

18 和 30 的公倍数有 $90,180,\cdots$

18 和 30 的最小公倍数是 90.

2)分解质因数法. 求两个自然数的最小公倍数,先把每个数分解质因数,再把这两个数公有的所有质因数和其中每个数独有的质因数全部连乘起来,积就是它们的最小公倍数.

例如:求 21 和 15 的最小公倍数,先把 21 和 15 分解质因数.

$21=3\times7,15=3\times5$.

21 和 15 公有的质因数是 $3,21$ 独有的质因数是 $7,15$ 独有的质因数是 5,因此 21 和 15 的最小公倍数是 $3\times5\times7=105$.

3)短除法. 把几个数公有的质因数从小到大排列后,依次作为除数,用短除法连续去除这几个数. 在连除时,如果某一个数不能被除数整除,就把这个数写在下边. 直到得出的商两两互质为止,然后把所有的除数和商乘起来,所得的积就是这几个数的最小公倍数.

例如:求 48,30 和 24 的最小公倍数.

```
2 | 48  30  24  ……用三个数的公因数2除
3 | 24  15  12  ……用三个数的公因数3除
4 |  8   5   4  ……用8和4公有的因数4除,5直接落下
      2   5   1  ……2,5,1互质,除到此为止
```

所以,48,30,24 的最小公倍数是 $2\times3\times4\times2\times5\times1=240$.

思考:用短除法求两个数的最小公倍数和最大公因数的方法相同吗?

用短除法求两个数的最小公倍数和最大公因数的方法相近,但不要混淆. 求两个数的最大公因数,是把短除法中的除数连乘;而求两个数的最小公倍数是把短除式中的除数和最后得到的商都连乘. 它们的区别可概括为:求公因,乘半边;求公倍,乘半圈.

4)利用最大公因数求最小公倍数. 因为两个自然数的最大公因数与它们的最小公倍数的乘积等于这两个数的乘积,所以我们可以用两个数的乘积除以它们的最大公因数,便可得到这两个数的最小公倍数. 例如:25 和 10 的最大公因数是 5,我们可以求得 25 和 10 的最小公倍数是 $25\times10\div5=50$.

(2)特殊方法

1)如果两个数是互质数,则它们的最小公倍数是这两个数的乘积.

例如:7 和 9 互质,它们的最小公倍数是 7×9＝63.

2)如果较大数是较小数的倍数,那么较大数就是这两个数的最小公倍数.

例如:72 是 36 的倍数,那么 72 就是 72 和 36 的最小公倍数.

【注意】两个数的最小公倍数与最大公因数的关系.

两个数的最小公倍数一定是它们的最大公因数的倍数;两个数的最大公因数一定是它们的最小公倍数的因数.

3. 最小公倍数的性质

1)两个数的最小公倍数与最大公因数的乘积等于这两个数的乘积.

例如:4 和 10 的最小公倍数是 20,4 和 10 的最大公因数是 2.

20×2＝4×10.

2)两个数的任意公倍数都是它们最小公倍数的倍数.

例如:150 是 15 和 25 的一个公倍数,75 是 15 和 25 的最小公倍数.

150 是 75 的倍数,150÷75＝2.

9 的倍数的特征

一个数各个数位上的数相加的和是 9 的倍数,这个数就是 9 的倍数.例如:3 825,3＋8＋2＋5＝18,18 是 9 的倍数,则 3 825 也是 9 的倍数,且 3 825÷9＝425.

4 或 25 的倍数的特征

如果一个数的末尾两位数字所表示的数是 4 或 25 的倍数,那么这个数就是 4 或 25 的倍数.例如:4 736 末尾两位数字所表示的数是 36,36 是 4 的倍数,则 4 736 就是 4 的倍数,且 4 736÷4＝1 184;7 650 末尾两位数字所表示的数是 50,50 是 25 的倍数,则 7 650 就是 25 的倍数,且 7 650÷25＝306.

一个数既是 4 的倍数又是 25 的倍数,那么它必定是 100 的倍数,即这个数的末尾至少有两个"0".例如:600,300,…

8 或 125 的倍数的特征

如果一个数的末尾三位数字所表示的数是 8 或 125 的倍数,那么这个数就是 8 或 125 的倍数.例如:57 192 末尾三位数字所表示的数是 192,192 是 8 的倍数,则 57 192 就是 8 的倍数,且 57 192÷8＝7 149;78 375 末尾三位数字所表示的数是 375,375 是 125 的倍数,则 78 375 就是 125 的倍数;78 375÷125＝627.

7,11,13 的倍数的特征

如果一个数的末尾三位数字所表示的数与末尾三位前的数字组成的数的差(大数减小数)是 7 或 11 或 13 的倍数,那么这个数就是 7 或 11 或 13 的倍数.例如:4 172 末尾三位数字表示的数是 172,去掉末尾三位数字后剩余数字组成的数是 4,172 与 4 的差是 168,168 是 7 的倍数,则 4 172 就是 7 的倍数,且 4 172÷7＝596.

弃 3 法与弃 9 法

判断一个数是否是 3 或 9 的倍数,还可以用弃 3 法或弃 9 法,即先把给定的数中是 3 的倍数的数字或 0 画去,再把相加的和是 3 的倍数的数字画去,如果最后数字全部画完,则这个数是 3 的倍数. 例如:判断 3 560 124 是不是 3 的倍数. 先画去是 3 的倍数的"3""6"以及"0",再画去和是 3 的倍数的"5"和"4(5＋4＝9)","1"和"2(1＋2＝3)",这时全部画完,说明 3 560 124 是 3 的倍数.

弃 9 法也可以判断一个数是否是 9 的倍数,判断方法与弃 3 法类似,不再赘述.

1. 下面的说法对吗? 说出理由.

(1)因为 36÷9＝4,所以 36 是倍数,9 是约数.

(2)57 是 3 的倍数.

(3)1 是 1,2,3,4,5,…的约数.

2. 下面的数,哪些是 60 的约数,哪些是 6 的倍数?

　　3　4　12　16　24　60

提示:一个数可以是另一个数的约数,也可以是某个数的倍数.

3. 下面的说法对吗? 为什么?

(1)1.8 能被 0.2 除尽.(　　)　　　1.8 能被 0.2 整除.(　　)

　　1.8 是 0.2 的倍数.(　　)　　　1.8 是 0.2 的 9 倍.(　　)

(2)若 $a÷b＝10$,那么

　　a 一定是 b 的倍数.(　　)　　　a 能被 b 整除.(　　)

　　b 可能是 a 的约数.(　　)　　　a 能被 b 除尽.(　　)

4. 判断.

(1)36÷9＝4,所以 3 是倍数,9 是因数.　　　　　　　　　　　　　(　　)

(2)12 的倍数只有 24,36,48.　　　　　　　　　　　　　　　　　(　　)

(3)57 是 3 的倍数.　　　　　　　　　　　　　　　　　　　　　(　　)

(4)1 是 1,2,3,…的因数.　　　　　　　　　　　　　　　　　　(　　)

(5)一个数的倍数一定比这个数的因数大.　　　　　　　　　　　　(　　)

(6)一个数的倍数一定比它的约数大.　　　　　　　　　　　　　　(　　)

(7)任何奇数加 1 后,一定是 2 的倍数.　　　　　　　　　　　　　(　　)

(8)因为 9 的倍数一定是 3 的倍数,所以 3 的倍数也一定是 9 的倍数.(　　)

(9)两个数是互质数,这两个数没有公约数.　　　　　　　　　　　(　　)

(10)37 是 37 的倍数,37 是 37 的约数.　　　　　　　　　　　　　(　　)

5. 填空.

(1)4×6＝24,____是____和____的倍数,____和____是____的因数.

(2)12 的因数中有____个质数,____个合数.

(3)在 0,1,2,3 中,任选两个数字组成两位数,是 3 的倍数的共有____个.

(4)有三个连续的三位数,从小到大依次可被 2,3,5 整除,这样最小的三个三位数是

____，____，____.

(5)42 和 105 的最大公约数是_____，最小公倍数是_____.

(6)$A=2×3×3×5$，$B=3×5×7$，A 和 B 的公约数有____，最小公倍数是____.

(7)在 2，9，17，28，7 中，质数是____，合数是____，奇数是_____，偶数是_____.

(8)小兰把 500 元的压岁钱存入银行．ATM 机提示：请输入密码，这时小兰把 10 以内的质数按从大到小的顺序排列后输入．小兰输入的密码应是_____.

(9)把 111 111 分解质因数是_____.

(10)互质的两个合数的最小公倍数是 728，这两个数是____和____.

6. 解答题．

(1)把 50 以内 6 和 8 的倍数、公倍数分别填在下面的圈中，再找出它们的最小公倍数．

(2)一块木板长 198 cm、宽 90 cm，要锯成若干个正方形，而且没有剩余，最少可以锯成多少块？

(3)某校组织五年级学生进行团体操表演，如果每 10 人站成一排正好站齐，每 14 人站成一排也正好站齐，五年级至少有多少人？

(4)著名的哥德巴赫猜想："任意一个大于 4 的偶数都可以表示成两个质数的和．"如：6=3+3，12=5+7 等．那么，自然数 100 可以写成多少种两个不同质数和的形式？请分别写出来．(提示：100=3+97 和 100=97+3 算作同一种形式)

(5)3 个连续自然数的和是质数还是合数？为什么？

(6)小聪的妹妹参加中学数学竞赛，小聪问妹妹："你得了多少分？排第几名？"妹妹告诉他："我得的名次和我的岁数及我的分数乘起来是 2 910，你看我的名次和成绩各是多少？"

(7)在做一道两位数乘法题目时，小虎把一个乘数的个位数字 5 看成了 8，由此乘积为 1 872．那么正确答案是多少？

(8)将 37 分为甲、乙、丙三个数，使甲、乙、丙三个数的乘积为 1 440，并且甲、乙两数的积比丙数的 3 倍多 12．求甲、乙、丙各是几？

爱因斯坦自编的问题

很多科学家都喜欢用一些有趣的数学问题来考查别人的机敏程度和逻辑推理能力．这里有一道著名物理学家爱因斯坦编的问题．

在你面前有一条长长的阶梯．如果你每步跨 2 阶，那么最后剩 1 阶；如果你每步跨 3 阶，那么最后剩 2 阶；如果你每步跨 5 阶，那么最后剩 4 阶；如果你每步跨 6 阶，那么最后剩 5 阶；只有当你每步跨 7 阶时，最后才正好走完，一阶也不剩．

请你算一算，这条阶梯到底有多少阶？

分析能力较强的同学可以看出,所求的阶梯数应比 2,3,5,6 的公倍数(即 30 的倍数)小 1,并且是 7 的倍数.因此只需从 29,59,89,119,…中找 7 的倍数就可以了.很快可以得到答案为 119 阶.

转盘之谜

商人说:"请你们看一样东西."说着拿出一套东西并对它详细地作了介绍:一个写着 1～12 的数字圆盘,圆盘中心竖着一根可以转动的木棒,木棒上端连着一根横杆,横杆的一端用线系着一个指针.花 2 角钱可以转动一次.指针停在圆盘的哪一格,就从下一格起,按照指针指的数字数几格.数到哪格,那格里的奖品便归你所有.商人又指着图,举例说:"如果指针停在 5 字格,就从 6 字格起数 5 格,结果终止在 10 字格,10 字格的奖品是橡皮,你就可以取走."

这个数字转盘中,每一格都有奖品,只要参加便一定能得奖!奖品价值大小不等,小到铅笔、橡皮、糖果……大到金笔、手表、计算器……奇怪的是,玩这个游戏的人,每次所能得到的,都是一些低廉的东西,金笔、手表之类的贵重物品从来没有人能拿走.难道真是参加的人运气不佳吗?

其实,这个游戏是利用奇、偶数的特性来迷惑人的.

我们知道:偶数＋偶数＝偶数,奇数＋奇数＝偶数.

如果指针停在奇数格上,则从下一格起,数奇数个,就是"奇数＋奇数＝偶数",最后必定落在偶数格.

如果指针停在偶数格上,则从下一格起,数偶数个,就是"偶数＋偶数＝偶数",最后还是落在偶数格.

这样,参加者数数只能落在偶数格,而偶数格放的都是微不足道的奖品.奇数格放的那些贵重奖品是永远不可能得到的.

神童波沙

匈牙利虽然国土不大,人口不多,但是数学家却不在少数.在现代的数学家中,厄尔迪斯可以说是最著名的一位怪杰.他也是匈牙利人,一生未婚,自从母亲去世后,就独自一人浪迹天涯,周游世界各国,到处作数学报告,发掘数学天才.有一次听说布达佩斯有位 9 岁的神童波沙,他便专程到布达佩斯去看他.

厄尔迪斯提出了一个问题问波沙:"从 1,2,3,…,100 中任意取出 51 个(不同的)数,其中必有两个数互质,为什么?"

波沙是这样解答的:将 1,2,3,…,100 分成 50 个组,每一组是两个相邻的数 (1,2),(3,4),(5,6),…,(99,100).如果每组中至多取一个,那么至多取出 50 个数.因此,如果取出 51 个数,那么必有一组的两个数都被取出.这就表明从 1,2,3,…,100 中任取 51 个数,必有两个相邻的数被取出.而两个相邻的自然数互质,因此取出的 51 个数中必有两个数互质.

损失的钱

某城市的步行街上开了一家鞋店.有一天,鞋店来了一位戴眼镜的顾客,他买了一双价值 40 元的鞋子,拿出一张 100 元的人民币递给营业员.因为店里零钱不够,营业员就把这张钞票拿到隔壁的文具店,换了 10 张 10 元的钞票.交给顾客 60 元以后,自己留下了 40 元.

不一会儿,文具店的会计过来了,他拿着那张 100 元的钞票说这是假币.鞋店营业员仔细一看,果不其然.鞋店的营业员回到店里,拿了一张真的 100 元钞票,还给了文具店会计.当营业员开始计算自己的损失时,由于心情不好,老是算不出来.请你帮忙算一算,他损失的钱究竟是多少?

他损失的就是找给顾客的 60 元钱和"卖"给顾客的价值 40 元的鞋(顾客用 100 元假币买了一双鞋价值 40 元,并找零 60 元).

质数的个数

质数有无限多个.公元 300 多年古希腊数学家欧几里得就证明了这个定理,质数越大,发现就越困难,因此目前人类已知的质数还是有限的.17 世纪,法国费尔马曾经猜想形如 $2^{2n}+1(n \geqslant 0)$ 的数都是质数,其实这个猜想并不正确,但给后人很大的启发,以后发现的最大的质数都与这个公式相似.1876 年数学家卢斯卡发现了当时最大的质数"$2^{127}-1$"有 37 个数位,这个纪录保持了 75 年,直到 1951 年由于电子计算机的出现,才发现了具有 79 个数位的更大质数"$180 \times (2^{127}-1)^2+1$".从这以后,纪录不断被刷新,1979 年美国劳伦斯·利英费尔实验室的两位计算机专家发现了目前最大的质数"$2^{44\,497}-1$",这个数有 13 395 个数位.

本 章 小 结

一、知识网络图

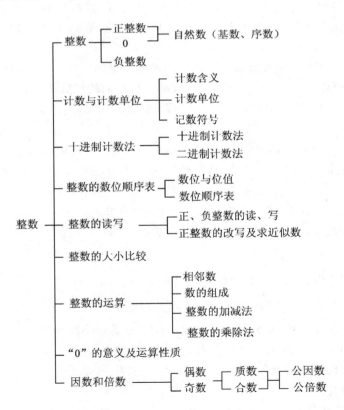

二、回顾与思考

(1)用数表示物体的个数或事物的顺序和位置．结合实际问题说明万以内数的意义，并认、读、写万以内和万以上的数．以万、亿为单位表示大数，并用十进制计数法表示．

(2)举例说明多位数各数位上的名称及各数位上的数字表示的意义．

(3)说出关系符号的含义，并用符号和词语描述万以内和万以上的数的大小．

(4)结合实际说明大数的意义，并进行估计．

(5)用数字表示生活中的一些事物，描述其某些特征，体会数在生活中的作用．

(6)说出 2,5,3 的倍数的特征，举例求出几个数的公倍数与最小公倍数、公因数与最大公因数．

(7)说出整数、奇数、偶数、质数、合数的含义．

(8)说明实际生活中负数的意义，并用负数表示生活中的一些事物．

复 习 题

1. 填空．

(1)第 41 届世界博览会于 2010 年 5 月 1 日至 10 月 31 日在中国上海市举行．总投资达 45 000 000 000 元人民币，截至 6 月 19 日 17 时，世博园累计参观人数已达 <u>16 207 730</u> 人．

①将 45 000 000 000 元改写成以"亿元"为单位的数是（   ）亿元．

②横线上的数读作（   ），省略万位后面的尾数约为（   ）．

(2)一个数由 5 个亿、6 个千万、3 个万、9 个百、4 个 1 组成，这个数写作（   ），读作（   ）．

(3)在 −5,0,+4,−3,+15,9,−4 中，正数有（   ），负数有（   ）

(4)60 606 000 是一个（   ）位数，从左到右第二个 6 在（   ）位上，第三个 6 表示 6 个（   ），这个数读作（   ）．

(5)自然数的基本单位是（   ），93 由（   ）个单位组成．

(6)最小的四位数是（   ），最大的五位数是（   ）．

(7)在 ○ 里填"＜""＞"或"＝"：

①687 000○687 020；   ②56 732○57 623；

③43 791○43 197；   ④2 700 000 000○27 亿．

(8)一个数用"万"作单位，得到的近似数是 30 万，它的最小准确数应是（   ）．

(9)用 3 个 0 和 3 个 6 组成一个六位数，只读一个零的是（   ），读两个零的是（   ），一个零也不读的是（   ）．其中最大的一个数是（   ），最小的一个数是（   ），两数相差（   ）．

(10)最大的七位数是（   ），它的最高位是（   ）位，一个整数的最高位是亿位，这个数是（   ）位数．

(11)从右边算起，第五位是（   ）位，计数单位是（   ）．

(12)一个数的十万位是最小的合数,万位是最小的质数,千位是最大的一位数,十位是1,其余各个数位上的数是0,这个数是(　　　　　),把这个数改写为以万为单位的数是(　　　　),四舍五入到万位的数是(　　　　).

(13)用 0,4,2,5,8,7 组成不同的六位数,其中最大的一个是(　　　　),最小的一个是(　　　),它们相差(　　　　).

(14)在一个十位数 6 5x6 59y 326 中,如果精确到亿位的结果是 66 亿,那么 x 的值可以是(　　　　),如果精确到万位的结果是 65x 659 万,那么 y 的值可以是(　　　　).

(15)如果向东走 100 米记作 +100 米,那么向西走 80 米可记作(　　　　　　).

(16)用 0,1,2,4 组成的四位数中最小的偶数是(　　　　),最大的奇数是(　　　　).

(17)三个连续的自然数,中间的数是 a,那么第一个数是(　　　),第三个数是(　　　).

(18)如果 a 表示任一个自然数,那么 $2a$ 表示(　　　　),$2a+1$ 表示(　　　　).

(19)在一位数中,两个互质的合数是(　　　)和(　　　)或(　　　)和(　　　),它们的最小公倍数是(　　　)和(　　　).

(20)5 个连续的自然数之和为 45,其中最小的是(　　　　).

(21)三个连续的自然数,第一个数和第二个数之和是 47,则第三个数是(　　　),它们的积是(　　　),和是(　　　).

(22)如果向东为正,那么走 −50 米表示(　　　　　　);如果向南走为正,那么走 −50 米表示(　　　　).

(23)从十个数 1,7,11,16,19,21,27,33,36,43 中,选出九个数相加,其和为 198,那么没有选中的数是(　　　).

(24)39 个连续自然数,第一个数是 a,最后一个是(　　　　).

(25)在自然数中,最大的五位数是(　　　　),最小的四位数是(　　　),它们相差(　　　　).

2. 判断.

(1)自然数的个数是无限的.　　　　　　　　　　　　　　　　(　　)

(2)凡是质数都是奇数.　　　　　　　　　　　　　　　　　(　　)

(3)零属于自然数.　　　　　　　　　　　　　　　　　　(　　)

(4)最小的一位数是 0.　　　　　　　　　　　　　　　　　(　　)

(5)最大的九位数和最小的十位数相差 1.　　　　　　　　　　(　　)

(6)60 006 000 中的 6 个 0 都不用读出来.　　　　　　　　　　(　　)

(7)整数的最高位是千亿位.　　　　　　　　　　　　　　　(　　)

(8)比负数大的都是正数.　　　　　　　　　　　　　　　　(　　)

(9)万级计数单位有万、十万、百万、千万.　　　　　　　　　(　　)

(10)7 067 中的 0 表示百位上一个计数单位也没有.　　　　　　(　　)

(11)最小的四位数缩小为原来的 1/10 倍是最小的三位数.　　　　(　　)

(12)准确值一般比近似值大.　　　　　　　　　　　　　　　(　　)

(13)在 6 985 302 的后面添上一个 0,这个整数就扩大 10 倍.　　(　　)

(14)整数每两个相邻数位间的进率是"10".　　　　　　　　　(　　)

(15)三个连续的奇数,如果第一个为 a,那么第三个是 $a+4$.   (   )

3. 选择.

(1)一个整数末尾有几个零,读数的时候(   ).

  A. 只读一个零   B. 一个零也不读   C. 只读两个零   D. 几个零都读出来

(2)下列数中与 200 万最接近的数是(   ).

  A. 2 071 000   B. 2 010 009   C. 2 019 999   D. 198 万

(3)8 个十万、5 个千、6 个 1 组成的数是(   ).

  A. 80 506   B. 850 560   C. 805 006   D. 85 001

(4)最小的自然数是(   ).

  A. 0   B. 1   C. 2   D. −1

(5)一个数的最高位是百亿位,那么这个数是(   )位数.

  A. 9   B. 11   C. 7   D. 10

(6)自然数有(   )个.

  A. 10   B. 无数   C. 1   D. 9

(7)千位、十万位、百万位等都是(   ).

  A. 位数   B. 计数单位   C. 数位   D. 数级

(8)最小的整数是(   ).

  A. −1   B. 0   C. 没有   D. 1

(9)下列各数中不需要读出零的是(   ).

  A. 3 006 210   B. 6 210 300   C. 120 600   D. 145 060

(10)由 1 和 9 组成的最大的四位数是(   ).

  A. 1 999   B. 9 191   C. 9 991   D. 9 199

(11)79□996≈80 万(四舍五入),□内可填(   )个数.

  A. 1   B. 5   C. 4   D. 6

(12)一个七位数,百万位上的数是最小的合数,万位上是最小的一位数,百位上是最小的质数,其余的数位上都是 0,则这个数是(   ).

  A. 2 040 100   B. 4 010 200   C. 1 020 400   D. 2 010 400

(13)某日傍晚,黄山的气温由中午的零上 7 ℃下降了 14 ℃,这天傍晚的气温是(   ).

  A. +2 ℃   B. +7 ℃   C. −6 ℃   D. −7 ℃

(14)若 565□504≈566 万,那么□里的数字可以填(   ).

  A. 5 个   B. 4 个   C. 3 个   D. 2 个

(15)某地区的电话号码是一个八位数.已知前四位是一个固定的数 6869,那么该地区最多可以安装(   )部电话.

  A. 6 869   B. 9 999   C. 10 000   D. 9 000

(16)下列说法正确的是(   ).

  A. 0 是正数,因为它比负数大   B. 最小的整数是 1

  C. 最小的一位数是 1   D. 最小的一位数是 0

(17)a 和 b 都是整数,且 $a \times b = 36$,则 a 与 b 的和最大可能是(   ),最小可能是(   ).

A. 12　　　　　　B. 13　　　　　　C. 20　　　　　　D. 37

4. 用 3,5,6,8 和六个 0 写出符合下列要求的数.

(1)最大的十位数是_____.

(2)百万位上是 8 的最小十位数是_____.

(3)只读出一个零的十位数是_____(只写一个).

(4)最大的奇数是_____.

(5)读出三个零的十位数是_____(只写一个).

(6)最接近 84 亿的十位数是_____.

谈祥柏,1930 年 5 月出生于上海．中学及大学一直在我国前辈数学家、著名教育家胡敦复先生创办的大同附中及大同大学就读．曾任第二军医大学助教、讲师、副教授、教授,现任中国科普作家协会理事．1990 年被中国科普作家协会表彰为"中华人民共和国成立以来,特别是科普作协成立以来成绩突出的科普作家",1996 年 4 月获上海市首届"大众科学奖",同年 5 月著作《奇妙的幻方》一书被评为全国第三届科普作品一等奖．从事数学科普创作已逾半个世纪(第一篇作品发表于 1947 年),迄今为止正式出版的创作与翻译书籍已达 50 种之多,在各种报刊上发表的科普文章将近 1 000 篇．

在专业领域中,比较擅长的是矩阵、组合数学．具有扎实的古文功底与渊博的文史知识,并通晓英、日、德、法及拉丁文等多种语言．著、译代表作有《数学加德纳》《奇妙的幻方》《线性规划与对策论》《宇宙大膨胀》《SOS 编码纵横谈》．

《数学广角镜》是作者的另一部科普佳作,被收集在"金苹果文集"中．作者善于用数学家的眼光来看待中国文史哲中的问题．在本书中,作者以数学家的眼光来看汉语中的成语、俗语、民谣和对联的模式以及其中镶嵌的数字,看汉字的"形体美",看时辰和年号,用概率论观点来看待日军侵华期间发生的中国家庭悲剧,用集合论观点看出杭州西湖桥名的错误……本书还收集了一批数学趣数、趣题、趣画,它们大多有现代数学背景,当你把玩这些智力游戏时,也就领略到了现代数学的趣味．读完了全书,你一定会体会出作者为本书的题词"愿人文色彩陪伴你走近数学"的深刻含意．

谈祥柏教授作为我国著名的科普作家,从事数学科普工作半个多世纪．他与张景中院士、李毓佩教授一起,被人称为"中国数学科普的三驾马车",其科普作品题材广泛,妙趣横生,深受少年儿童读者的喜爱．中国少年儿童出版社曾推出了他撰著的"趣味数学专辑"共3 册,为其科普文章的精选．记者采访了这位成绩卓著的科普作家,请他介绍了自己的创作生涯及心得．

问:您从事科普创作已历半个世纪,仅著作就有 50 本,可谓著作等身．回顾您的创作生涯,您认为自己如此高产并受到读者喜爱的秘诀是什么?

谈:创作与一生的爱好是分不开的．做学问最要紧的是对本学科的热爱,其中并没有多少钱可以赚,出书也不是为了扬名．我翻译了 Pickover 的一本数学科普书,很感动,书中提及著名数学家 Erdos 的成果之多,仅次于欧拉,而他去世时只有 4 万美金,国外这种不在乎钱的学者很多. 所以,最要紧的是热爱. 对我来说,搞数学就像喝老酒. 我以前住在老家新闻路时每周有两夜熬通宵,是由于身不由己地一头钻进了数学研究中去. 百万富翁写不出文章. 曹雪芹若是一生功名利禄,而非穷困潦倒的话,是写不出《红楼梦》的.

问:一般说来,科学类著作总不能像文史类著作那样能吸引那么多人.《本草纲目》《红楼梦》同为名著,读者队伍要相差多少! 有的科普作品不结合文史,干巴巴的;有的是结合文史,但又显得牵强. 请问您为何能将数学与文史结合得如此之好?您良好的外文功底对您的科普创作起到了怎样的作用?

谈:文史为何能吸引人?因为文史中有故事,有情节,就是人家通常说的"有血有肉". 但这并不是说科普一定要与文史结合.

当然,我还是认为,科普作家要有文史的功底就更好. 数学和文学实质相通. 我们把数学看作科学,学问的本体与自然的知识应该浑然一体,否则就像印度寓言中的瞎子,有的摸到大象的肚子,说大象像一堵墙,有的摸到大象的尾巴,说大象像一根绳子. 不能片面地理解知识,世界的知识应该融为一体;真的、善的、美的东西应该是一体的. 现在学科分类都很细,我们不可能全部掌握,但还是能看出数学与文学的许多相通之处,像文学中的对联和射影几何的对偶原理就是一个很典型的例子.

我特别欣赏的是 E. T. Bell 的名著《数学精英》,我年轻的时候抄过,至今还能记住其中的细节. 该书讲述了数学家的许多趣闻轶事,但也并不回避公式与理论,既有可读性也有深度. 中国的科普元老贾祖璋先生有一本传世之作《鸟与文学》,若没有文学功底也是写不出来的.

我的特色是一方面密切注意数学的发展和新成果,另一方面结合文史,但从不生搬硬拉. 我特别想说说赵元任. 赵先生本人学的是数学,又是语言大师,还是音乐与文史的专家,是一位十分了不起的大学者. 当时胡敦复是大同大学校长,同赵先生过往甚密. 一方面通过胡先生,又因为我母亲也是常州人,通过上代亲友我知道了赵先生的很多事,至今记忆犹新.

有一首歌,曲是赵先生作的,词是刘半农作的,其中有一句是"教我如何不想他",我就联想到下面的算式:

$$\begin{array}{r} 他 \\ 想他 \\ 不想他 \\ 何不想他 \\ 如何不想他 \\ 我如何不想他 \\ +\,教我如何不想他 \\ \hline \end{array}$$

这个算式究竟有解?无解?唯一解还是多重解?就成了一道非常有趣的开放题.

另一位是著名天文学家戴文赛先生,戴先生不仅学问好,科普也好,他的科普书一出来就卖完了.

我时常揣摩福尔摩斯侦探小说中的故事情节,比如与三角测量有关的一段,一般读者只看到恐怖之处,而忽略了其数学内涵;又如《恐怖谷密码》这个故事,侦探与密码的关系十分密切.日本的一松信教授写过好多篇讲密码的文章,其中既有数学,又有文史.我也注意学习前人的榜样,比如洛伊德的文风幽默,又善于与漫画结合的特点.马丁·加德纳更是一个典范,他的作品中数学与文史结合得极好,其人甚至是一位魔术大师.我曾经把日文译本(一松信翻译)的加德纳的《不可思议的矩阵博士》翻译成中文.

我学了好几门外文(记忆好嘛).这可以让我接触很多第一手资料.英语和日语称得上是通晓,阅读很广,知识面得到很大的开拓.法、德、俄三种语言则仅限于数理化内容.学习法语的另一个原因是法国的数学特好.我对法国的大数学家庞加莱、伽罗瓦深为钦佩.庞加莱不仅科学思想非常深刻,而且文史的修养也极好.他的几本非专业的小册子很受欢迎.所以他不仅是科学院院士,也是文学院的院士.伽罗瓦少年天才,他为情所困的部分经历与我相似.

问:您的作品引人入胜,行文充满幽默感,似乎您一直是一位快快乐乐的人,但与您熟识的人都知道您的经历颇为坎坷?

谈:新中国成立前我曾在大同大学数学系读书.同现在相比,学费不高,前三名还免费.我的成绩比较好,所以也没付多少学杂费.我对生活享受看得比较淡,一贯地、长期不懈地保持了对数学的爱好.

中华人民共和国成立初期,我在税务局工作,同数学无甚关系,我也不大喜欢.但当时不像现在可以"跳槽",直到1953年从税务局调到上海财经学院当数学老师兼教化学.后来又辗转调到二军大.从1955年至今,差不多有50年了.后来财经学院恢复了,郭院长三番五次希望我回去,但我最终还是没能重返原校.

我在第二军医大学药学院任教,一直承担高等数学、线性代数、微分方程、概率统计以及运筹学的教学任务.我本人喜欢研究微分方程的奇异解、广义逆矩阵、组合数学、自守函数、有限群论等纯数学.为了当时形势的需要,也写过应用数学(特别是线性规划与对策论)方面的论文和书籍.

我读中学时(1946年左右)开始发表文章,从1955年起开始出书.至今以我为第一作者(或第一译者)的著作约有50本,文章超过3 000篇.我的科普文章不限于数学,还包括天文、医药、文史和侦探推理.我是个天文爱好者,天上有很多星星我都能辨认,《十万个为什么·天文》中也有我写的文章.退休后,我仍然忙忙碌碌,自得其乐.对收藏也很感兴趣,比如中国古代的书法与印章,但经过搬家,基本上已丢失殆尽.

另一个原因就是年轻时期因几次失恋而造成的莫大痛苦.我的记忆特别好,为冲淡痛苦的记忆而投身数学,有点像移情作用,似合乎弗洛伊德理论,我家里有很多弗氏的著作.不过话又得说回来,如果当年恋爱顺利的话,很可能将数学抛到九霄云外去了.

问:这次中国少年儿童出版社出版了您的三本书,请您说说这三本书的内容与特色,比起您以前出的书,有什么不同之处?它们是不是您的"封顶"作品?

谈:先从书名上来谈吧,其中《数学营养菜》是有来历的,即我很欣赏的日本著名数学教育家松冈元久的观点,学习数学要具备三个养——"素养""教养""营养".

教养,就是我们通常受到的正规教育,这一点我们做得不错;素养就是各种能力的培养,也可理解为所谓的素质教育,这就有差距了.数学素养涉及证明与解题的方法.中国的奥数在国际上响当当,应该说对数学素养的培养很有好处,可惜许多奥数选手只是拿这个成绩当作升学的敲门砖,一进高校就抛弃了,没有进一步提高自己的素养.2002 年国际数学家大会上就有外国数学家批评我们这种功利态度.只有极少数人坚持钻研,我的一个好朋友陆家羲就是这样的人,他是中学物理老师,但长年坚持不懈地钻研组合数学的世界级难题,稿子最后投到美国.最终国外十分赞赏他.可惜他由于长期生活条件差,加上操劳过度而英年早逝.至于营养,就是各种各样有趣的数学名题、游戏和故事等,其内容包罗万象,很难一一列举.

三本书从内容上说有一个分工,《故事中的数学》涉及的是一些中国古典成语、小说故事之类,与语文挂上了钩,富有趣味性、文艺性.我借鉴了国外一些好书的创作手法,比如《假日中的数学》,也有卡洛尔的名著《爱丽丝漫游奇境》.但在内容的选择上,我多用中国特色的东西,如从四大名著中取材,情节上也有些改编,读起来比较轻松.每篇文章一般都是先引进故事,再联系到数学.

《登上智力快车》中的文章,有点像《科学画报》中的"动脑筋"栏目.有个著名的门萨俱乐部,专门出一些怪异的题目,不好归类;我的题目也不好归类,但与"脑筋急转弯"又不同,与奥数不同,与现今提倡的开放性题目也不同,是自有风格,但并非瞎编乱造,而是保持了数学味较浓的特点.

《数学营养菜》的面比较广,初等数学中的许多名题,代数、几何样样有.可以广开思路,好比各帮名菜.国外每年也出不少趣味数学的书,尤其是加德纳在《科学美国人》上连续写了 24 年(1956—1980),每篇文章五六千字,集起来真是很可观了.

这三本书是我文章的精选,但不是"封顶"之作,主要原因还在于全书篇幅较小.

同我以往的书相比,这三本书的特点在于:角度比较广,与文艺结合得比较好,我比较注意尊重史实,不乱编.有的科普作者尽用米老鼠、唐老鸭等外国故事,也有编得离了谱的.另一个特色就是文风变化多.对于我的作品,不少中小学教师和青少年朋友都很喜欢.

我是一个喜欢非传统思想的人,受"扬州八怪"之类的影响甚深.我把数学看成是与文学、音乐一样的东西.无数事实告诉我们,数学本身无功利可言,但"无用"乃有"大用",这也无须多言.

第 2 章　有理数

在生活、生产、科研中经常遇到数的表示与数的运算的问题.

(1)将一块蛋糕平均分成 4 份,每一份是多少?

(2)一年定期存款的年利率是 3.25%.

(3)牡丹江初冬里某天的最低温度为 −5℃,最高温度为 6℃,它的确切含义是什么? 这一天牡丹江的温差是多少?

上面的例子涉及"6−(−5)=?"等新问题. 通过本章的学习,你将了解数从自然数扩充到整数后,又进一步扩充到有理数的过程.

2.1　分　数

今天是幼儿园大一班明明小朋友的生日,明明正在给小伙伴们分蛋糕呢! 只见明明将一个圆形的大蛋糕先平均切成了四块,老师连忙问小朋友说:"你们知道每块是整个蛋糕的多少吗?"孩子们互相看了看,摇了摇头. 老师又说:"哈哈,其实明明把蛋糕平均分成了四块,每块就是整个蛋糕的四分之一."孩子们煞有介事地点了点头,高兴地吃起蛋糕.

一、分数的意义

(一)分数的产生

在进行测量、分物或计算时,往往不能正好得到整数的结果,这时常用分数来表示.

1. 分数的份数的定义

分数的概念最初是由于度量的需要而产生的．比如，在实际测量时，常常不能恰好将一条线段分成若干个用特定的单位来表示的等份，但人们总可以把一条线段分成任意的若干等份（事先不确定每一等份的长度），每一等份就是这条线段的若干分之一．

分数的概念就产生于作为整体和一个单位的一部分之间的关系．它可以刻画这样的量：把一个单位平均分成若干等份，表示其中的一份或几份是原来单位的多少的量．这种用"份数"来定义的分数，易懂好学．为此，世界各国在进行分数教学的开始阶段，多半是从"切饼"或"分蛋糕"开始的．不过把它作为教学的切入点可以，但在头脑中不可形成思维定式．因为它的内涵具有局限性，也就是说，上述对分数的解释也有缺点，比如最后是一份或几份的大饼或蛋糕，究竟是自然数还是分数？因此我们必须尽快过渡到分数的"商"的定义上来．

2. 分数的商的定义

分数的真正来源在于自然数除法的推广．一个大饼，由四个人平均分得到有确定大小的一块大饼．对于这个客观存在的量，依除法的意义应该是 $1÷4$ 所得的商．可是，这种除数大于被除数的除法，以前在自然数除法中是不能除的，因而也没有"商"．于是，我们会很自然地把已经认识的自然数当作老朋友，把像 $1÷4$ 这样的商看作新朋友，给它起个新名字叫作四分之一．1 除以 4 的商是多大呢？它一定比 1 小，却又比 0 大．我们在数轴上可以标出它的位置，如图 2—1 所示．

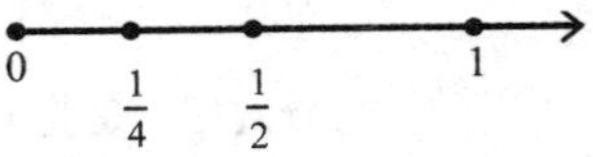

在图 2—1 中：$\frac{1}{4}$ 在 0 和 1 之间，中间的这一点是一半，也就是 $\frac{1}{2}$，把 $\frac{1}{2}$ 和 0 之间再分一半，那个位置就应该是 $\frac{1}{4}$，这样一

图 2—1

画，分数的概念就出来了．$\frac{1}{4}$ 是原来自然数中所没有的一个新数，分数的商的定义比份数的定义要深入一步，它体现了分数出现的必要性，特别是体现了商和除法之间的关系，只有理解了这一点，分数的价值才能完整地体现出来．

认识了这样的"新朋友"，任何两个自然数之间的除法就可以进行了．于是有这样的定义：分数是两个自然数 a 和 $b(b≠0)$ 相除的商．$a÷b$ 的商是 $\frac{a}{b}$，读作 b 分之 a．当 $b=1$ 时，分数就是自然数．

3. 分数的比的定义

两个自然数 a 和 b 的比记作 $a:b(b≠0)$，即 $\frac{a}{b}$ 叫作分数．比和除本来是一个问题的两个方面，引用比的概念之后，分数就可以扩大它的应用范围，使我们的视野更广阔了．

（二）分数的意义

把单位"1"（也称整体"1"）平均分成若干份，表示这样的一份或者几份的数，叫作分数（单位"1"可以表示一个数、一个图形、一个物体、一个计量单位，也可以表示一个整体）．例如：$\frac{1}{4}$ 的意义表示把单位"1"平均分成 4 份，表示这样的一份，叫作 $\frac{1}{4}$；$\frac{3}{10}$ 千克的意义表示把 1 千克平均分成 10 份，表示这样的 3 份，或把 3 千克平均分成 10 份，表示这样的 1 份是

$\dfrac{3}{10}$ 千克.

【注意】分数中的单位"1"既可以表示一个物体,也可以表示由一定数量组成的一个整体;自然数1是自然数的计数单位,表示物体的数量是1个.

难点疑点解析

单位"1"的含义

单位"1"是极为重要的数学概念.它表示要平均分的任何事物的整体.小到被平均分的事物的一部分,大到有限数量的任何事物,我们都可以把它看作单位"1",但要注意的是,无限多的事物不能看作单位"1",因为无限多的事物是不能被平均分的.掌握单位"1"是学好相关知识的基础.

(三)分数各部分名称及分数单位

在分数里,表示把单位"1"平均分成多少份的数,叫作分数的分母;表示有多少份的数,叫作分数的分子;表示其中的一份的数叫作分数单位,一个分数的分母是几,它的分数单位就是几分之一,可简记为 $\dfrac{1}{n}$;分子和分母中间的横线,叫作分数线,表示平均分.

例如:

3 …… 分子(表示其中的 3 份)

— …… 分数线

7 …… 分母(表示把单位"1"平均分成 7 份)

$\dfrac{3}{7}$ 读作七分之三,是把单位"1"平均分成 7 份,表示其中 3 份的数;分母是 7,分子是 3,分数单位是 $\dfrac{1}{7}$, $\dfrac{3}{7}$ 含有 3 个 $\dfrac{1}{7}$.

难点疑点解析

分数单位的含义

分数单位的概念很重要.和自然数单位不同,分数单位并不是一个固定的数.决定分数单位的是分数中的分母,分母是几,分数单位就是几分之一,分母越大,分数单位越小.分子是几,就是有几个这样的分数单位.因为分母不同的分数,它们的分数单位也不同.所以,我们在比较两个不同分母的分数大小或计算分母不同的分数加减法时,通常要先统一分数单位.

分数的产生

世界上第一个"人为"的数是正分数.从逻辑上看,应该是先有负整数,再有分数,但是历史的顺序却正好相反.负数最早出现于中国的《九章算术》(约公元前 1 世纪),而有历史记录的分数则出现在古埃及的纸草书上,距今约 4 000 年.我国的分数记载出现于春秋时代(公元前 770 年—前 476 年《左传》中),规定了诸侯的都城大小:最大不可超过周文王国都的三分之一,中等的不可超过五分之一,小的不可超过九分之一.秦始皇时代的历法规定:一年的天数为三百六十五天又四分之一天.《九章算术》也叙述了完整的分数知识.

4 000 多年前,古埃及就有了分数记号.人们借助 ⌒ 表示分子为 1 的分数.例如: $\frac{1}{4}$ 写成 ⫿⫿,$\frac{1}{10}$ 写成 ⌒.2 000 多年前,中国用算筹表示分数,用 ⦀⦀ 表示 $\frac{3}{5}$.后来,印度人用阿拉伯数字表示分数,但没有分数线.例如: $\frac{2}{3}$ 表示 $\frac{2}{3}$.公元 12 世纪,阿拉伯人发明了分数线,这种方法一直沿用至今.

中文数学名词"三分之一""几分之几",确实既精确又达意,比起英文的"one-third(一和第三)"来,要容易理解.在东亚许多使用汉字的国家和地区,学生学习分数的成绩普遍比欧美各国好,据说与此有关.

(四)分数值

一个分数的分子除以分母所得的商是这个分数的分数值.例如: $\frac{3}{4} = 3 \div 4 = 0.75$,0.75 就是分数 $\frac{3}{4}$ 的分数值.

(五)特殊的分数形式

1. 零分数

当 $m = 0$,$n \neq 0$ 时,$\frac{m}{n} = \frac{0}{n} = 0$,也就是说,当分母不是 0,分子是 0 时,分数值等于 0,这样的分数叫作零分数.例如: $\frac{0}{5} = 0$.

2. 整数

当 $n = 1$ 时,$\frac{m}{n} = \frac{m}{1} = m$,也就是说,当分母是 1 时,分数值就是分子,因此整数是特殊的分数.例如: $4 = \frac{4}{1}$,$\frac{12}{1} = 12$.

难点疑点解析

对于分数的特殊理解

小学数学中分数的定义是:把单位"1"平均分成若干份,表示这样一份或几份的数叫作分数.因此,分数的分子、分母都是非 0 自然数,并且分母不能是 1.

在小学数学中,像 $\frac{0}{3}$,$\frac{2}{1}$,$\frac{0.1}{3}$,$\frac{4}{0.2}$ 等的数都不是分数.

但是,有时在计算中会出现分子是 0 的分数,就叫零分数,或分母是 1 的分数是整数.所以,分数补充定义:分数 $\frac{m}{n}$,当 $n = 1$ 时,$\frac{m}{n} = \frac{m}{1} = m$;分数 $\frac{m}{n}$,当 $m = 0$ 时,$\frac{m}{n} = \frac{0}{n} = 0$.

另一方面,在过去的小学数学里,有繁分数的概念,可以把 $\frac{0.1}{3}$ 或 $\frac{4}{0.2}$ 等看成是繁分数.繁分数可化成整数或分数.

(六)分数与除法的关系

当整数除法得不到整数商时,可以用分数表示.在分数中,分子相当于除法算式中的被除数,分母相当于除数,分数线相当于除号,分数值相当于商.即

$$被除数 \div 除数 = \frac{被除数（分子）}{除数（分母）} \cdots\cdots 除号（分数线）$$

字母表示：$a \div b = \dfrac{a}{b}(b \neq 0)$.

【注意】任何一个整数除以非零整数，商都可以用分数表示.

难点疑点解析

分数与除法的关系可以互逆吗？

分数与除法的关系具有可逆性．两数相除，可以用分数表示，分数也可以看作两数相除．

为什么分数中分母不能为0？

因为在整数除法中，0 不能作除数，除数相当于分数中的分母．所以在分数中，0 也不能作分母．

二、分数的分类、读写及互化

（一）分数的分类

1. 分类

$$分数 \begin{cases} 真分数 \\ 假分数 \begin{cases} 整数 \\ 带分数 \end{cases} \end{cases}$$

【注意】因为带分数实际上就是大于 1 的假分数的另一种表现形式，如果分成三类，就使分类出现重复．所以，分数只能分成真分数和假分数两类．

2. 真分数、假分数比较表

真分数与假分数的比较如表 2－1 所示．

表 2－1　真分数与假分数的比较

类别	定义	特征	与1比较
真分数	分子比分母小的分数叫真分数	分子比分母小	真分数都比 1 小．例如：$\dfrac{2}{3}$，$\dfrac{4}{7}$，$\dfrac{102}{105}$
假分数	分子比分母大或者分子和母相等的分数叫假分数	分子比分母大或者分子与分母相等	假分数大于 1 或等于 1. 例如：$\dfrac{9}{5}$，$\dfrac{2}{2}$

3. 带分数

一个假分数，如果分子不是分母的倍数，它就可以写成由一个整数和一个真分数合并而成的分数，这种形式的分数叫带分数．

例如：$\dfrac{15}{4}$ 可以写成 $3\dfrac{3}{4}$，"3"叫作带分数的整数部分，"$\dfrac{3}{4}$"叫作带分数的分数部分．$3\dfrac{3}{4}$ 是 $3 + \dfrac{3}{4}$ 省略了加号的写法．

（二）真分数、假分数的读写

1. 真分数、假分数的读写

读法:先读分母,再读"分之",后读分子. 例如: $\frac{17}{15}$ 读作十五分之十七.

写法:写真分数或假分数时,先写出分数线,再写出分母,最后写出分子. 例如:八分之五写作 $\frac{5}{8}$, $\frac{5}{8}$ 的书写过程为 — $\rightarrow$ $\frac{}{8}$ $\rightarrow$ $\frac{5}{8}$.

2. 带分数的读写

读法:先读带分数的整数部分,再读分数部分,并在两者之间加读"又"字. 例如: $6\frac{2}{3}$ 读作六又三分之二.

写法:写带分数时,先写带分数的整数部分,后写分数部分. 例如:七又八分之五写作 $7\frac{5}{8}$, $7\frac{5}{8}$ 的书写过程为 $7 \rightarrow 7$ — $\rightarrow 7\frac{}{8} \rightarrow 7\frac{5}{8}$.

(三)假分数与整数或带分数的互化

1. 假分数化成整数或带分数的方法

假分数如何化成整数或带分数如表 2—2 所示.

表 2—2　假分数化成整数或带分数表

方法	结果	举例
用假分数的分子除以分母	分子是分母的倍数时,化成整数,商就是这个倍数	例如: $\frac{16}{4} = 16 \div 4 = 4$
	分子不是分母的倍数时,化成带分数,商是带分数的整数部分,余数是分数部分的分子,分母不变	例如: $\frac{13}{5} = 13 \div 5 = 2\frac{3}{5}$

2. 整数或带分数化成假分数的方法

整数或带分数如何化成假分数如表 2—3 所示.

表 2—3　整数或带分数化成假分数表

类别	方法	举例
整数化成假分数	用指定的一个整数作分数的分母,用分母和整数(0 除外)的乘积作分子	例如:把 6 化成分母是 7 的假分数,6 $= 6 \times \frac{7}{7} = \frac{42}{7}$
带分数化成假分数	用原来的分母作分母,用分母和整数的乘积再加上原来的分子所得的和作分子	例如: $8\frac{2}{7} = \frac{8 \times 7 + 2}{7} = \frac{58}{7}$

难点疑点解析

把假分数化成整数或带分数的其他方式

(1)直接利用分数与除法的关系,用分子除以分母.

(2)根据分数的意义可以得到. 例如: $\frac{8}{4}$ 可以想成 4 个 $\frac{1}{4}$ 是 1,8 个 $\frac{1}{4}$ 就是 2,所以 $\frac{8}{4}$

$= 2 .$

三、分数的性质及应用

(一)分数的基本性质

分数的分子和分母同时乘或者除以相同的数(0 除外),分数的大小不变.例如: $\frac{1}{4} = \frac{1 \times 2}{4 \times 2} = \frac{2}{8}$, $\frac{24}{36} = \frac{24 \div 12}{36 \div 12} = \frac{2}{3}$.

(二)分子或分母的变化引起分数值的变化

1)分数的分母不变,分子乘(或除以)一个数(0 除外),分数值也乘(或除以)相同的数.

字母表示 $\frac{a \times m}{b} = \frac{a}{b} \times m , \frac{a \div m}{b} = \frac{a}{b} \div m (b \neq 0 , m \neq 0)$.

例如: $\frac{5 \times 3}{8} = \frac{5}{8} \times 3 , \frac{5 \div 5}{12} = \frac{5}{12} \div 5$.

【注意】这是因为如果分子、分母都乘 0,则分数成为 $\frac{0}{0}$,而 0 作分母时无意义.

2)分数的分子不变,分母乘(或除以)相同的数(0 除外),分数值就除以(或乘)相同的数(0 除外).

字母表示: $\frac{a}{b \times m} = \frac{a}{b} \div m , \frac{a}{b \div m} = \frac{a}{b} \times m (b \neq 0 , m \neq 0)$.

例如: $\frac{15}{8 \times 3} = \frac{15}{8} \div 3 , \frac{2}{9 \div 3} = \frac{2}{9} \times 3$.

(三)最简分数

分子和分母只有公因数 1 的分数叫作最简分数.例如: $\frac{3}{4} , \frac{7}{9}$ 是最简分数.(公因数只有 1 的两个数叫作互质数).例如:5 和 7 是互质数,7 和 9 也是互质数.

(四)约分

(1)约分的意义

把一个分数化成大小和它相等,但分子、分母都比较小的分数,叫作约分.通常约分后应得到最简分数.约分的依据是分数的基本性质.

【注意】约分是指把一个分数化简的过程,而不是一个数.

(2)约分的方法

1)逐步约分.用分子和分母的公因数(1 除外)逐步去除分子和分母,直到得出最简分数为止.

例如:把 $\frac{24}{36}$ 约分.

$\frac{24}{36} = \frac{24 \div 2}{36 \div 2} = \frac{12}{18} = \frac{12 \div 2}{18 \div 2} = \frac{6}{9} = \frac{6 \div 3}{9 \div 3} = \frac{2}{3}$,这个过程可以写成下面的形式:

2

6

12

$$\frac{24}{36} = \frac{2}{3}$$

$$18$$
$$9$$
$$3$$

2）一次性约分．用分子、分母的最大公因数同时去除分子和分母，直接得到最简分数．

例如：把 $\frac{24}{36}$ 约分．

$\frac{24}{36} = \frac{24 \div 12}{36 \div 12} = \frac{2}{3}$ ，这个过程可以写成下面的形式：

$$\frac{24}{36} = \frac{\overset{2}{24}}{\underset{3}{36}} = \frac{2}{3}$$

3. 特殊分数的约分方法

特殊分数约分如表 2－4 所示．

表 2－4　特殊分数约分表

分数的特点	约分的结果或方法	举例
分母是分子的整数倍的分数	结果：约分后是几分之一	例如：$\frac{45}{135}$ 的分母 135 是分子 45 的 3 倍，约分得 $\frac{1}{3}$
分子和分母末尾都有 0 的分数	方法：先划去同样多的 0，再约分	例如：$\frac{1\,500}{2\,000} = \frac{15}{20} = \frac{3}{4}$
假分数	方法一：把假分数约分后，再化成带分数	例如：$\frac{20}{15} = \frac{4}{3} = 1\frac{1}{3}$
	方法二：先把假分数化成带分数，再约分	例如：$\frac{20}{15} = 1\frac{5}{15} = 1\frac{1}{3}$

四、通分

1. 同分母分数

分母（或分数单位）相同的几个分数叫同分母分数．例：$\frac{1}{12}, \frac{5}{12}, \frac{7}{12}$ 的分母都是 12（或者说分数单位都是 $\frac{1}{12}$），它们是同分母分数．

2. 异分母分数

分母（或分数单位）不同的几个分数叫异分母分数．例：$\frac{1}{3}, \frac{4}{5}$ 和 $\frac{6}{7}$ 是异分母分数．

3. 通分的意义

把几个异分母分数分别化成和原来分数相等的同分母分数，叫作通分．

通分时所化成的相同的分母叫公分母．其中最小的公分母叫作这几个异分母分数的最小公分母．例如：$\frac{1}{2}$，$\frac{1}{3}$ 的公分母就是 2 和 3 的公倍数 6，12，18，…其中 6 是 $\frac{1}{2}$ 和 $\frac{1}{3}$ 的最小公分母．

4.通分的方法

先求出几个分数的分母的最小公倍数，用它作为这几个分数的最小公分母，然后依据分数的基本性质，把原分数化成以最小公分母为分母的分数．

例如：把 $\frac{2}{3}$，$\frac{3}{5}$ 和 $\frac{7}{10}$ 通分．先求出 3，5，10 的最小公倍数是 30．

$$\frac{2}{3} = \frac{2 \times 10}{3 \times 10} = \frac{20}{30}，\frac{3}{5} = \frac{3 \times 6}{5 \times 6} = \frac{18}{30}，\frac{7}{10} = \frac{7 \times 3}{10 \times 3} = \frac{21}{30}．$$

5.分数通分的几种特殊情况

分数通分的几种特殊情况如表 2－5 所示．

表 2－5　分数通分的几种特殊情况表

几个分数的特点	通分方法	举例
分母互质	分母的乘积就是公分母	例如：把 $\frac{1}{3}$ 和 $\frac{3}{4}$ 通分，3 与 4 互质，因此公分母是 $3 \times 4 = 12$． $\frac{1}{3} = \frac{1 \times 4}{3 \times 4} = \frac{4}{12}，\frac{3}{4} = \frac{3 \times 3}{4 \times 3} = \frac{9}{12}$
分母间成倍数关系	其中较大的分母就是公分母	例如：把 $\frac{1}{2}$，$\frac{2}{3}$，$\frac{5}{6}$ 通分，6 是 2，3 的公倍数，因此公分母就是 6． $\frac{1}{2} = \frac{1 \times 3}{2 \times 3} = \frac{3}{6}，\frac{2}{3} = \frac{2 \times 2}{3 \times 2} = \frac{4}{6}，\frac{5}{6} = \frac{5}{6}$
分母间没有倍数关系，除了公因数 1 外，还有其他公因数	分母的最小公倍数就是最小公分母	例如：把 $\frac{13}{24}$ 和 $\frac{7}{18}$ 通分，24 和 18 除公因数 1 外，还有公因数 2，3，6，24 与 18 的最小公倍数是 72，因此 72 就是最小公分母．$\frac{13}{24}$ $= \frac{13 \times 3}{24 \times 3} = \frac{39}{72}，\frac{7}{18} = \frac{7 \times 4}{18 \times 4} = \frac{28}{72}$

6.通分与约分的比较

通分与约分的比较如表 2－6 所示．

表 2－6　通分与约分比较表

类别	共同点	不同点		
		方法不同	对象不同	结果不同
约分	通分和约分都是运用分数的基本性质，把一个或几个分数变形，且使分数值不变	分子、分母同时除以一个相同的非零的数	对一个分数而言的	把一个分数化成最简分数
通分		分子、分母同时乘一个相同的非零的数	对两个或两个以上的分数而言的	把两个或两个以上的分数化成同分母分数

五、分数大小的比较

1. 同分母分数大小的比较

分母相同的两个分数,分子大的分数比较大.

例如:$\dfrac{13}{24} < \dfrac{15}{24}$,$4\dfrac{2}{7} < 4\dfrac{3}{7}$,$\dfrac{29}{100} > \dfrac{17}{100}$,$\dfrac{43}{30} > \dfrac{28}{30}$.

2. 同分子分数大小的比较

分子相同的两个分数,分母小的分数比较大.

例如:$\dfrac{5}{6} > \dfrac{5}{9}$,$5\dfrac{4}{29} > 5\dfrac{4}{45}$.

3. 分子、分母都不相同的分数大小的比较

分子、分母都不相同的分数大小的比较如表 2-7 所示.

表 2-7　分数比较大小表

比较方法	举例
先通分再比较	例如,比较 $\dfrac{3}{5}$ 和 $\dfrac{4}{7}$ 的大小. $\dfrac{3}{5} = \dfrac{21}{35}$,$\dfrac{4}{7} = \dfrac{20}{35}$,因为 $\dfrac{21}{35} > \dfrac{20}{35}$,所以 $\dfrac{3}{5} > \dfrac{4}{7}$
把各个分数分别化成小数再比较	例如,比较 $\dfrac{3}{5}$ 和 $\dfrac{4}{7}$ 的大小. $\dfrac{3}{5} = 0.6$,$\dfrac{4}{7} \approx 0.57$,因为 $0.6 > 0.57$,所以 $\dfrac{3}{5} > \dfrac{4}{7}$

难点疑点解析

假分数大小的比较

可以把假分数化成带分数或整数后再比较. 例如:比较 $\dfrac{16}{4}$ 和 $\dfrac{21}{5}$ 的大小,$\dfrac{16}{4} = 4$,$\dfrac{21}{5} = 4\dfrac{1}{5}$,所以 $\dfrac{16}{4} < \dfrac{21}{5}$.

比较带分数时,先要比较整数部分,整数部分大的那个带分数就大,如果整数部分相同,再比较它们的分数部分,分数部分大的那个带分数就大.

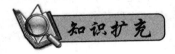
知识扩充

找比 $\dfrac{1}{6}$ 大而比 $\dfrac{1}{5}$ 小的分数的方法

因为 $\dfrac{1}{6}$ 和 $\dfrac{1}{5}$ 的分子都是 1,分母是相邻的自然数,所以在 $\dfrac{1}{6}$ 和 $\dfrac{1}{5}$ 之间不能直接写出一个比 $\dfrac{1}{6}$ 大,比 $\dfrac{1}{5}$ 小的分数. 所以只能应用分数的基本性质把这两个分数的分子、分母分别扩大.

方法一:化成同分母分数. $\dfrac{1}{6} = \dfrac{5}{30}$,$\dfrac{1}{5} = \dfrac{6}{30}$,因为 $\dfrac{5}{30}$ 和 $\dfrac{6}{30}$ 的分子是相邻自然数,不能直接写出比 $\dfrac{5}{30}$ 大,比 $\dfrac{6}{30}$ 小的分数. 可以再把这两个分数的分子、分母同时乘 2,得 $\dfrac{10}{60}$ 和

$\dfrac{12}{60}$，由此可得出 $\dfrac{11}{60}$ 是比 $\dfrac{1}{6}$ 大而比 $\dfrac{1}{5}$ 小的分数．显然，如果把 $\dfrac{5}{30}$ 和 $\dfrac{6}{30}$ 的分子、分母都同时乘 $3,4,5,\cdots$ 就可以在这两个数之间找到 2 个、3 个或更多个比 $\dfrac{1}{6}$ 大而比 $\dfrac{1}{5}$ 小的数．如：$\dfrac{16}{90},\dfrac{17}{90},\cdots$

方法二：化成同分子分数．例如，分子、分母都乘 2，$\dfrac{1}{6}=\dfrac{2}{12}$，$\dfrac{1}{5}=\dfrac{2}{10}$，可以发现 $\dfrac{2}{11}$ 是比 $\dfrac{1}{6}$ 大，又比 $\dfrac{1}{5}$ 小的分数，同样方法，分子、分母都同时乘 $3,4,5,\cdots$ 可以找到多个比 $\dfrac{1}{6}$ 大而比 $\dfrac{1}{5}$ 小的分数．

4. 比较分数大小的几种特殊方法

(1)交叉相乘比较法

将要比较大小的两个分数的分子、分母交叉相乘，然后比较分数大小的方法，称为交叉相乘比较法．

例如：比较 $\dfrac{7}{8}$ 和 $\dfrac{8}{9}$ 的大小．

因为 $7\times9=63$，$8\times8=64$；所以 $63<64$，$\dfrac{7}{8}<\dfrac{8}{9}$．

又如：比较 $\dfrac{3}{5}$，$\dfrac{5}{8}$ 和 $\dfrac{2}{3}$ 的大小．

我们可以先比较 $\dfrac{3}{5}$ 和 $\dfrac{5}{8}$ 的大小，因为 $3\times8=24$，$5\times5=25$，$24<25$，所以 $\dfrac{3}{5}<\dfrac{5}{8}$．然后比较 $\dfrac{5}{8}$ 和 $\dfrac{2}{3}$ 的大小，因为 $5\times3=15$，$8\times2=16$，$15<16$，所以 $\dfrac{5}{8}<\dfrac{2}{3}$．于是可知，这 3 个分数的大小是 $\dfrac{3}{5}<\dfrac{5}{8}<\dfrac{2}{3}$．

(2)找基准数比较法

1)借 1 比较法．当两个分数都比 1 小且比较接近 1，但却难于确定它们的大小时，我们可先分别求出 1 与它们的差；差较小的分数就大，差较大的分数就小．这种比较分数大小的方法，可称为"借 1 比较法"．

例如：比较 $\dfrac{21}{23}$ 和 $\dfrac{31}{34}$ 的大小．

因为 $1-\dfrac{21}{23}=\dfrac{2}{23}=\dfrac{6}{69}$，$1-\dfrac{31}{34}=\dfrac{3}{34}=\dfrac{6}{68}$，而 $\dfrac{6}{69}<\dfrac{6}{68}$，所以 $\dfrac{21}{23}>\dfrac{31}{34}$．

又如：比较 $\dfrac{21}{32}$ 和 $\dfrac{43}{65}$ 的大小．

因为 $1-\dfrac{21}{32}=\dfrac{11}{32}=\dfrac{22}{64}$，$1-\dfrac{43}{65}=\dfrac{22}{65}$，而 $\dfrac{22}{64}>\dfrac{22}{65}$，所以 $\dfrac{21}{32}<\dfrac{43}{65}$．

2)借 $\dfrac{1}{2}$ 比较法．当两个或几个要比较大小的分数，它们的值都接近 $\dfrac{1}{2}$ 时，我们可以用 $\dfrac{1}{2}$ 作标准来比较它们的大小．这样比较，往往可快速地发现两个或几个分数的大小关系．

这种比大小的方法,称为"借 $\frac{1}{2}$ 比较法".

例如:比较 $\frac{19}{34}$, $\frac{11}{28}$ 和 $\frac{21}{42}$ 的大小.

因为 $\frac{19}{34} > \frac{1}{2}$, $\frac{11}{28} < \frac{1}{2}$, $\frac{21}{42} = \frac{1}{2}$,所以 $\frac{19}{34} > \frac{21}{42} > \frac{11}{28}$.

(3)化相同分子法

先把分子不相同的分数,化成同分子分数,然后根据同分子分数比较大小的方法进行比较.这种方法有时候比先通分再比较大小的方法还简便、快速.这种比较分数大小的方法,可称为"化相同分子法".

例如:将分数 $\frac{2}{13}$, $\frac{5}{6}$ 和 $\frac{3}{16}$ 按从大到小的顺序排列起来.

因为 $\frac{2}{13} = \frac{2 \times 15}{13 \times 15} = \frac{30}{195}$, $\frac{5}{6} = \frac{5 \times 6}{6 \times 6} = \frac{30}{36}$, $\frac{3}{16} = \frac{3 \times 10}{16 \times 10} = \frac{30}{160}$,并且 $\frac{30}{36} > \frac{30}{160} >$

$\frac{30}{195}$,所以将它们按从大到小的顺序排列起来,就是 $\frac{5}{6} > \frac{3}{16} > \frac{2}{13}$.

(4)两分数相除比较法

用两个分数相除,看它们的商是大于 1 还是小于 1,能快速地比较出一些分数的大小.这种比较分数大小的方法,可称为"两分数相除比较法".

例如:比较 $\frac{11}{21}$ 和 $\frac{5}{9}$ 的大小.

因为 $\frac{11}{21} \div \frac{5}{9} = \frac{11}{21} \times \frac{9}{5} = \frac{11}{7} \times \frac{3}{5} = \frac{33}{35}$,而商 $\frac{33}{35} < 1$,即 $\frac{11}{21}$ 是 $\frac{5}{9}$ 的 $\frac{33}{35}$,所以 $\frac{11}{21} < \frac{5}{9}$.

将这两个分数反过来相除行不行呢? 显然也是可以的.因为 $\frac{5}{9} \div \frac{11}{21} = \frac{5}{9} \times \frac{21}{11} = \frac{5}{3} \times \frac{7}{11} = \frac{35}{33}$

$= 1\frac{2}{33}$,即 $\frac{5}{9}$ 是 $\frac{11}{21}$ 的 $1\frac{2}{33}$ 倍,所以 $\frac{5}{9} > \frac{11}{21}$ 或 $\frac{11}{21} < \frac{5}{9}$.

(5)根据倒数比较法

1)倒数的意义:乘积是 1 的两个数互为倒数.

2)倒数的求法:求一个数(0 除外)的倒数,只要把这个数的分子、分母调换位置即可. 1 的倒数是 1,0 没有倒数.

3)根据倒数比较法:先利用分数的倒数比较大小,然后确定原数的大小.

阅读材料

含有九个不同数字的分数

请你看看下面的式子,它有什么特别的地方?

$$\frac{9\ 327}{18\ 654} = \frac{1}{2}.$$

在等号左边,从 1 到 9,所有不为零的数字都出现一次,约分以后却变得非常简单.这是很特别,是很难做到的.

能不能再写一个类似的等式出来呢?

通过观察,发现原式中的分母 18 654 可拆成 18,6,54,分子 9 327 对应地拆成 9,3,27,划分得到的对应小单元之间也保持 2 倍关系:$18=9\times2,6=3\times2,54=27\times2$.

在分子和分母中同时将后面两个单元对调,就得到一个新的类似等式:

$$\frac{9\ 273}{18\ 546}=\frac{1}{2}.$$

能不能变变花样,使约分结果等于 $\frac{1}{3}$ 呢?

当然,在等式左边分数的分子和分母里,从 1 到 9 这些数字还是要恰好各出现一次,参考刚才"划分单元"的办法,按照 3 倍关系构建小单元. 得到 $174=58\times3,6=2\times3,9=3\times3$.

用这些等式左边的小单元 174,6,9 组成分母,右边的对应小单元 58,2,3 组成分子,得到两个满足条件的等式:

$$\frac{5\ 823}{17\ 469}=\frac{1}{3},\frac{5\ 832}{17\ 496}=\frac{1}{3}.$$

在上面得到的四个有趣等式中,分子是 1,分母分别是 2 和 3. 还可写出一些类似的等式,使分母分别是 4,5,6,7,8 或 9.

六、分数的四则运算

(一)分数的加法和减法

1. 分数加、减法的意义

(1)分数加法的意义

分数加法的意义与整数加法的意义相同,就是把几个数合并在一起,求它们的和一共是多少的运算方法.

(2)分数减法的意义

分数减法的意义与整数减法的意义相同,就是已知两个加数的和与其中的一个加数,求另一个加数的运算.

2. 同分母分数加、减法的计算法则

同分母分数相加、减,分母不变,分子相加、减.

字母表示:$\dfrac{b}{a}+\dfrac{c}{a}=\dfrac{b+c}{a}$,$\dfrac{b}{a}-\dfrac{c}{a}=\dfrac{b-c}{a}(a\neq0,b>c)$.

例如:$\dfrac{1}{8}+\dfrac{3}{8}=\dfrac{1+3}{8}=\dfrac{4}{8}=\dfrac{1}{2}$,$\dfrac{7}{10}-\dfrac{3}{10}=\dfrac{7-3}{10}=\dfrac{4}{10}=\dfrac{2}{5}$.

【注意】分数加、减法的最后计算结果要约成最简分数.

3. 异分母分数加、减法的计算法则

异分母分数相加、减,先把它们通分转化成同分母分数,再按照同分母分数加、减法的计算法则进行计算.

字母表示:

$$\frac{a}{b}+\frac{c}{d}=\frac{ad+bc}{bd}\ (当\ b,d\ 为互质数时),$$

$$\frac{a}{b}-\frac{c}{d}=\frac{ad-bc}{bd}\ (当\ b,d\ 为互质数时,且\ ad>bc).$$

例如：$\dfrac{1}{3} + \dfrac{1}{4} = \dfrac{1 \times 4 + 1 \times 3}{3 \times 4} = \dfrac{7}{12}$；

$\dfrac{5}{6} - \dfrac{1}{5} = \dfrac{5 \times 5 - 1 \times 6}{6 \times 5} = \dfrac{19}{30}$．

带分数加、减法的计算法则

1. 带分数加法的计算法则

先把整数部分和分数部分分别相加，再把所得的数合并起来．在上述情况中，如果所得的和是假分数，要化成带分数或整数．

例如：$5\dfrac{1}{3} + 2\dfrac{1}{4} = (5+2) + \left(\dfrac{1}{3} + \dfrac{1}{4}\right) = 7\dfrac{7}{12}$；

$5\dfrac{2}{3} + 2\dfrac{3}{4} = (5+2) + \left(\dfrac{2}{3} + \dfrac{3}{4}\right) = 7 + \dfrac{17}{12} = 8\dfrac{5}{12}$．

2. 带分数减法的计算法则

先把整数部分和分数部分分别相减，然后再把所得的数合并起来．

1）如果被减数的分数部分小于减数的分数部分，就要从被减数的整数部分里拿出 1（在连减时，也有需要拿出 1 或更多的情况）化成假分数，与原来被减数的分数部分加在一起，然后再减．

例如：$5\dfrac{2}{3} - 2\dfrac{3}{4} = 5\dfrac{8}{12} - 2\dfrac{9}{12} = 4\dfrac{20}{12} - 2\dfrac{9}{12} = 2\dfrac{11}{12}$．

2）带分数减整数．带分数减整数时，用带分数的整数部分减去整数，将所得的差与带分数的分数部分合并在一起，就是最后的结果．

例如：$7\dfrac{3}{4} - 5 = (7-5) + \dfrac{3}{4} = 2\dfrac{3}{4}$．

3）整数减带分数．整数减带分数时，用整数先减去带分数的整数部分，再减去带分数的分数部分．通常是先将整数根据减数化成带分数，然后再按照分数部分分母相同的带分数相减的法则计算．

例如：$8 - 5\dfrac{1}{4} = 7\dfrac{4}{4} - 5\dfrac{1}{4} = 2\dfrac{3}{4}$．

3. 分数加减法混合运算

分数加减法混合运算的运算顺序和整数加减法混合运算的顺序相同，加减法混合运算是同一级运算，运算顺序应该从左往右依次计算，遇到有括号的，应该先算括号里面的．

难点疑点解析

整数加、减法的运算定律和运算性质适合分数加、减法吗？

整数加、减法的运算定律和整数加、减法的运算性质同样适合分数加、减法．

运用这些运算定律和运算性质有时可以简化分数加、减法的运算．例如：

$\dfrac{1}{4} + \dfrac{2}{5} + \dfrac{3}{4}$

$$= (\frac{1}{4} + \frac{3}{4}) + \frac{2}{5}$$

$$= 1\frac{2}{5}.$$

(二)分数的乘法和除法

1. 分数乘法的意义

(1)分数乘整数的意义

分数乘整数的意义与整数乘法的意义相同,都是求几个相同加数的和的简便运算.

例如:$\frac{3}{5} \times 7$ 表示求 7 个 $\frac{3}{5}$ 是多少,或者求 $\frac{3}{5}$ 的 7 倍是多少.

(2)一个数乘分数的意义

一个数乘分数的意义,就是求这个数的几分之几是多少.

例如:$8 \times \frac{2}{5}$ 表示求 8 的 $\frac{2}{5}$ 是多少;$\frac{2}{3} \times \frac{5}{7}$ 表示求 $\frac{2}{3}$ 的 $\frac{5}{7}$ 是多少.

2. 分数乘法的计算法则

分数乘法的计算法则如表 2—8 所示.

表 2—8 分数乘法计算法则表

计算法则	举例
分数乘整数,用分数的分子和整数相乘的积作分子,分母不变	例如:$\frac{1}{7} \times 5 = \frac{1 \times 5}{7} = \frac{5}{7}$
分数乘分数,用分子相乘的积作分子,分母相乘的积作分母	例如:$\frac{3}{5} \times \frac{2}{3} = \frac{3 \times 2}{5 \times 3} = \frac{2}{5}$
如果分数乘法中有带分数的,通常先把带分数化成假分数,再按分数乘法的计算法则去乘	例如:$2\frac{1}{3} \times 3\frac{1}{7} = \frac{7 \times 22}{3 \times 7} = \frac{22}{3}$

难点疑点解析

分数乘法的合理性

求两个分数的乘积非常简单:分子乘分子,分母乘分母. 但究竟为什么要这样做呢? 也许有人要问:为什么求两个分数之和时,分子、分母不能分别相加,但在乘法时就可以分别相乘了呢? 这就是我们要探讨的分数乘法意义的合理性问题.

分数的乘法不能沿用自然数的乘法思想. 例如,2 乘 3,就是 3 个 2 或者 2 个 3 相加,或者说长度是 2 或 3 的线段,连续量 3 次或 2 次. 但是,对于分数而言,$\frac{1}{2}$ 乘 $\frac{2}{3}$,则不能说 $\frac{2}{3}$ 个 $\frac{1}{2}$ 相加(或者说 $\frac{1}{2}$ 个 $\frac{2}{3}$ 相加),也不能说把长度是 $\frac{1}{2}$(或 $\frac{2}{3}$)的线段量 $\frac{2}{3}$ 次(量 $\frac{1}{2}$ 次). 但是,我们可以将两个分数通分成同分母的分数,这样一来,就可以用单位分数把乘法看成是连加了. 比如上述的例子变成 $\frac{3}{6}$ 乘 $\frac{4}{6}$,就是分子连加 3 个 4 得 12;分母连加 6 个 6 得 36,结果是 $\frac{12}{36} = \frac{1}{3}$.

通常,我们可以利用几何的方法给予直观的说明.如果分数可以表示成某个线段的长度,那么两个分数的乘积的意义就是以这两个分数所表示的线段为边长的长方形的面积.比如: $\frac{1}{2} \times \frac{2}{3}$ 可以表示成如图 2—2 所示形式.

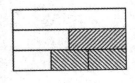

图 2—2

我们还可以直接说明分数乘法的合理性.

设: $x = \frac{a}{b}$, $y = \frac{c}{d}$,就有 $bx = a$, $dy = c$ $(b \neq 0, d \neq 0)$.

如果自然数的等式性质仍然适用,那么将上两个式子相乘,得

$$bd(xy) = ac .$$

从而得到: $xy = \frac{ac}{bd}$.

3. 倒数

(1)倒数的定义

乘积是 1 的两个数互为倒数.即 $a \times b = 1$ $(a \neq 0, b \neq 0)$, a 叫作 b 的倒数, b 叫作 a 的倒数.例如: $2\frac{2}{3}$ 和 $\frac{3}{8}$, 9 和 $\frac{1}{9}$ 互为倒数.

【注意】两个数的乘积为 1 时,这两个数互为倒数. 0 与任何数相乘都得 0,不可能找到一个数与 0 相乘积为 1,所以 0 不能与任何数互为倒数.

(2)求一个数的倒数的方法

1)求一个数的倒数(0 除外),就是用 1 除以这个数所得的商.

例如:12 的倒数是 $1 \div 12 = \frac{1}{12}$.

2)求一个真分数的倒数只要调换这个分数的分子、分母的位置即可.

例如: $\frac{3}{4}$ 的倒数是 $\frac{4}{3}$ 或 $1\frac{1}{3}$.

3)求一个带分数的倒数要先把带分数化成假分数,再调换这个假分数的分子、分母的位置.

例如: $3\frac{1}{2} = \frac{7}{2}$, $\frac{7}{2}$ 的倒数是 $\frac{2}{7}$,所以 $3\frac{1}{2}$ 的倒数是 $\frac{2}{7}$.

难点疑点解析

一个数的倒数与 1 的大小关系

真分数的倒数大于 1,假分数的倒数小于或等于 1.

4. 分数除法的意义

分数除法的意义与整数除法的意义相同,是已知两个因数的积和其中的一个因数,求另一个因数的运算.

(1)分数除以整数的意义

已知一个数的几倍是多少,求这个数.

例如:$\frac{5}{6} \div 5$ 表示已知一个数的 5 倍是 $\frac{5}{6}$,求这个数;

$\frac{2}{5} \div 2$ 表示已知一个数的 2 倍是 $\frac{2}{5}$,求这个数.

(2)一个数除以分数的意义

已知一个数的几分之几是多少,求这个数.

例如:$8 \div \frac{1}{2}$ 表示已知一个数的 $\frac{1}{2}$ 是 8,求这个数;

$\frac{5}{6} \div \frac{1}{4}$ 表示已知一个数的 $\frac{1}{4}$ 是 $\frac{5}{6}$,求这个数.

5. 分数除法的计算法则

甲数除以乙数(0 除外),等于甲数乘乙数的倒数.计算带分数除法,先把带分数化成假分数,再按分数除法的法则计算.

例如:$\frac{6}{7} \div \frac{3}{8} = \frac{6}{7} \times \frac{8}{3} = \frac{16}{7} = 2\frac{2}{7}$.

难点疑点解析

分数除法的合理性

两个分数相除的商为什么是"颠倒相乘"呢?我们可以采用逆运算的方法给予说明.

设 $A = \frac{a}{b}$,$B = \frac{c}{d}$,求 $A \div B$. 如果答案是 C,可以定义 $C = \frac{x}{y}$.

按照除法是乘法的逆运算的含义,$A \div B = C$ 也就是 $A = B \times C$,于是

$$\frac{a}{b} = \frac{c}{d} \times \frac{x}{y} = \frac{cx}{dy}.$$

由上式可以看出,要想使上式成立,我们必须令 $x = ad$,$y = bc$,则 $\frac{x}{y} = \frac{ad}{bc}$.

因此,$A \div B = C = \frac{ad}{bc}$.

这就是"颠倒相乘"的由来.

另外,分数除法也可以用倒数的概念来说明:两个分数相除,等于被除数乘除数的倒数.

(三)分数四则混合运算

1. 分数四则混合运算的顺序

分数四则混合运算的顺序和整数四则混合运算的顺序相同．先算括号里的数,并按照小括号、中括号、大括号的顺序来进行,同一括号内或括号外的数,要按照先算乘除,后算加减的顺序进行计算．如果是同级运算,可按照从左到右的顺序依次进行计算．

例如:

$$\frac{8}{9} \times \left[\frac{5}{16} + \left(\frac{7}{8} - \frac{1}{4} \right) \div \frac{1}{2} \right]$$

$$= \frac{8}{9} \times \left[\frac{5}{16} + \frac{5}{8} \div \frac{1}{2} \right]$$

$$= \frac{8}{9} \times \left[\frac{5}{16} + \frac{5}{4} \right]$$

$$= \frac{8}{9} \times \frac{25}{16}$$

$$= \frac{25}{18}$$

$$= 1\frac{7}{18}.$$

2. 分数、百分数四则混合运算

计算分数、百分数的四则混合运算,根据具体情况,可以先把百分数改写成分数(能约分的要约成最简分数),然后按分数四则混合运算的方法来计算．

例如:

$$\frac{5}{2} \div 25\% + 4\% \times \frac{5}{3}$$

$$= \frac{5}{2} \div \frac{1}{4} + \frac{1}{25} \times \frac{5}{3}$$

$$= \frac{5}{2} \times 4 + \frac{1}{25} \times \frac{5}{3}$$

$$= 10 + \frac{1}{15}$$

$$= 10\frac{1}{15}.$$

习题演练

1. 选择题．

(1)计算 $45 \times \left(\frac{7}{9} + \frac{3}{5} \right) = 45 \times \frac{7}{9} + 45 \times \frac{3}{5}$ 运用了(　　)．

    A. 乘法交换律　　　　B. 乘法结合律　　　　C. 乘法分配律　　　　D. 加法结合律

(2) $\left(\frac{7}{8} + \frac{7}{16} \right) \times 32 = \frac{7}{8} \times 32 + \frac{7}{16} \times 32 = 28 + 14 = 42$,这里应用了(　　)．

    A. 乘法交换律　　　　B. 乘法结合律　　　　C. 乘法分配律　　　　D. 加法结合律

(3)用简便方法计算 $120 \times 7 \frac{3}{5} + 111 \div \frac{5}{24} + 10 \frac{1}{5} \times 76$ 的结果是（　　）.

　A. 2 220　　　　　　　B. 2 202　　　　　　　C. 2 020　　　　　　　D. 2 002

(4) $(5 \frac{1}{3} - 2 \frac{1}{2}) + (5 \frac{1}{2} - 3 \frac{1}{3}) = （　　）.$

　A. 4　　　　　　　　B. 5　　　　　　　　C. 6　　　　　　　　D. 7

(5)从算式 $\frac{1}{2} + \frac{1}{4} + \frac{1}{6} + \frac{1}{8} + \frac{1}{10} + \frac{1}{12}$ 中,必须去掉（　　）两个分数,才能使余下的分数之和等于 1.

　A. $\frac{1}{4}$ 和 $\frac{1}{8}$　　　　B. $\frac{1}{8}$ 和 $\frac{1}{12}$　　　　C. $\frac{1}{8}$ 和 $\frac{1}{10}$　　　　D. $\frac{1}{4}$ 和 $\frac{1}{12}$

(6) $\frac{4}{7} \times 6 \div \frac{4}{7} \times 6 = （　　）.$

　A. 1　　　　　　　　B. $\frac{16}{49}$　　　　　　C. 36　　　　　　　　D. 0

(7) $1 \div \frac{3}{4} \times \frac{4}{3} = （　　）.$

　A. 1　　　　　　　　B. $\frac{9}{16}$　　　　　　C. $\frac{16}{9}$　　　　　　D. 2

(8) $\frac{1}{2}$ 与 $\frac{1}{3}$ 的差去除 $\frac{4}{5}$,正确列式是（　　）.

　A. $(\frac{1}{2} - \frac{1}{3}) \div \frac{4}{5}$　　B. $\frac{4}{5} \div \frac{1}{2} - \frac{1}{3}$　　C. $\frac{4}{5} \div (\frac{1}{2} - \frac{1}{3})$　　D. $\frac{4}{5} \div \frac{1}{3} - \frac{1}{2}$

(9)60 的 $\frac{2}{5}$ 相当于 80 的（　　）.

　A. $\frac{3}{8}$　　　　　　　B. $\frac{3}{10}$　　　　　　C. $\frac{1}{4}$　　　　　　D. $\frac{10}{3}$

(10)12 米增加它的 $\frac{1}{4}$ 后,再减少 $\frac{1}{4}$ 米,结果是（　　）.

　A. 12 米　　　　　　B. $11 \frac{1}{4}$ 米　　　　C. $11 \frac{3}{4}$ 米　　　　D. $14 \frac{3}{4}$ 米

(11)比 24 的 $\frac{3}{4}$ 多 7 的数是（　　）.

　A. 24　　　　　　　　B. 25　　　　　　　　C. 26　　　　　　　　D. 27

(12)如下图,三个大小相同的长方形拼在一起,组成一个大长方形,把第二个长方形平均分成 2 份,再把第三个长方形平均分成 3 份,那么图中阴影部分的面积是大长方形面积的（　　）.

　A. $\frac{5}{6}$　　　　　　　B. $\frac{2}{3}$　　　　　　　C. $\frac{1}{2}$　　　　　　　D. $\frac{17}{18}$

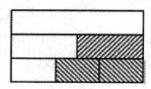

(13)一个数增加它的 $\dfrac{2}{3}$ 后还是 $\dfrac{2}{3}$,这个数是(　　).

A. 1　　　　　　　B. $\dfrac{2}{3}$　　　　　　　C. $\dfrac{2}{5}$　　　　　　　D. 0

2. 填空题.

(1)判断对错.

① $\dfrac{5}{7} - \dfrac{2}{21} - \dfrac{3}{21} = \dfrac{0}{21} = 0$. (　　)

② $\dfrac{4}{11} + \dfrac{2}{11} \times \dfrac{11}{6} = \dfrac{6}{11} \times \dfrac{11}{6} = 1$. (　　)

③ $\dfrac{1}{5} \times \dfrac{1}{5} \div \dfrac{1}{5} \div \dfrac{1}{5} + \dfrac{1}{5} - \dfrac{1}{5} = 0$. (　　)

④甲比乙多 $\dfrac{1}{4}$,乙就比甲少 $\dfrac{1}{4}$. (　　)

(2)根据 $\dfrac{1}{2} - \dfrac{1}{3} = \dfrac{1}{2 \times 3}$, $\dfrac{1}{3} - \dfrac{1}{4} = \dfrac{1}{3 \times 4}$, $\dfrac{1}{4} - \dfrac{1}{5} = \dfrac{1}{4 \times 5}$,那么 $\dfrac{1}{99} - \dfrac{1}{100} =$

_____, $\dfrac{1}{42} = \dfrac{(\quad)}{(\quad)} - \dfrac{(\quad)}{(\quad)}$.

(3)如果 $\dfrac{2\,006}{2\,007} \times 2\,008 = \dfrac{2\,006}{2\,007} + x$ 成立,则 $x =$ _____ .(提示: $2\,008 = 2\,007 + 1$)

(4) $\dfrac{19}{17} \times \dfrac{1\,717}{1\,919} =$ _____ .

(5)_____ 比 40 多 $\dfrac{1}{5}$,30 减少它的 $\dfrac{1}{5}$ 后是 _____ .

(6)_____ $+ \dfrac{1}{3} =$ _____ $- \dfrac{1}{3} =$ _____ $\times \dfrac{1}{3} =$ _____ $\div \dfrac{1}{3}$.

(7) $\dfrac{3}{8} \times \dfrac{4}{5} = \dfrac{3}{10}$, $\dfrac{11}{6} - \dfrac{3}{10} = \dfrac{23}{15}$, $\dfrac{23}{15} \times \dfrac{7}{46} = \dfrac{7}{30}$, $\dfrac{10}{9} \div \dfrac{7}{30} = \dfrac{100}{21}$,这四步分步算式列

成综合算式是 _____ .

3. 计算(能简便的用简便方法).

(1) $\dfrac{10}{13} \div \dfrac{25}{26} \times \dfrac{7}{3}$.

(2) $\dfrac{5}{8} \div \left(\dfrac{3}{4} + \dfrac{1}{2} \right)$.

(3) $\dfrac{1}{5} \times \dfrac{4}{7} + \dfrac{3}{7} \div 5$.

(4) $1 - \dfrac{7}{9} \div \dfrac{7}{8}$.

(5) $\dfrac{5}{4} - \dfrac{1}{3} \div \dfrac{5}{9} - \dfrac{2}{5}$.

(6) $\left(\dfrac{7}{8} + \dfrac{13}{16} \right) \div \dfrac{13}{16}$.

(7) $\dfrac{1}{2} \times \dfrac{1}{33} + \dfrac{1}{3} \times \dfrac{1}{33} + \dfrac{1}{6} \times \dfrac{1}{33} - \dfrac{1}{33}$.

(8) $36\frac{19}{23} + 63\frac{4}{23} \times \frac{1}{8} + 63\frac{4}{23} \times \frac{3}{8}$.

4．解答题．

（1）甲数的 $\frac{3}{4}$ 等于乙数的 $\frac{3}{5}$（甲、乙均不为0），甲、乙两数的和是 $\frac{18}{19}$，甲数是多少？

（2）甲、乙两数的积是100，正好是甲、乙两数和的 4 倍，而甲数又是乙数的 $\frac{1}{4}$，乙数是多少？

年龄之谜

丢番图是古希腊的大数学家．据说，有人给他立了一块墓碑，碑文是一道数学题，大意如下：

这里埋葬着丢番图，他一生的六分之一是幸福的童年；

再活了生活的十二分之一，长起了细细的胡须；

丢番图结了婚，可是还不曾有孩子，这样度过了一生的七分之一；

再过五年，他得了头胎儿子，感到幸福；

可是命运给这孩子在世界上的生命只有他父亲的一半；

自从儿子死后，他在深深的悲痛中活了四年，也离开了人间．

你能知道丢番图的年龄有多大吗？

我们从这特殊的墓志可知，丢番图有孩子前活了生命的 $\frac{1}{6} + \frac{1}{12} + \frac{1}{7}$ 再加 5 年，有孩子后又活了生命的 $\frac{1}{2}$ 再加 4 年，所以丢番图的年龄是 $(5+4) \div [1-(\frac{1}{6} + \frac{1}{12} + \frac{1}{7} + \frac{1}{2})] = 84$（岁）．

2.2 小 数

小明和妈妈去商场购买文具用品，发现价格上的数字并不全是自然数，具体的价格标注如下：笔记本 2 元、碳素笔 2.5 元、橡皮 0.5 元、文具盒 10.8 元、圆珠笔 1 元．这些文具用品的价钱除了自然数之外，其他是什么数呢？

像这样带有小圆点的数叫小数．

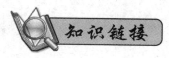

一、小数

1. 小数的产生与数学本质

在进行测量和计算时,往往不能正好得到整数的结果,这时常用小数来表示.

2. 小数的意义

把一个整体平均分成 10 份、100 份、1 000 份……这样的 1 份或几份可以用分母为 10,100,1 000,…的分数来表示.这些分数的计数单位是 $\frac{1}{10}$,$\frac{1}{100}$,$\frac{1}{1\,000}$,…每相邻两个单位之间的进率是 10,所以这些分数也可以仿照整数的写法,写在整数个位的右面,用圆点隔开.用来表示十分之几、百分之几、千分之几……的数叫作小数.如:$\frac{1}{10}$ 写成小数是 0.1,$\frac{78}{100}$ 写成小数是 0.78,$\frac{7}{1\,000}$ 写成小数是 0.007,0.1,0.78,0.007 等都是小数.

【注意】小数是分母是 10,100,1 000,…的分数的另一种写法,如 0.3 是 $\frac{3}{10}$,0.35 是 $\frac{35}{100}$.小数中间的圆点".".叫作小数点.小数点应该在个位的右下角.小数点把小数分为左右两个部分,它起到小数的整数部分与小数部分分界点的作用.

3. 小数的数位

同整数一样,小数的计数单位也是按照一定的顺序排列起来的,它们所占的位置叫作小数的数位.

小数点右边第一位是十分位,第二位是百分位,第三位是千分位……也可以分别称它们为小数第一位、小数第二位、小数第三位……也就是说,一个小数的小数部分在几个数位上有数字就叫作几位小数.如:0.2,462.3 都是一位小数;10.361,0.213 都是三位小数.

小数的位数的概念在小数计算和取小数的近似值时会经常用到,小数的位数只与小数部分有几位有关,而与整数部分无关.例如,一个小数,十位上是 7,个位上是 0,十分位上是 0,百分位上是 4,千分位上是 9,这个小数是 70.049,它是三位小数.

二、小数的计数单位与进率

小数的小数部分按从左到右的顺序,计数单位依次是十分之一($\frac{1}{10}$ 或 0.1)、百分之一($\frac{1}{100}$ 或 0.01)、千分之一($\frac{1}{1\,000}$ 或 0.001)、万分之一($\frac{1}{10\,000}$ 或 0.000 1)……也就是说,小数十分位上的计数单位是十分之一,百分位上的计数单位是百分之一……

每相邻两个计数单位间的进率都是十.小数部分最高位(十分位)的计数单位是十分之一,与整数部分最低位(个位)的计数单位一(或个)之间,进率也是十.

【注意】"几位数"和"几位小数"的区别是,前者是对整数而言的,后者是对小数而言的.整数与小数数位顺序表如表 2—9 所示.

表 2—9　整数与小数数位顺序表

	整数部分				小数部分
…	亿级	万级	个级	小数点	

数位	…	千亿位	百亿位	十亿位	亿位	千万位	百万位	十万位	万位	千位	百位	十位	个位	.	十分位	百分位	千分位	万分位	…
计数单位	…	千亿	百亿	十亿	亿	千万	百万	十万	万	千	百	十	一(个)		十分之一	百分之一	千分之一	万分之一	…

小数的发展史

小数是我国最早提出和使用的. 现在出土的商代文物中就有尺了,那个尺里面就有寸,而且是十进位的. 这个是有考古实物为证的,这说明小数在商代就出现了.

小数的名称是 13 世纪我国元代数学家朱世杰提出的. 在 13 世纪中叶我国出现了低一格表示小数的记法,如把 63.12 写成 ⊥Ⅲ ‖.

在西方,小数出现很晚. 直到 16 世纪,法国数学家克拉维斯首先使用了小数点作为整数与小数部分分界的记号.

三、小数的分类

1. 按整数部分分类

按小数的整数部分是否为 0,小数可分为纯小数和带小数两类,如表 2—10 所示.

表 2—10　小数表

名称	定义	特点
纯小数	整数部分是零的小数叫作纯小数	纯小数比 1 小. 例如:0.2,0.56,0.009 8
带小数(混小数)	整数部分不是零的小数就叫作带小数或混小数	带小数大于 1 或等于 1. 例如:6.4,32.01,6.00

按整数部分分类可表示为

小数 $\begin{cases} 纯小数 \\ 带小数 \end{cases}$

2. 按小数部分分类

根据小数部分的位数是否有限,小数可以分为有限小数与无限小数.

(1)有限小数

小数部分的位数是有限的小数,叫作有限小数. 像 0.2,0.045,11.1246 等小数,小数部分的位数都是有限的,所以它们都是有限小数. 可以说十进制分数改写成的小数,都是有限小数.

(2)无限小数

小数部分的位数是无限的小数,叫作无限小数.无限小数又可以分为无限循环小数和无限不循环小数两类.

1)无限循环小数.小数部分从某一位起,一个数字或者几个数字依次不断地重复出现,这样的小数叫作无限循环小数,也叫循环小数.如 0.555…,3.010 101…,6.363 636…等都是循环小数.

循环节:依次不断重复出现的数字,叫作这个循环小数的循环节.如 0.55…,3.010 101…,6.363 636…,它们的循环节分别是"5""01""36",这些小数可以简便记作 $0.\dot{5}$,$3.\dot{0}\dot{1}$,$6.\dot{3}\dot{6}$.

纯循环小数:循环节从小数部分第一位开始的,叫作纯循环小数,如 0.66…,$5.\dot{0}\dot{1}$ 等是纯循环小数.

混循环小数:循环节不是从小数部分第一位开始的,叫作混循环小数,如 0.355 5…,$6.240\dot{1}\dot{4}$ 等是混循环小数.

2)无限不循环小数.一个无限小数,如果它的小数部分各数位上的数字不是循环的,这样的小数就叫作无限不循环小数.无限不循环小数是无理数.例如,圆周率 π 的值 3.141 592 6…,0.010 020 003 000 4…都是无理数.对于一个无限小数,如果它不是循环小数,就一定是不循环小数.

小数的这种分类方法可以表示为

$$小数\begin{cases}有限小数\\无限小数\begin{cases}无限循环小数\begin{cases}纯循环小数\\混循环小数\end{cases}\\无限不循环小数\end{cases}\end{cases}$$

疑点难点解析

循环小数怎么写

写循环小数的时候,为了简便,小数的循环部分只需写出一个循环节,并在这个循环节的首、末位数字上方各点一个圆点.如果循环节只有一个数字,就只在它上方点一个圆点.例如:3.777 7…简写作 $3.\dot{7}$,0.530 153 01…简写作 $0.5\dot{3}0\dot{1}$.

纯小数和纯循环小数的意义一样吗?

从概念上来说,纯小数是指整数部分为 0 的小数,而纯循环小数是指循环节从小数部分第一位开始的小数.例如:0.5,0.68,0.009 是纯小数,0.66…,$5.\dot{0}\dot{3}$ 是纯循环小数.由此可知,它们关于"纯"的含义是不同的.纯小数小于 1,且纯小数既可以是有限小数也可以是无限小数;纯循环小数可能大于 1,也可能小于 1,并且必须是无限小数.

四、小数的读法和写法

1. 小数的读法

小数的读法可分为直接读法和间接读法两种.

（1）直接读法

读小数一般采用直接读法．读小数时,整数部分按整数读法去读,整数部分是 0 的,就读作零;中间的小数点读作"点";小数部分按从左到右的顺序依次读出每一个数位上的数字,小数部分的"0"要一个不少地全部读出来．例如:0.5 读作零点五,21.080 09 读作二十一点零八零零九.

（2）间接读法

小数还有一种"分数读法",例如 0.7 可读作十分之七,3.57 可读作三又百分之五十七,这种读法也叫作小数的间接读法．小数的间接读法有助于我们理解小数的意义.

难点疑点解析

小数部分是否按整数部分读法来读

初读小数时,易受整数的影响,把小数部分按整数读法去读,例如:0.705 误读作零点七百零五．要注意纠正.

2. 小数的写法

写小数时,要先写整数部分,再写小数点,最后写小数部分．整数部分按照整数写法来写,整数部分是零的写作"0";然后把小数点点在个位的右下角;小数部分从十分位起,由高位到低位依次写出每一个数位上的数字．例如:零点四七写作 0.47,一千零五点零零三六写作 1 005.003 6.（注意:写小数时小数点的形状及位置要正确;写小数部分时要完全按照小数的读法写出每个数字,不能有遗漏．）

五、小数的性质

在小数的末尾添上"0"或者去掉"0",小数的大小不变．利用小数的性质可以把小数进行化简．例如:可以把 1.800 化简成 1.800＝1.8;也可以根据需要在小数的末尾添上"0";还可以把整数写成小数的形式,即在整数的个位的右下角点上小数点,在后面添上"0".

例如:把 3 化为三位小数可以写成 3＝3.000.（注意:描述小数的性质时要注意语言的准确性．不要把"小数末尾"说成是"小数点后面"或"小数后面".）

难点疑点解析

0.4 与 0.40 有什么不同

0.4 与 0.40 大小相等,但表示的意义却不同．0.4 表示十分之四,0.40 表示百分之四十;0.4 表示精确到十分位,而 0.40 却表示精确到百分位;它们的计数单位也不相同.

六、小数点移动引起小数大小变化的规律

小数点向右（左）移动一位、两位、三位……小数就扩大（缩小）到原来的 10 倍（$\frac{1}{10}$）、100 倍（$\frac{1}{100}$）、1 000 倍（$\frac{1}{1\,000}$）……反过来把小数扩大（缩小）到原来的 10 倍（$\frac{1}{10}$）、100 倍（$\frac{1}{100}$）、1 000 倍（$\frac{1}{1\,000}$）……时只需把小数点向右（左）移动一位、两位、三位……

移动小数点的位置时,如果位数不够就用 0 补足．例如,将 0.07 的小数点向右移动一位、两位、三位,会分别得到 0.7,7,70,它们分别将 0.07 扩大到它的 10 倍、100 倍、1 000 倍

. 再如,把 3.25 扩大到它的 10 倍、100 倍、1 000 倍,只需把 3.25 的小数点向右移动一位、两位、三位就得到 32.5,325,3 250.

难点疑点解析

小数点位置移动有何应用

应用小数点位置移动引起小数大小变化的规律能较快地进行因数或除数是整十、整百数的乘、除法计算. 例如:$3.26 \times 10 = 32.6$,$1.34 \times 100 = 134$,$56.6 \div 10 = 5.66$,$3.2 \div 100 = 0.032$.

七、小数大小的比较

比较两个小数的大小,先看它们的整数部分,整数部分大的那个小数就大;如果整数部分相同,再比较它们的小数部分,比较小数部分时先比较十分位上数字的大小,十分位上数字大的那个小数就大;十分位上的数字相同的,要比较百分位上数字的大小,百分位上数字大的那个小数就大;百分位上的数字也相同的,再比较千分位上数字的大小,千分位上数字大的那个小数就大……以此类推. 例如:$13.57 > 12.78$(13.57 的整数部分大);$7.79 > 7.78$(整数部分和十分位上的数字相同,7.79 的百分位上的 9 大于 7.78 百分位上的 8.)

难点疑点解析

怎样比较循环小数的大小

比较循环小数的大小,一般是先把简便记法表示的循环小数改写成带省略号的形式,再写出足够的位数,然后按照比较小数大小的方法比较. 例如:比较 $4.\dot{8}$ 和 $4.\dot{8}\dot{5}$ 的大小.

因为 $4.\dot{8} = 4.888\,8\cdots$

$4.\dot{8}\dot{5} = 4.858\,5\cdots$

所以 $4.\dot{8} > 4.\dot{8}\dot{5}$.

八、分数和小数的互化

1. 分数化成小数

(1)通用方法

根据分数与除法的关系,我们可以直接用分子除以分母将分数化成小数.

(2)分数化小数的三种情况

1)分母是 10,100,1000,…的分数化成小数. 把分母是 10,100,1 000,…的分数化成小数时,可以直接去掉分母,看分母中 1 后面有几个 0,就在分子中从最后一位起向左数出几位点上小数点. 例如:$\frac{7}{10} = 0.7$,$\frac{34}{100} = 0.34$.

2)分母是 2,5,25,125,…的分数化成小数. 运用分数的基本性质,可以把这些分数化成分母是 10,100,1 000,…的分数. 如 $\frac{1}{2}$,$\frac{3}{25}$,$\frac{7}{125}$ 等,可以把它们先化成 $\frac{5}{10}$,$\frac{12}{100}$,$\frac{56}{1\,000}$,再化成小数. 例如:$\frac{1}{2} = \frac{5}{10} = 0.5$,$\frac{3}{25} = \frac{12}{100} = 0.12$,$\frac{7}{125} = \frac{56}{1\,000} = 0.056$.

3)分母不是 10,100,1 000,…的分数化成小数. 对于分母不是 10,100,1 000,…的分数化成小数时,要用分子除以分母,除不尽的,可以根据需要按四舍五入法保留几位小数,也可以用循环小数表示. 如 $\frac{1}{3} \approx 0.333$(保留三位小数)或 $\frac{1}{3} = 0.\dot{3}$.

难点疑点解析

近似商

在除法计算时,如果不可能或没有必要求出商的准确数,即只求出商的近似值时,这个商叫作近似商. 我们将分数化成小数时,如果要取它的近似值,可以根据四舍五入法进行截取.

分母是什么样的分数能化成有限小数

一个最简分数的分母除了含有质因数 2 和 5 以外,不含有其他质因数,这个分数就能化成有限小数;如果分母含有 2 和 5 以外的质因数,这个分数就不能化成有限小数.

例如:$\frac{7}{20}$,把分母 20 分解质因数 $20 = 2 \times 2 \times 5$,分母只含质因数 2 和 5,所以 $\frac{7}{20}$ 就能化成有限小数,$\frac{7}{20} = 0.35$;$\frac{11}{15}$,把分母 15 分解质因数 $15 = 3 \times 5$,分母中除含 5 以外还有质因数 3,因此它就不能化成有限小数,$\frac{11}{15} = 0.7333\cdots$. 注意,此判断方法中的分数必须是最简分数,且分母一定要分解成质因数相乘的形式,否则就会出现这种情况:$\frac{6}{24} = \frac{6}{2 \times 2 \times 2 \times 3}$ 中,分母中含有 2 和 5 以外的质因数 3,所以作出 $\frac{6}{24}$ 不能化成有限小数的错误判断;$\frac{6}{30} = \frac{6}{5 \times 2 \times 3}$ 中,分母中含有 2 和 5 之外的质因数 3,所以作出 $\frac{6}{30}$ 不能化成有限小数的错误判断.

2. 小数化成分数

(1)有限小数化分数

根据小数的意义,可直接将小数写成分母是 10,100,1 000,…的分数,具体方法是把去掉小数点得到的数作分子,原来的小数是几位小数,就在 1 后面写几个 0 作分母,能约分的要约分. 例如:$0.35 = \frac{35}{100} = \frac{7}{20}$. 带小数化成分数时,整数部分不变,只把小数部分化成分数即可. 例如:$4.25 = 4\frac{25}{100} = 4\frac{1}{4}$.

(2)循环小数化分数

1)纯循环小数化成分数时,分子就是由一个循环节的数字所组成的数,分母的各位数字都是 9,9 的个数等于一个循环节数字的个数,能约分的要约分.

例如:$0.\dot{3}\dot{7} = \frac{37}{99}$,$0.\dot{6} = \frac{6}{9} = \frac{2}{3}$.

以 $0.\dot{3}\dot{7} = \frac{37}{99}$ 为例说明:

$\frac{1}{9} = 1 \div 9 = 0.\dot{1} \rightarrow 0.\dot{1} = \frac{1}{9}$,

$$\frac{1}{99} = 1 \div 99 = 0.\overset{\centerdot}{0}\overset{\centerdot}{1} \rightarrow 0.\overset{\centerdot}{0}\overset{\centerdot}{1} = \frac{1}{99},$$

$$\frac{1}{999} = 1 \div 999 = 0.\overset{\centerdot}{0}0\overset{\centerdot}{1} \rightarrow 0.\overset{\centerdot}{0}0\overset{\centerdot}{1} = \frac{1}{999},$$

……

$$0.\overset{\centerdot}{3}\overset{\centerdot}{7} = 0.\overset{\centerdot}{0}\overset{\centerdot}{1} \times 37 = \frac{1}{99} \times 37 = \frac{37}{99}.$$

2)混循环小数化成分数时,我们要将第二个循环节以前的数字组成的数减去不循环的数字组成的数的差作分子,分母的前几位是 9,后几位是 0(其中 9 的个数与一个循环节数字个数相同,0 的个数与不循环部分的数字个数相同),最后再化成最简分数.

例如:$0.2\overset{\centerdot}{3} = \frac{23 - 2}{90} = \frac{21}{90} = \frac{7}{30}$.

循序节有一位写一个 9,不循环部分有一位写一个 0.

$$0.3\overset{\centerdot}{1}\overset{\centerdot}{8} = \frac{318 - 3}{990} = \frac{315}{990} = \frac{7}{22}.$$

第二个循环节以前的数字组成的数是 318,循环节有两位写两个 9.

以 $0.2\overset{\centerdot}{3} = \frac{7}{30}$ 为例说明:

$$0.2\overset{\centerdot}{3} = 2.\overset{\centerdot}{3} \times \frac{1}{10} = 2\frac{3}{9} \times \frac{1}{10} = \frac{21}{90} = \frac{23 - 2}{90}$$

先把 $0.2\overset{\centerdot}{3}$ 扩大到它的 10 倍,再缩小到这个数的 $\frac{1}{10}$,其值不变.

九、小数的近似数和改写

1. 求小数近似数的方法

求一个小数的近似数的方法同求整数的近似数相似,就是根据需要用"四舍五入法"保留一定的小数位数.如果保留整数,就要省略整数后面的尾数,省略尾数时,关键看十分位上的数是满 5,还是小于 5,如果满 5,省略尾数后,个位进一,不满 5,则直接舍去;如果保留一位小数,表示精确到十分位,要省略十分位后面的尾数,省略尾数时,关键看百分位上的数是否满 5,百分位上的数满 5,省略尾数后,向十分位进 1,不满 5,直接舍去……以此类推.

例如:$2.953 \approx 2.95$(保留两位小数),$2.953 \approx 3.0$(保留一位小数),$2.953 \approx 3$(保留整数).

难点疑点解析

1)在表示近似数的时候,小数末尾的 0 为什么不能去掉?

以近似数 0.1 和 0.10 为例,它们的精确度不同.0.1 表示精确到十分位,它所代表的准确值一定是小于 0.15 而大于或等于 0.05 的数;0.10 表示精确到百分位,它所代表的准确值一定是小于 0.105 而大于或等于 0.095 的数.所以,近似数末尾的"0"不能随意取舍,它决定着该值精确度的高低.

2)一个三位小数,四舍五入后是 0.20,这个三位小数最大是(   ),最小是(   ).

由题意可知,这个三位小数要满足"最大"的条件,必定是经过"四舍"得到 0.20,所以这个最大的三位小数是 0.204;反之,要满足"最小"的条件,应该经过"五入"得到 0.20,所以这个最小的三位小数是 0.195. 因此,这个三位小数最大是 0.204,最小是 0.195.

2. 小数的改写

为了读写方便,常常把较大的数改写成用"万"或"亿"作单位的数. 改写时,只要在"万"位或"亿"位上的右边点上小数点,在数的后面加写"万"或"亿"字. 如果小数数位比较多,可以根据需要保留前几位小数.

例如:573 000 000=5.73 亿,61 581 400=6 158.14 万.

数学童话——小数点大闹整数王国

山那边有一个整数王国. 整数王国中有国王、总理和司令. 国王是胖胖的数 0,总理是矮个子－1,司令是瘦高个 1.

今天是元旦,又是零国王的一千八百八十一岁寿辰.

零国王是哪天诞生的呢? 他是公元 1 年 1 月 1 日 0 时 0 分 0 秒出生的. 即是双喜临门,王国中文武百官都来王宫祝贺.

王宫内外张灯结彩,只见零国王高居宝座之上,宫门外整齐地排列着两行祝贺的队伍. 一行是以总理－1 为首的文官队伍,跟在－1 后面的是－2,－3,－4,…他们的个子一个比一个矮;另一行是以司令 1 为首的武官队伍,跟在 1 后面是 2,3,4,…他们的个子一个比一个高. 两行祝贺队伍很长,一眼望不到头.

三声炮响,庆典开始了. 忽然从零国王的宝座下面,钻出一个黑乎乎、圆溜溜的小家伙. 1 司令拔出宝剑,紧走几步,上前大喝一声:"谁如此大胆敢来扰乱庆典?"小家伙慢条斯理地回答:"怎么,你们连我都不认识? 我就是大名鼎鼎的小数点."

1 司令问:"你来干什么?"

小数点说:"我是来参加庆典的,请你把我也安排到祝贺队伍中去吧,我想看看热闹."

1 司令把小数点想参加庆典一事,回禀零国王. 零国王轻蔑地看了小数点一眼说:"把你也安排到队伍中去? 那怎么能成! 我们整数王国一向以组织严密、排列整齐、秩序井然而闻名于世. 你看宫外这长长的祝贺队伍,文官从－1 总理开始,每后一位文官都比前一位小 1;武官从 1 司令开始,每后一位武官都比前一位大 1. 这里连一个空位置也没有,把你往哪放呢?"

小数点又哀求说:"好国王! 你看我个头这么小,随便给我加个塞儿吧."

零国王摇摇头说:"不成啊! 你还是赶紧离开这儿,别耽误我们的庆典."

听完零国王这番话,小数点脸色突变,厉声说道:"怎么? 好言好语和你商量你不答应,那可就别怪我小数点不客气了. 我要叫你们的秩序来个大变样,让你们知道我的厉害."

零国王听罢勃然大怒,向宫外喝道:"谁来把小数点给我拿下."话间刚落,数 5 从外面跳了进来,伸手来捉小数点. 只见小数点不慌不忙地往 5 的前面一靠,"嗖"的一声,数 5 一下子缩小为原来的 1/10,变成 0.5 了.

零国王又向外面大喊:"快来一个大数,给我把他捉住."从外面"噔噔噔"走进一个大高个儿,个头比山还高一截儿,他是 6 600 000(六百六十万).6 600 000 大吼一声:"小数点,你往哪里走!"上前就捉小数点.小数点面对这个庞然大物,毫不畏惧,小眼睛一转就来了一个新招儿.只见他跳上王位揪起零国王往数 6 600 000 前面推去,自己就站在国王的前面."嗡"的一声响,高大的 6 600 000 立刻变得比凳子还矮,成了 0.066 了.

零国王一见大惊失色,高喊:"谁能抓住小数点,我封他为王侯!"只见从外面不慌不忙地走进一个长得像不倒翁的数,原来是数 8.

数 8 深深地向零国王鞠了一躬说:"国王陛下,依臣看捉拿小数点不能力擒只能智取."零国王点点头说:"那你试试吧."小数点在一旁听了"嘿嘿"直乐,心想:"好,好,我倒要看看你怎样智取我."

数 8 对小数点抱拳拱手说:"小数点,刚才我目睹你的本领,的确身手不凡.但是你只会把一个数变小,把 5 变成了 0.5,把 6 600 000 变成了 0.066.不知阁下还有什么本领?"

小数点听罢微微一笑说:"你说我只会把一个数变小,你叫一个负数来."只见 -39 应声蹦了进来.小数点"哧溜"就钻到 3 和 9 这两个数之间,-39 的身子向上长了一大截儿,变为 -3.9.小数点说:"我把 -39 变成了 -3.9,根据负数的绝对值越小,数值越大的道理,我不是把一个数变大了吗? 我不但能把正整数变小,还能把负整数变大."

数 8 又说:"一个人只有两样本领,还不能算本领高强.你还有什么本事?"

小数点晃了晃脑袋说:"我还有一样看家本领没拿出来呢,你来看!"小数点说罢一跺脚,一个小数点立刻变成为两个.正巧数 4 进宫向零国王禀报公事.小数点喊了声:"来得好!"其中一个小数点站到了数 4 的前面,另一个小数点飞身跳到了数 4 的头顶上,只见数 4 已变成"0",这时一种奇怪的现象发生了,数 4 就像着了魔一样,一个变两,两个变四个,整整齐齐地排成一队,"0".变成了 0.444…一直排到王宫外面向无穷远伸展开去.

不一会儿,小数点离开了,数 4 又恢复了原样.

数 8 向零国王说:"国王陛下,从小数点刚才施展的招数,臣已看出我王国中只有一位高手不怕小数点的法术,可以捉拿小数点."

零国王向前探着身子忙问:"这位高手是谁?"

数 8 回答:"就是国王陛下您."

零国王惊奇地问:"我? 我为什么不怕小数点的法术?"

数 8 说:"小数点站到正整数前面,会把正整数变小;小数点站到负整数里,会把负整数变大.但是,唯独站在您这个既非正整数又非负整数的零前面,不会发生变化.因为 0.0 仍然等于零呀!"

零国王一指自己的脑袋说:"小数点如果跳到我头顶上怎么办?"

数 6 说:"那也无妨,因为 0.0 = 0.000…结果仍然等于零,您还是您自己,毫无损伤.小数点只对于您是不起作用的.如果您能亲手捉他,准能成功."

小数点在一旁听到零国王能降伏自己,十分害怕,没等数 8 把话说完,"哧溜"就从王座底下钻跑了.

乘出圆周率来

圆周率 π 的值是一个无限不循环小数,它的前面九位数字是 $\pi = 3.141\ 592\ 65\cdots$.

下面的等式表明,可以通过将一些有趣的数相乘,得出圆周率来:

　　1.099 999×1.199 999×1.399 999 31×1.699 999 61＝3.141 591 657 3.

等号前面的每一个因数,不考虑小数点,都是左右对称的.而在等号右边得到的,恰好是圆周率的一个很好的近似值.

十、小数的四则运算

(一)小数的加法和减法

1. 小数加、减法的意义

小数加、减法的意义与整数加、减法的意义相同.

2. 小数加、减法的计算法则

小数相加、减,先把各数的小数点对齐(也就是把相同数位上的数对齐),再按照整数加、减法的法则进行计算,最后在得数里点上小数点,使它与各数的小数点对齐.

例如:

$$\begin{array}{r} 34.67 \\ +\ \ 3.97 \\ \hline 38.64 \end{array} \qquad \begin{array}{r} 195.4 \\ -\ 146.88 \\ \hline 48.52 \end{array}$$

难点疑点解析

加、减法中的数位对齐是什么意思

小数加、减法的计算方法和整数加、减法的计算方法一样,都是把相同数位上的数分别相加、减.但在计算整数加、减法时,相同数位上的数对齐表现为末位(个位)对齐,因为整数每个数的末位都是个位.计算整数加、减法时把末位对齐,其他各位上的数都上下对齐,数位也就对齐了.在计算小数加、减法时,小数的末位不一定是一个数位,所以要把小数点对齐,其他各位上的数也都上下对齐.因此,在计算不同位数的小数加、减法时,不要把末位对齐,而应把小数点对齐.

(二)小数的乘法和除法

1. 小数乘法的意义

(1)小数乘整数的意义

小数乘整数的意义与整数乘法的意义相同,就是求几个相同小数的和的简便运算.

例如:0.6×5表示求5个0.6是多少.

(2)一个数乘小数的意义

一个数乘小数表示求这个数的十分之几(或者百分之几、千分之几……)是多少.

例如:13.5×0.5表示求13.5的十分之五是多少.

2. 小数乘法笔算的计算法则

小数乘法计算时,先按整数乘法的法则算出积,再看因数中一共有几位小数,就从积的最右边起向左依次数出几位,点上小数点.当积的小数位数不够时,要在前面补0占位,再点上小数点.当积的末尾有0时,点上小数点后,可以把小数部分末尾的0去掉.

例如:计算4.56×78.9＝359.784.

(竖式略)

难点疑点解析

小数乘法与小数加、减法有何不同?

在进行小数加、减法时,强调了小数点对齐,这样才能保证相同数位对齐,再进行计算,计算结果的小数点要与横线上的小数点对齐.在用竖式计算小数乘法时,要把因数的末位对齐,计算之后再确定积中小数点的位置.当乘积末尾有 0 时,要切记先点上积的小数点,再去掉小数部分末尾的 0.

小数乘法中积的小数位数怎么确定?

计算小数乘法,按照整数乘法的法则计算,乘完以后,看各个因数一共有几位小数,积也要有几位小数.例如:0.2×0.3,按整数乘法先乘得 6,两个因数中一共有两位小数,点小数点时,要用 0 补足,积是 0.06,如果得 0.6 只是一位小数就错了.

3. 小数除法的意义

小数除法的意义与整数除法的意义相同.就是已知两个因数的积与其中的一个因数,求另一个因数的计算.

4. 小数除法笔算的计算法则

(1)除数是整数的小数除法的计算方法

按照整数除法的法则去除,商的小数点要和被除数的小数点对齐,如果除到被除数的末位仍有余数,就在余数后面添 0,继续除.

(2)除数是小数的小数除法的计算方法

先移动除数的小数点使它变成整数,再把被除数的小数点向右移动相同的位数(位数不够时用 0 补足),最后按除数是整数的除法进行计算.这种方法的依据是商不变的性质,即除数和被除数同时扩大相同的倍数,商不变.

(三)整数、分数、小数四则混合运算

1. 整数、分数、小数四则混合运算的顺序

分数、小数四则混合运算的顺序与整数四则混合运算的顺序完全相同,整数四则混合运算的运算定律对分数、小数同样适用.

2. 整数、分数、小数四则混合运算的计算方法

计算时,先要从题的整体出发,根据具体情况,决定把分数化成小数,或者把小数化成分数,或者用小数直接与分数约分,怎样简便就怎样算.

一般地,分数、小数的加减混合运算,通常把分数化为小数计算,但当题目中分数不能都化成有限小数时,则把小数化为分数计算;分数、小数乘除混合运算,可以直接按分数乘除混合运算进行,当除数是小数时,通常把它化成分数可使计算简便.

例如:计算 $\dfrac{8}{25} \div 0.4 + 0.6$.

方法 1:

$$\dfrac{8}{25} \div 0.4 + 0.6$$
$$= 0.32 \div 0.4 + 0.6$$
$$= 1.4.$$

方法 2:

$$\dfrac{8}{25} \div 0.4 + 0.6$$

$$= \frac{8}{25} \div \frac{2}{5} + \frac{3}{5}$$

$$= \frac{8}{25} \times \frac{5}{2} + \frac{3}{5}$$

$$= \frac{4}{5} + \frac{3}{5}$$

$$= \frac{7}{5}.$$

【注意】

1)计算时被除数的小数点移动的位数一定要和除数相同.不是把二者的小数点都去掉。

2)计算除不尽时,一般根据要求取近似值,先除到比需要保留的小数位数多一位,再按四舍五入法求近似值.

 习题演练

1. 选择题.

(1) a 除 1.2 的商是 1.2,a 应该是(   ).

　　A. 1　　　　　　B. 1.2　　　　　　C. 1.44　　　　　　D. 1.4

(2)甲数是 8.4,比乙数的 4 倍少 0.8,乙数是(   ).

　　A. (8.4+0.8)÷4　　B. 8.4×4−0.8　　C. 8.4÷4−0.8　　D. 8.4×4+0.8

(3)计算(1.25×7÷0.25+3)÷2+0.36×3=(   ).

　　A. 19.48　　　　　　B. 20.08　　　　　　C. 20.12　　　　　　D. 21.02

(4)计算 7−0.5×14+0.83 时,应先算(   ).

　　A. 7−0.5　　　　　　B. 0.5×14　　　　　　C. 14+0.83

(5)2.5×0.2÷2.5×0.2=(   ).

　　A. 0　　　　　　　B. 1　　　　　　　C. 0.04

(6)一瓶油连瓶重 2.7 千克,倒出一半后,连瓶重 1.45 千克,瓶里原来有(   )千克油.

　　A. 2.3　　　　　　B. 2.5　　　　　　C. 2.6

(7)3.12 加上 4.4 的和乘 2.5 的积的正确列式是(   ).

　　A. 3.12+4.4×2.5　　B. (3.12+4.4)×2.5　　C. 3.12+2.5×4.4

2. 填空题.

(1)10.2 除以 1.3 与 0.4 的和,商是_____;3.8 比一个数的 1.5 倍多 1.1,这个数是_____.

(2)我国习惯用℃(摄氏温度)作温度的单位,而有些国家习惯用℉(华氏温度)作温度的单位,它们之间的换算方法是:华氏温度减去 32,再乘以 5,再除以 9,就是摄氏温度的数值.已知人体的正常体温是 37℃,用华氏温度则表示为____℉.

(3)4.5 除以 4.5 与它的倒数相乘的积,商是_____.

(4)(7.88+6.77+5.66)×(9.31+10.98+10)−(7.88+6.77+5.66+10)×(9.31+

10.98)＝_____.

(5)一个带小数的整数部分与小数部分的值相差 88.11,整数部分的值恰好是小数部分的 100 倍,这个数是_____.

(6)将 2.72－1.53＝1.19,4.01＋1.19＝5.2,78÷5.2＝15 这组算式并成综合算式是_____.

(7)按要求先除,再加,最后乘给算式 0.8×1.2＋12.9÷3 添上括号后是_____.

(8) $0.\dot{3}÷0.\dot{8}＋0.2＝$_____.(结果写成分数形式)

(9)一个数与自己相加、相减、相除,其和、差、商相加的和是 8.6,那么这个数是_____.

3. 计算题(用递等式计算,能简算的请简算).

(1)46.3－10.4＋3.7－9.6.

(2)18×7.9＋0.18×210.

(3) $\dfrac{8}{17}÷23＋\dfrac{1}{23}×\dfrac{9}{17}$.

(4)1 236＋450÷18×15.

(5) $(\dfrac{1}{2}＋\dfrac{1}{3})÷\dfrac{5}{12}－\dfrac{17}{18}$.

(6) $36÷[\dfrac{5}{6}＋(\dfrac{5}{8}－\dfrac{1}{3})]$.

(7)4.75－9.63＋(8.25－1.37).

(8)17.48×37－174.8×2.7.

一百只羊

牧羊人甲赶着一群羊,准备到青草茂盛的地方去放牧.乙牵着一只肥羊跟在他后面,和他开玩笑说:"你的羊有一百只吗?"甲说:"有一百只,不过先要往我这群羊里添进同样多的一群,还要添进半群和四分之一群,再把你的这一只也搭进去,才能凑满一百."这群羊究竟有多少只呢?

如果不加进乙的一只肥羊,那么总数只有 99 只,并且这时的总数等于羊群原来只数的四分之十一(原来只数的一倍、加上添进去的一倍,再加原来只数的二分之一和四分之一倍),所以这群羊的只数是:

$$(100－1)÷(1＋1＋1÷2＋1÷4)$$

$$＝99÷(1＋1＋\dfrac{1}{2}＋\dfrac{1}{4})＝36.$$

即这群羊共有 36 只.

上面这道题目出自中国古代数学书《算法统宗》.原题是用诗的形式编写的,原诗生动有趣,现抄录如下.

甲赶群羊逐草茂,

乙拽肥羊一只随其后,

戏问甲及一百否？
甲云所说无差谬，
若得这般一群凑，
再添半群小半群，
得你一只来方凑，
玄机奥妙谁参透？

2.3 百分数

一大群雁在飞，一只雁碰上它们，叫道："你们好，一百只雁！"带头的雁回答说："不，我们不是一百只雁！如果我们再增加百分之百，再增加百分之五十，再增加百分之二十五，最后再加上你才够一百只，你说我们有多少只？"

一、百分数

1. 百分数的意义

表示一个数是另一个数的百分之几的数，叫作百分数．这里应该指出，对于什么是百分数有两种不同的解释：一种是"分母为 100 的分数叫作百分数"；另一种是"表示一个数是另一个数的百分之几的数叫作百分数"．前者是从百分数的形式上说的，后者是从百分数的实际应用方面说的．

【注意】因为百分数只表示两个数相比的关系，不表示一个数的值，所以分母是 100 的分数不一定是百分数，因此这种说法不对．

百分数之所以重要，就是因为它的应用很广泛，而它的应用特点就在于用它来表示两个数的比．所以，百分数也叫百分率或百分比．百分数的单位是 1%．

在生产、工作和生活中，进行调查统计、分析、比较时，经常要用到百分数．

例如：1）六年级三好学生人数占总人数的 20%；

2）一种产品的产量今年比去年增长 15%；

3）一批产品经检验合格率为 98%．

难点疑点解析

百分数后面可以带计量单位吗?

百分数是分数的一种特殊情况,它表示两个同类量之间相比的关系,不表示一个确定的量,所以百分数后面不能带计量单位.如"商店有 50%吨面粉"的说法是错误的.

2. 百分数的写法

(1)百分号

百分数通常不写成分数形式,而用分子加百分号"%"来表示,写百分号时,两个圆圈要写得小一些,以免和数字混淆.

(2)百分数的写法

先写分子,再写百分号.例如:百分之七十八写作 78%,百分之一百二十点五写作 120.5%.

3. 百分数的读法

百分数的读法与分数的读法相同,先读分母,再读分子.一个百分数,百分号"%"前面的数是几,我们就把这个百分数读作百分之几.

例如:3%读作百分之三;

21%读作百分之二十一;

138%读作百分之一百三十八;

89.5%读作百分之八十九点五;

200%读作百分之二百.

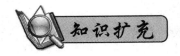

千分数

表示一个数是另一个数的千分之几的数,叫千分数.千分数又称为千分率.

写一个千分数,要用到千分号"‰".例如:某市人口出生率为 7‰,死亡率为 5‰;某银行存款的月利率是 2.775‰.

万分数

表示一个数是另一个数的万分之几的数,叫万分数;万分数又称为万分率.

写一个万分数,可以用万分号"‱".例如:万分之二可写作 2‱.

万分数常常用在国家制定的一些质量标准上.例如:某类报纸的差错率不超过 2‱.

4. 百分数与分数的区别

百分数与分母是 100 的分数是有区别的.分母是 100 的分数有两种情况:

1)当某个分数后面带上计量单位时,表示一个具体量,如长为 $\dfrac{13}{100}$ 米;

2)当某个分数后面不带计量单位时,表示两个数(量)的倍比关系,例如宽是长的 $\dfrac{13}{100}$.

百分数只能是上述的后一种情况,即表示一个数(量)是另一个数(量)的百分之几的数,或表示一个数(量)与另一个数(量)的比(比率).它的后面不能带计量单位.

二、百分数与小数、分数的互化

1. 百分数与小数的互化

(1)小数化成百分数

把小数化成百分数,只要把小数点向右移动两位(位数不够时,用"0"补足),同时在后面添上百分号即可. 例如:$0.15=15\%$,$0.8=80\%$.

小数化成百分数的其他方法

1)转化法:先把小数化成分母是 100 的分数,再把分数改写成百分数. 例如:$0.75=\dfrac{75}{100}=75\%$,$0.03=\dfrac{3}{100}=3\%$,$2=\dfrac{200}{100}=200\%$.

2)相乘法:只要把小数乘 100%,就可以得到百分数. 例如:$0.34=0.34\times100\%=34\%$,$1=1\times100\%=100\%$.

(2)百分数化成小数

把百分数化成小数,只要把百分号去掉,同时小数点向左移动两位(位数不够的用 0 补足). 例如:$12\%=0.12$,$130\%=1.3$,$0.4\%=0.004$.

2. 百分数与分数的互化

(1)分数化成百分数

通常先把分数化成小数(遇到除不尽的,通常要保留三位小数),再把小数化成百分数. 例如:$\dfrac{1}{4}=0.25=25\%$,$\dfrac{1}{3}\approx0.333=33.3\%$.

还可以先把分数化成分母是 100 的分数,然后再去掉分母,在分子后面添上百分号. 例如:$\dfrac{8}{5}=\dfrac{160}{100}=160\%$,$\dfrac{3}{4}=\dfrac{75}{100}=75\%$.

(2)百分数化成分数

把百分数改写成分数,能约分的要约成最简分数. 例如:$60\%=\dfrac{60}{100}=\dfrac{3}{5}$,$2.5\%=\dfrac{2.5}{100}=\dfrac{1}{40}$.

把百分数化成分数,如果分子部分是小数,先把百分数的分子、分母同时扩大相应的倍数,使分子变成整数,然后约成最简分数. 例如:$2.5\%=\dfrac{2.5}{100}=\dfrac{25}{1\,000}=\dfrac{1}{40}$,$16.2\%=\dfrac{16.2}{100}=\dfrac{162}{1\,000}=\dfrac{81}{500}$.

三、税率和利率

1. 税率

(1)纳税

纳税是根据国家税法的有关规定,按照一定的比率(百分数)把集体或个人收入的一部分缴纳给国家.

(2)税收

税收是国家财政收入的主要来源之一,它取之于民、用之于民. 因此,根据国家规定依法纳税,是集体和个人的义务.

税收主要分为消费税、增值税、营业税和个人所得税等几类.

(3)应纳税额与税率

缴纳的税款叫应纳税额. 根据纳税种类的不同,应纳税额的计算方法也不同. 应纳税额与各种收入(销售额、营业额……)的比率叫税率.

例如:光明酒店七月份的营业额为 400 万元,如果按营业额的 5% 缴纳营业税,这个酒店七月份应缴纳营业税为 $400 \times 5\% = 20$(万元).

2. 利率

(1)储蓄

人们常把暂时不用的钱存入银行储蓄起来,这样既可支援国家建设,也方便个人更安全和有计划地理财,还可以增加一些收入.

(2)本金、利息及利率

存款分为整存整取和零存整取等多种方式.

存入银行的钱叫作本金,取款时银行多付的钱叫作利息. 利息与本金的比值叫作利率. 利率常用百分数来表示. 国家规定从 2007 年 8 月 15 日起存款的利息要按 5% 的税率纳税,但在这之前存款的利息要按 20% 的税率纳税. 2008 年 10 月 9 日以后存款不收利息税. 国债的利息不纳税.

利率随着国家经济市场的调节而波动. 例如,2011 年 7 月 7 日中国人民银行公布的整存整取一年期的年利率是 3.50%,二年期的年利率是 4.40%,三年期的年利率是 5.00%(利息的计算公式是:利息=本金×利率×时间).

四、成数

我国传统算术中,以"成"表示十分之一,如"三成"就表示十分之三,七成五就表示十分之七点五. 因此,成数就是十分数,几成就是十分之几.

成数与百分数的关系非常密切,根据分数的基本性质,很容易把成数化成百分数. 如"三成"即 30%,"九成五"即 95%.

资料链接

成数的应用

农业收成经常用"成数"来表示. 例如,报纸上写道:"去年我县油菜子比前年增产二成……"

现在"成数"已经广泛应用于表达各行各业的发展变化情况.

例如,进口车总量增加三成;北京出游人数比去年增加五成;调整饮食可减少三成癌症发生率等.

五、折扣

商品按原定的价格扣除百分之几出售叫作折扣.

折扣是商业用语,打折扣表示按成数低价出售商品.几折表示十分之几,化成百分数就是百分之几十.

例如,一种商品打"八五折"出售,就是按原价的 85％ 出售;一种商品以原价的 90％ 出售,就称为"打九折"出售.

回顾【情境再现】中的问题,这是一道典型的百分数问题,可以按下面方法来解.

设原来雁数是 100％,后来陆续增加了 100％,50％,25％和 1 只.

总共的百分数是

$$100\％＋100\％＋50\％＋25\％＝275\％.$$

也就是说,原来大雁只数的 275％ 是 100－1＝99 只.原来的雁数为

$$99 \div 275\％ = 99 \div \frac{275}{100} = 99 \div \frac{11}{4} = 99 \times \frac{4}{11} = 36 （只）.$$

所以,原来有 36 只雁.

1. 选择.

(1)某校男生人数比女生多 20％,那么女生比男生少(   ).

     A. $\frac{1}{6}$ B. $\frac{1}{5}$ C. $\frac{1}{4}$ D. $\frac{1}{3}$

(2)当 a 是一个大于 0 的数时,下面各式的计算结果最大的是(   ).

     A. $a \times 90\％$ B. $a \div 90\％$ C. $a \div 99\％$ D. $a \times 99\％$

(3)50 千克比(   )千克少 20％,(   )千克比 50 千克少 20％.

     A. 60   B. 40   C. 62.5   D. 45

(4)一堆煤,用了 40％,剩下的占用去的(   ).

     A. 40％   B. 60％   C. 150％   D. 66.7％

2. 填空.

(1)一批水果卖了 76％,还剩_____.

(2)_____比 8 多 50％,120 比_____少 25％.

(3)4 比(   )少 20％,(   )吨比 8 吨多 25％.

(4)从甲桶油取出 20％ 倒入乙桶,则甲、乙两桶油重量相等,原乙相当于甲的____％.

(5)甲数是 20,乙数是 50,甲数比乙数少_____％.

(6)甲数的 $\dfrac{5}{12}$ 等于乙数的 50%,甲数是乙数的 _____%,甲数比乙数多 $\dfrac{(\quad)}{(\quad)}$,乙数比甲数少 $\dfrac{(\quad)}{(\quad)}$.

(7)一种盐水中,盐比水少 8/9,这种盐水的含盐率是 _____%.

(8)一台电视机打七五折出售,就是比原价便宜了 _____%.

(9)男生人数是女生人数的 2/3,女生人数比男生人数多 _____%.

3. 判断.

(1)因为 6 比 4 多 50%,所以 4 比 6 少 50%.(　　)

(2)如果乙数是甲数的 5 倍,那么甲数是乙数的 25%.(　　)

(3)一种产品的售价是 100 元,先提价 10% 后,再降价 10%,这时的售价是 99 元.(　　)

(4)有一件商品,先降价 10%,再提价 10%,现价和原价相等.(　　)

名题趣题赏析

慷慨的"慈善家"

有一位"慈善家"准备在新年到来之际施舍穷人,他决定给每个男人 1 美元,每个女人 40 美分(1 美元为 100 美分),在圣诞节正午 12 时他驾着直升机飞到一个贫困山村去施舍穷人.他为什么要选择这个时刻呢?原因是他知道在此时村庄里有 60% 的男人外出打猎,这样花费不多.已知该村庄的成年人口为 3 085,儿童忽略不计,女性比男性多.请问:这位慷慨的"慈善家"得花费多少美元?

这是一道美国的趣味数学题,据说出自一位著名数学教育家之手.这道题看上去条件不足,这是因为题目中没有告诉我们男人和女人的人数,使人感觉无从下手.

我们不妨用假设法来试试看,假设村庄里有 1 000 个男人,则村里有女人 2 085 个,根据题意,"慈善家"要施舍的钱数为 $1 \times 1\,000 \times (1-60\%) + 0.4 \times 2\,085 = 1\,234$(美元). 假设村里有 800 个男人,则女人有 2 285 个,依据题意,"慈善家"要施舍的钱数为 $1 \times 800 \times (1-60\%) + 0.4 \times 2\,285 = 1\,234$(美元). 假设村里有 600 个男人或其他人数的男人,其计算结果均为 1 234 美元.这确实很奇妙,其奥秘何在呢?

这里的奥妙就在于题目中的几个特定的数字,因为有 60% 的男人外出打猎,如果所有的男人平分在家的 40% 的男人得到的钱,则每个男人得到 40 美分,与每个女人得到的相同,所以不论有多少个男人,永远是平均每人得到 40 美分,共得到 $0.4 \times 3\,085 = 1\,234$(美元). 也就是说,"慈善家"的花费是个不变的数,这与他大方的承诺没有什么关系.

2.4 有理数的意义

1)GDP:计划继续保持 8% 的增长率.

GDP:预测为 36.18 万亿(按照 2009 年的 GDP×108% 所得).

财政计划总收入:73 930 亿(7.39 万亿).

财政计划总支出:84 530 亿.

财政计划赤字:10 600 亿.

CPI:居民消费价格涨幅计划控制在 3％左右.

按照:财政计划赤字/预测 GDP＝2.9％.

2)珠穆朗玛峰的海拔高度为 8 848 米,鲁番盆地的海拔高度为－155 米.

3)上海市前年人口自然增长率为＋0.054％,今年为－0.080％.

在上面这段文字中,出现了你所熟悉的哪几类数字? 你能将以前所学数字进行分类吗? 那么在实际生活中仅有正整数和正分数够用吗? 你还能举例说明吗?

一、正数和负数的意义

像＋12,1.3,＋$\frac{8}{9}$ 等大于 0 的数("＋"通常省略不写)叫正数.

像－5,－0.03,－$2\frac{5}{6}$ 等在正数前面加上"－"(读负号)的数叫负数,负数小于 0.

【注意】

1)0 既不是正数也不是负数,它是一个整数,它表示正数和负数的分界.

2)对于正数和负数的概念,不能简单理解为带"＋"的数是正数,带"－"的数是负数. 如 ＋0 是 0,－0 也是 0;当 $a<0$ 时,－a 就是正数.

把 －$\frac{1}{3}$,＋6,0,－0.03,9,－$\frac{25}{26}$,$4\frac{5}{6}$,－10,－0.233 1,－93,－0.14％填在相应的横线上.

正数有＿＿＿＿＿＿＿＿＿＿;整数有＿＿＿＿＿＿＿＿＿＿;

非负数有＿＿＿＿＿＿＿＿＿;负分数有＿＿＿＿＿＿＿＿＿;

负数有＿＿＿＿＿＿＿＿＿＿;

答案:略.

【注意】

1)有限小数或无限循环小数都可转化为分数,故这样的小数也叫分数,填分数时不要漏掉.

2)0 虽然既不是正数也不是负数,但它是整数.

3)正数是相对于负数而言的;整数是相对于分数而言的,正数包括正整数和正分数.

二、具有相反意义的量

正数和负数是根据实际需要而产生的,比如一些具有相反意义的量. 如收入 200 元与支出 200 元,上升 3 米与下降 4 米,零上 4 ℃与零下 2 ℃等,虽然它们意义相反,却表示着一定的数量,那么我们如何去表示它们呢?

我们把一种意义的量规定为正的(如收入 200 元规定为＋200 元),把另一种和它意义相反的量规定为负的(如支出 200 元规定为－200 元),于是就产生了正数和负数.

【注意】用正数和负数表示具有相反意义的量时,哪种意义的量规定为正,是可以任意选定的(如将上升 2 米规定为＋2 米或－2 米都可以),一旦选定一种意义的量为正,则另一种相反意义的量就只能为负.

三、有理数的分类

1. 有理数的定义

正整数、零、负整数统称整数,正分数和负分数统称分数,整数和分数统称有理数.

2. 有理数的分类

(1)按定义分类

(2)按正负分类

$$
\text{有理数}\begin{cases}
\text{正有理数}\begin{cases}\text{正整数}\\\text{正分数}\end{cases}\\
\text{零}\\
\text{负有理数}\begin{cases}\text{负整数}\\\text{负分数}\end{cases}
\end{cases}
$$

四、数轴

规定了原点、正方向和单位长度的直线叫作数轴.

1)利用数轴,我们可以表示任意一个有理数,还可以表示任意一个无理数,即数轴上的点和实数是一一对应的. 设 a 是一个正数,则数轴上表示数 a 的点在原点的右边,与原点的距离是 a 个单位长度;表示数 $-a$ 的点在原点的左边,与原点的距离是 a 个单位长度.

2)数轴是研究数学的重要模型,也是"数形结合"的重要体现.

例如:小虫从某点出发在一条直线上来回爬行,假定向右爬行的路程为正,向左爬行的路程为负,爬行的各段路程依次为(单位:毫米)$-60,+40,-82,+80,-16,+38$,小虫最后是否回到出发点?

解:利用数轴,具体略.

五、相反数

只有符号不同的两个数称为互为相反数,0 的相反数是 0.

1)在数轴上,互为相反数的两个数对应的点在原点的两侧,并且到原点的距离相等(几何意义).

2)数 a 的相反数是 $-a$.

3)a,b 互为相反数 $\Leftrightarrow a+b=0 \Leftrightarrow a=-b$.

【注意】

1)求一个数的相反数,只要在这个数的前面加上"$-$"即可. 若求一个代数式(含和、差形式)的相反数,就是把这个代数式作为一个整体用括号括起来,再在前面加一个"$-$",如 $a-b$ 的相反数是 $-(a-b)$,即 $-a+b$.

2)判断两个数是不是相反数,除用定义外,还可以看它们的和是否为零.

3)对于含有多层符号的有理数的化简规律:数一下数字前面有多少个负号,若有偶数个,则结果为正,若有奇数个,则结果为负.

六、绝对值

在数轴上,一个数 a 的绝对值表示数 a 的点到原点的距离,记作 $|a|$.

1)正数的绝对值是它本身,负数的绝对值是它的相反数,0 的绝对值是 0,即

$$|a| = \begin{cases} a, & a > 0, \\ 0, & a = 0, \\ -a, & a < 0. \end{cases}$$

2)绝对值是一个非负数,即 $|a| \geqslant 0$.

实例分析

例 1 -4 的绝对值是_____.

例 2 (1)阅读下面的材料.

点 A、B 在数轴上分别表示实数 a,b,A、B 两点之间的距离表示为 $|AB|$.

当 A、B 两点中有一点在原点时,不妨设点 A 在原点,如图(1)所以,$|AB| = |OB| = |b| = |a-b|$.

```
  O(A)   B            O  A  B        B  A  O        B  O  A
 ──┼─────┼──→       ──┼──┼──┼──→   ──┼──┼──┼──→   ──┼──┼──┼──→
   0(a)  b             0  a  b        b  a  0        b  0  a
    (1)                 (2)            (3)            (4)
```

当 A、B 两点都不在原点时:

1)如图(2)所示,点 A、B 都在原点的右边,

$|AB| = |OB| - |OA| = |b| - |a| = b-a = |a-b|$;

2)如图(3)所示,点 A、B 都在原点的左边,

$|AB| = |OB| - |OA| = |b| - |a| = -b-(-a) = |a-b|$;

3)如图(4)所示,点 A、B 在原点的两边,

$|AB| = |OA| + |OB| = |a| + |b| = a+(-b) = |a-b|$.

(2)回答下列问题:

①数轴上表示 2 和 5 的两点之间的距离是_____,数轴上表示 -2 和 -5 的两点之间的距离是_____,数轴上表示 1 和 -3 的两点之间的距离是_____;

②数轴上表示 x 和 -1 的两点 A 和 B 之间的距离 $|AB|=2$,那么 x 为___;

③当代数式 $|x+1|+|x-2|$ 取最小值时,相应的 x 的取值范围是___.

答案:①3　3　4　　　②$|x+1|$　　　③$-1\leqslant x\leqslant 2$.

例 3　已知 $|a|=8$,$|b|=2$,$|a-b|=b-a$,求 $a+b$ 的值.

解:因为 $|a|=8$,所以 $a=\pm 8$.

因为 $|b|=2$,所以 $b=\pm 2$.

因为 $|a-b|\geqslant 0$,所以 $|a-b|=b-a\geqslant 0$,所以 $b>a$.

在 $b\geqslant a$ 的限制下,当 $b=2$ 时,a 只能取 -8;当 $b=-2$ 时,a 只能取 -8,结果只有以下两种情况:

当 $a=-8$,$b=2$ 时,$a+b=-6$;

当 $a=-8$,$b=-2$ 时,$a+b=-10$.

例 4　已知 m 表示有理数,求 m 的绝对值.

解:当 $m>0$ 时,$|m|=m$;当 $m=0$ 时,$|m|=0$;当 $m<0$ 时,$|m|=-m$.

七、有理数大小的比较

有理数大小比较的常用以下方法.

1. 数轴表示法

将两数分别表示在数轴上,右边的点表示的数总比左边的点表示的数大.

2. 代数比较法

正数大于零;零大于负数;正数大于一切负数;两个负数,绝对值大的反而小.

3. 差值比较法

设 a,b 是两个任意数,则

$$a-b>0\Rightarrow a>b,$$
$$a-b=0\Rightarrow a=b,$$
$$a-b<0\Rightarrow a<b.$$

4. 商值比较法

设 a,b 是两个正数,则

$$\frac{a}{b}>1\Rightarrow a>b,$$
$$\frac{a}{b}=1\Rightarrow a=b,$$
$$\frac{a}{b}<1\Rightarrow a<b.$$

此外,还有倒数法、中间值比较法、平方法、换元法等.

实例分析

例 1　用数轴上的点表示下列各数,并比较这些数的大小.

$$-5,-1,-\frac{1}{2},1,2\frac{1}{2},0,3.5.$$

分析:先正确画出数轴,注意标明原点、正方向、单位长度,缺一不可,然后找出表示这些数的"点"的位置,最后比较大小.

解:略.

方法解析:把所有的数(包括 0)标出后,根据这些数在数轴上的点的位置,大小关系一目了然,只需用"<"或">"连接起来即可.

例 2　下列各项判断错误的是(　　　).

A. 若 $a>0$,$b<0$,则 $a-b>0$　　B. 若 $a>0$,$b>0$,则 $a-b>0$

C. 若 $a<0$,$b>0$,则 $a-b<0$　　D. 若 $a<0$,$b<0$,$|a|>|b|$,则 $a-b<0$

例 3　比较大小.

当实数 $a<0$ 时,$1+a$ ＿＿＿ $1-a$(填"<"或">").

八、绝对值的非负性质

正数和零统称非负数.绝对值的意义揭示了绝对值的一个重要性质,即非负性.即对于任何有理数 a,都有 $|a|\geqslant 0$,如 $\left|-\dfrac{1}{2}\right|=\dfrac{1}{2}$,$|0|=0$,$|0.09|=0.09$,故绝对值最小的数是 0.

非负数的重要性质:

1)非负数有最小值,是 0;

2)几个非负数之和等于 0,则每个非负数都等于 0,即若 $|a|+|b|=0$,则 $a=0$,$b=0$;

3)有限个非负数之和仍是非负数.

例如:已知 $(1-a)^2+(b-2)^2=0$,求 $a+b$ 的值.

解:由已知得

$$1-a=0 \text{ 且 } b-2=0,$$

即

$$a=1,b=2,$$

所以

$$a+b=1+2=3.$$

习题演练

1. 选择题.

(1)下面说法正确的有(　　　).

①π 的相反数是 -3.14;②符号相反的数互为相反数;③$-(-3.8)$ 的相反数是 3.8;④一个数和它的相反数不可能相等;⑤正数与负数互为相反数.

A.0 个　　　　　　B.1 个　　　　　　C.2 个　　　　　　D.3 个

(2)下列说法正确的是(　　　).

A. 整数就是正整数和负整数　　　　B. 负整数的相反数就是非负整数

C. 有理数中不是负数就是正数　　　　D. 零是自然数,但不是正整数

(3)在 -5,$-\dfrac{1}{10}$,-3.5,-0.01,-2,-212 各数中,最大的数是(　　　).

A. -12 B. $-\dfrac{1}{10}$ C. -0.01 D. -5

(4)比 -7.1 大,而比 1 小的整数的个数是(   ).

     A. 6   B. 7   C. 8   D. 9

(5)下列结论正确的有(   ).

①任何数都不等于它的相反数;②符号相反的数互为相反数;③表示互为相反数的两个数的点到原点的距离相等;④若有理数 a,b 互为相反数,那么 $a+b=0$;⑤若有理数 a,b 互为相反数,则它们一定异号.

     A. 2 个   B. 3 个   C. 4 个   D. 5 个

(6) -5 的绝对值是(   ).

     A. 5   B. -5 C. $\dfrac{1}{5}$ D. $-\dfrac{1}{5}$

(7)在 $-2,+3.5,0,-\dfrac{2}{3},-0.7,11$ 中.负分数有(   ).

     A. 1 个   B. 2 个   C. 3 个   D. 4 个

(8)下列结论中,正确的是(   ).

     A. 一个正数的绝对值一定是正数   B. 一个负数的绝对值一定是负数

     C. 任何数的绝对值都是正数   D. 任何数的绝对值都不是非负数

(9)下列各组数中,互为相反数的是(   ).

     A. 2 和 $\dfrac{1}{2}$ B. -2 和 $-\dfrac{1}{2}$ C. -2 和 $|-2|$ D. $-(-2)$ 和 $|-2|$

(10)下列各式中,等号不成立的是(   ).

     A. $|-2|=2$ B. $-|-2|=-|2|$ C. $-|-2|=2$ D. $|-2|=2$

(11)如果 $|a|=-a$,下列成立的是(   ).

     A. $a>0$ B. $a<0$ C. $a\geqslant0$ D. $a\leqslant0$

(12)如果 $|a|=a$,下列成立的是(   ).

     A. $a>0$ B. $a<0$ C. $a\geqslant0$ D. $a\leqslant0$

(13)下列说法不正确的是(   ).

     A. 正数的相反数是负数,负数的相反数是正数

     B. 符号不同的两个数互为相反数

     C. 两个数互为相反数,这两个数有可能相等

     D. 和原点距离相等的两个点所表示的数一定是互为相反数的数

2. 填空题.

(1)数 $+8.3,-4,-0.8,-\dfrac{1}{5},0,90,-\dfrac{34}{3},-|-24|$ 中,_____是正数,

_____不是整数.

(2) $+2$ 与 -2 是一对相反数,请赋予它实际的意义:_____.

(3) $-\dfrac{5}{3}$ 的倒数的绝对值是_____.

(4) $-|-1|$ 的相反数是_____,$-\left(-3\dfrac{1}{8}\right)$ 的倒数是_____.

（5）数轴上分别属于原点两侧且与原点的距离相等的两点间的距离为 5，那么这两个点表示的数为_____．

（6）黄山主峰一天早晨气温为 -1 ℃，中午上升了 8 ℃，夜间又下降了 10 ℃，那么这天夜间黄山主峰的气温是_____．

（7）用"$>$""$<$""$=$"号填空：

① -0.02 ＿＿ 1；

② $\dfrac{4}{5}$ ＿＿ $\dfrac{3}{4}$；

③ $-\left(-\dfrac{3}{4}\right)$ ＿＿ $-[+(-0.75)]$；

④ $-\dfrac{22}{7}$ ＿＿ -3.14；

⑤ $-\dfrac{8}{9}$ ＿＿ $-\dfrac{9}{10}$；

⑥ -0.618 ＿＿ $\dfrac{3}{5}$；

⑦ 0 ＿＿ $|-2|$；

⑧ $-1\dfrac{3}{4}$ ＿＿ $-1\dfrac{2}{3}$．

（9）绝对值大于 1 而小于 4 的整数有_____．

（10）如下图，一个点从数轴上的原点开始，先向右移动了 3 个单位长度，再向左移动 5 个单位长度，可以看到终点表示的数是 -2，已知点 A、B 是数轴上的点，完成下列各题．

①如果点 A 表示数 -3，将点 A 向右移动 7 个单位长度，那么终点 B 表示的数是_____，A、B 两点间的距离是_____．

②如果点 A 表示数 3，将点 A 向左移动 7 个单位长度，再向右移动 5 个单位长度，那么终点 B 表示的数是_____，A、B 两点间的距离是_____．

（11）$\dfrac{3}{4}$ 的相反数是_____；_____是 -5 的相反数；$-(-2)$ 是_____的相反数．

3. 解答题．

某一出租车一天下午以鼓楼为出发地在东西方向营运，向东为正，向西为负，行车里程（单位：km）依先后次序记录如下：$+9$，-3，-5，$+4$，-7，$+6$，-3，-6，-4，$+10$．

（1）将最后一名乘客送到目的地，出租车离鼓楼出发点多远？在鼓楼的什么方向？

（2）若每千米的价格为 2.4 元，司机一个下午的营业额是多少？

2.5　有理数的运算

学校附近小吃店一周中每天的盈亏情况如下（盈余为正）：128.3 元，-25.6 元，-15 元，-7 元，36.5 元，98 元，27 元，这一周总的盈亏情况如何？

 知识链接

一、有理数的加法及加法运算律

把两个有理数合成一个有理数的运算叫作有理数的加法.

1. 有理数加法法则

1)同号两数相加,取相同的符号,并把绝对值相加.

2)绝对值不等的异号两数相加,取绝对值较大的加数的符号,并用较大的绝对值减去较小的绝对值.

3)互为相反数的两个数相加得零.

4)一个数与零相加,仍得这个数.

2. 加法运算律

1)加法交换律:两个数相加,交换加数的位置,和不变,即 $a+b=b+a$.

2)加法结合律:三个数相加,先把前两个数相加,或者先把后两个数相加,和不变,即 $(a+b)+c=a+(b+c)$.

【注意】加法法则和运算律的巧记方法可简单概括为:同号相加号不变,异号相加先变减,符号由绝对值大的加数的符号来决定;加法本有运算律,交换、结合和不变.

实例分析

例　计算:(1) $2\frac{1}{3}+6\frac{3}{5}+(-2\frac{1}{3})+(-5\frac{2}{5})$;

(2) $4\frac{5}{12}+(-3\frac{3}{22})+(-2\frac{5}{12})+(-3.15)+(+1\frac{3}{22})$.

解　(1)原式$=[2\frac{1}{3}+(-2\frac{1}{3})]+[6\frac{3}{5}+(-5\frac{2}{5})]=0+1\frac{1}{5}=1\frac{1}{5}$;

(2)原式$=[4\frac{5}{12}+(-2\frac{5}{12})]+[(-3\frac{3}{22})+(+1\frac{3}{22})]+(-3.15)$

$=2+(-2)+(-3.15)=0+(-3.15)=-3.15$.

【说明】

1)正数和负数分别结合相加.

2)互为相反数结合相加.

3)分母相同或有倍数关系的分数结合相加.

4)带分数拆开相加.

5)小数与分数混合的,要根据情况将小数化为分数或将分数化为小数后再相加.

二、有理数的减法

有理数的减法法则:减去一个数,等于加上这个数的相反数,即把有理数的减法利用数的相反数变成加法进行计算. 可表示为

$$\underset{\text{变为相反数}}{\overset{\text{变减为加}}{a-b=a+(-b)}}$$

例1 计算:(1) $\left(+\frac{1}{5}\right)-\left(+\frac{1}{3}\right)-\left(-\frac{1}{10}\right)$;(2) $\left(-\frac{1}{2}\right)-\left(-\frac{1}{3}\right)-\left(-\frac{1}{4}\right)-\left(-\frac{1}{6}\right)$.

解:(1)原式 $=\left(+\frac{1}{5}\right)+\left(-\frac{1}{3}\right)+\frac{1}{10}=\left(\frac{1}{5}+\frac{1}{10}\right)+\left(-\frac{1}{3}\right)=\frac{3}{10}+\left(-\frac{1}{3}\right)=-\frac{1}{30}$;

(2)原式 $=-\frac{1}{2}+\frac{1}{3}+\frac{1}{4}+\frac{1}{6}=\left(-\frac{1}{2}+\frac{1}{4}\right)+\left(\frac{1}{3}+\frac{1}{6}\right)=-\frac{1}{4}+\frac{1}{2}=\frac{1}{4}$.

例2 计算:(1)10+(+8)-(-6)-(+4);(2)(-40)-(+27)+19-24-(-32).

解:(1)原式 $=10+8+6-4=20$;

(2)原式 $=(-40)-(+27)+19-24+(+32)=-40-27+19-24+32$

$\qquad =-40+(-27+19)+(-24+32)=-40-8+8=-40$.

【注意】有理数的加减混合运算,要先将加减法统一成加法,再写成省略加号的和的形式,然后运用加法法则和运算律进行运算,还要注意运算律的运用.

在【情境再现】中的问题,我们可以将正数表示盈利,负数表示亏损,这些数的代数和就是总的盈亏情况,如果代数和为正,则总的情况盈利,否则亏损.

解:128.3-25.6-15-7+36.5+98+27

$\qquad =(128.3+36.5+98+27)+(-25.6-15-7)$

$\qquad =289.8-47.6=242.2$.

所以,一周总的盈亏情况是盈利 242.2 元.

用有理数加减运算来计算盈亏情况是生活中常见的一类问题,这类问题的解法是通过求代数和,再判断代数和的正、负来确定盈亏情况的应用问题.

三、有理数的乘法

1. 有理数乘法法则

1)两数相乘,同号得正,异号得负,并把绝对值相乘.

2)任何数与零相乘,都得零.

2. 有理数乘法法则的推广

1)几个不等于零的数相乘,积的符号由负因数的个数决定,当负因数有奇数个时,积为负,当负因数有偶数个时,积为正.

2)几个数相乘,有一个因数为零,积就为零.

3. 有理数乘法运算律

1)乘法交换律:两个数相乘,交换因数的位置,积不变,即 $ab=ba$.

2)乘法结合律:三个数相乘,先把前两个数相乘,或者先把后两个数相乘,积不变,即 $(ab)c=a(bc)$.

3)乘法分配律:一个数与两个数的和相乘等于把这个数分别与这两个数相乘,再把积相加,即 $a(b+c)=ab+ac$.

巧记方法可简单概括为:

1)同号得正,异号得负,0 作因数积为 0;

2)负号若奇积为负,负号若偶积为正;

3)乘法也有运算律,交换、结合、分配律.

　实例分析

例　计算:$(1)(-\frac{5}{12})\times\frac{4}{15}\times(-1.5)\times(-1\frac{1}{3})$;$(2)9\frac{18}{19}\times15$;

$(3)(-45.75)\times2\frac{5}{9}+(-35.25)\times(-2\frac{5}{9})+10.5\times(-7\frac{4}{9})$.

解:(1)原式$=-\frac{5}{12}\times\frac{4}{15}\times\frac{3}{2}\times\frac{4}{3}=-\frac{2}{9}$;

(2)方法 1　原式$=(9+\frac{18}{19})\times15=9\times15+\frac{18}{19}\times15=135+\frac{270}{19}=149\frac{4}{19}$,

方法 2　原式$=(10-\frac{1}{19})\times15=10\times15-\frac{1}{19}\times15=150-\frac{15}{19}=149\frac{4}{19}$;

(3)原式$=-45.75\times2\frac{5}{9}+35.25\times2\frac{5}{9}-10.5\times7\frac{4}{9}$

$\qquad=2\frac{5}{9}\times(-45.75+35.25)-10.5\times7\frac{4}{9}=2\frac{5}{9}\times(-10.5)-10.5\times7\frac{4}{9}$

$\qquad=10.5\times(-2\frac{5}{9}-7\frac{4}{9})=10.5\times(-10)=-105.$

【注意】首先根据有理数乘法法则,确定积的符号,然后按前段时间学过的乘法运算进行计算. 若遇到能用运算律简化运算的,要尽可能运用运算律,如(2)题若直接相乘很烦琐,根据它的特点,利用分解思想把第一个因数拆成两项,然后用分配律计算,且拆开时也有技巧,方法 2 明显比方法 1 简单;(3)题则是逆用乘法分配律简化计算,解题过程中注意体会.

四、有理数的除法

1. 倒数

乘积是 1 的两个数互为倒数. 巧记为"分子分母颠倒位置",如 $-\frac{45}{46}$ 的倒数为 $-\frac{46}{45}$.

一般地,$a\cdot\frac{1}{a}=1(a\neq0)$,即若 a 是不等于 0 的有理数,则 a 的倒数为 $\frac{1}{a}$.

除以一个数等于乘这个数的倒数,即有理数的除法可转化为有理数的乘法进行运算.

【注意】零不能作除数;巧记方法"除法化乘法,倒数是关键";若是带分数,则要化为假分

数,再求倒数.

2. 有理数除法法则

两数相除,同号得正,异号得负,并把绝对值相除;零除以任何一个不等于零的数都得零.

例 计算:$(1)(-28\frac{7}{8})÷7$;$(2)15÷(\frac{1}{5}-\frac{1}{3})$.

解:(1)原式$=(-28-\frac{7}{8})÷7=(-28-\frac{7}{8})×\frac{1}{7}=-28×\frac{1}{7}-\frac{7}{8}×\frac{1}{7}=-4-\frac{1}{8}=-4\frac{1}{8}$;

(2)原式$=15÷(\frac{3}{15}-\frac{5}{15})=15÷(-\frac{2}{15})=-15×\frac{15}{2}=-112\frac{1}{2}$.

【注意】

1)有理数除法通常要先变成乘法,再利用乘法法则运算.

2)在含有小数或带分数的运算中,通常要先化成真分数或假分数.

3)将除法转化成乘法后,就可利用乘法运算律简化运算.

4)对于本题第(2)小题,切勿变成$15÷\frac{1}{5}-15÷\frac{1}{3}$.

五、有理数的乘方

1. 乘方的概念

求几个相同因数的积的运算叫作乘方,乘方的结果叫作幂,在a^n中,a叫作底数,n叫作指数,一个数可以看成这个数本身的一次方.

2. 乘方的符号法则

正数的任何次幂都是正数;负数的奇数次幂是负数,负数的偶数次幂是正数;0的任何非零次幂都是0.

【注意】0的0次幂无意义.

例 计算:$(1)-3^2÷(-3)^2$;$(2)(-2)^{2010}+(-2)^{2011}$;$(3)-2^3×(-3)^2$.

解:(1)原式$=-9÷9=-1$;

(2)原式$=(-2)^{2010}+(-2)^{2010}×(-2)=(-2)^{2010}×(1-2)=-2^{2010}$;

(3)原式$=-8×9=-72$.

【注意】

1)-3^2与$(-3)^2$的区别,$-3^2=-9$,而$(-3)^2=9$.

2)要灵活运用乘方的意义及逆用乘法对加法的分配律,如第(2)题.

3)进行有理数的乘方运算时,一般分两个步骤:①根据有理数乘方的意义和符号规律确定幂的符号;②计算幂的绝对值.

六、有理数的混合运算顺序

1）先算乘方，再算乘除，最后算加减.

2）同级运算，按照从左至右的顺序进行.

3）如果有括号，就先算小括号里的，再算中括号里的，然后算大括号里的，在进行有理数的运算时，要分两步走，即先确定符号，再求值.

 **实例分析**

例　计算：$-0.5^2+(-\frac{1}{2})^2-|-2^2-4|-(-1\frac{1}{2})^3\times(\frac{1}{3})^3\div(-\frac{1}{2})^4$.

解：原式$=-\frac{1}{4}+\frac{1}{4}-8-(-\frac{3}{2}\times\frac{1}{3})^3\div\frac{1}{16}=-8-(-\frac{1}{8})\times16=-8-(-2)=-6$.

【注意】本题应注意-0.5^2与$(-\frac{1}{2})^2$的不同与联系及运算顺序.

七、科学记数法

1）把一个数记成$a\times10^n$的形式，其中$1\leqslant|a|<10$.

2）当原数的绝对值大于或等于 1 时，n 等于原数的整数位数减 1.

3）当原数的绝对值大于 0 而小于 1 时，n 是负数，n 的绝对值等于原数左边第一个非零数前面所有零的个数，而 a 为原数的有效数字的首位后加小数点.

八、近似数与有效数字

1）近似数：接近准确数而不等于准确数的数叫作这个数的近似数，也叫近似值.

2）精确度：近似数与准确数接近的程度叫作精确度.

3）有效数字：一个近似数，四舍五入到哪一位，就说这个近似数精确到哪一位，这时从左边第一个不是 0 的数字起到精确到的数位止，所有的数字都叫作这个数的有效数字，例如近似数 0.031 40 精确到十万分位，也说成精确到 0.000 01，有四个有效数字，分别是 3，1，4，0.

近似数的精确度有两种形式：

1）精确到哪一位；

2）保留几个有效数字.

 **实例分析**

例　(1)把 12 500 取两个有效数字的近似数用科学记数法表示为＿＿＿＿＿＿.

(2)用四舍五入法取下列各数的近似值：

①0.403 0（精确到百分位）；　　②82 600（保留两个有效数字）；

③0.028 66（精确到 0.000 1）；　④73.53（保留两个有效数字）.

答案：(1)1.3×10^4.　　(2)①0.40；②$8.3\times10^4$；③0.028 7；④74.

1. 判断题.

(1)两数相加和一定大于任一加数.( )

(2)两个相反数相减得零.( )

(3)两个数相加和小于任一加数,那么这两个数一定都是负数.( )

(4)两数差小于被减数.( )

(5)两数和大于一个加数小于另一加数,则两数异号.( )

(6)零减去一个数仍得这个数.( )

2. 填空题.

(1)某一河段的警戒水位为 50.2 米,最高水位为 55.4 米,平均水位为 43.5 米,最低水位为 28.3 米,如果取警戒水位作为 0 点,则最高水位为_____,平均水位为_____,最低水位为_____.(高于警戒水位取正数)

(2)一个加数是 6,和是 -9,另一个加数是_____.

(3)从 -1 中减去 $-\frac{3}{4}$,$-\frac{2}{3}$ 与 $-\frac{1}{2}$ 的和,列式为_____,所得的差是_____.

(4)如果两个有理数的积是正的,那么这两个因数的符号一定_____.

(5)偶数个负数相乘,结果的符号是_____.

(6)如果 $\frac{4}{a}>0$,$\frac{1}{b}>0$,那么 $\frac{a}{b}$ _____ 0.

(7)如果 $5a>0$,$0.3b<0$,$0.7c<0$,那么 abc _____ 0.

(8)-0.125 的相反数的倒数是_____.

(9)若 $a>0$,则 $\frac{|a|}{a}=$ _____;若 $a<0$,则 $\frac{|a|}{a}=$ _____.

(10)有理数的运算顺序是先算_____,再算_____,最算_____;如果有括号,那么先算_____.

3. 选择题.

(1)如果两个有理数在数轴上的对应点在原点的同侧,那么这两个有理数的积( ).

    A. 一定为正　　　　B. 一定为负　　　C. 为零　　　D. 可能为正,也可能为负

(2)若干个不等于 0 的有理数相乘,积的符号( ).

    A. 由因数的个数决定　　　　　　　　B. 由正因数的个数决定

    C. 由负因数的个数决定　　　　　　　D. 由负因数和正因数个数的差为决定

(3)下列运算结果为负值的是( ).

    A.$(-7)\times(-6)$　　　　　　　　B.$(-6)+(-4)$

    C.$0\times(-2)(-3)$　　　　　　　D.$(-7)-(-15)$

(4)下列运算错误的是( ).

    A.$(-2)\times(-3)=6$　　　　　　B.$\left(-\frac{1}{2}\right)\times(-6)=-3$

    C.$(-5)\times(-2)\times(-4)=-40$　　　D.$(-3)\times(-2)\times(-4)=-24$

(5)若两个有理数的和与它们的积都是正数,则这两个数(　　).

    A. 都是正数　　　　B. 是符号相同的非零数

    C. 都是负数　　　　D. 都是非负数

(6)下列运算结果不一定为负数的是(　　).

    A. 异号两数相乘　　　　　　B. 异号两数相除

    C. 异号两数相加　　　　　　D. 奇数个负因数的乘积

(7)下列运算错误的是(　　).

    A. $\frac{1}{3} \div (-3) = 3 \times (-3)$　　　　B. $(-5) \div \left(-\frac{1}{2}\right) = -5 \times (-2)$

    C. $8 - (-2) = 8 + 2$　　　　D. $2 - 7 = (+2) + (-7)$

(8)下列运算正确的是(　　).

    A. $\left(-3\frac{1}{2}\right) - \left(-\frac{1}{2}\right) = 4$　　　　B. $0 - 2 = -2$

    C. $\frac{3}{4} \times \left(-\frac{4}{3}\right) = 1$　　　　D. $(-2) \div (-4) = 2$

(9)计算 $(-2 \times 5)^3 = ($　　$)$.

    A. 1 000　　　　　B. $-1\,000$　　　　C. 30　　　　D. -30

(10)计算 $-2 \times 3^2 - (-2 \times 3^2) = ($　　　　$)$.

    A. 0　　　　　B. -54　　　　C. -72　　　　D. -18

4. 计算题.

(1)$-30 - (+8) - (+6) - (-17)$.

(2)$|-15| - (-2) - (-5)$.

(3)$-0.6 + 1.8 - 5.4 + 4.2$.

(4)$-\frac{6}{11} - \frac{7}{9} + \frac{4}{9} - \frac{5}{11}$.

(5)$-0.8 - (-0.08) - (-0.8) - (-0.92) - (-9)$.

(6)$-|-0.25 + \frac{3}{4} - (-0.125) + (-0.75)|$.

(7)$(3 - 6 - 7) - (-12 - 6 + 5 - 7)$.

(8)$(-2.5) + \left(+\frac{5}{6}\right) + \left(-\frac{1}{2}\right) + \left(+\frac{7}{6}\right)$.

(9)$6 - 9 - 9 - [4 - 8 - (7 - 8) - 5]$.

(10)$|(-\frac{1}{2}) + (-\frac{5}{8})| \cdot |(-\frac{3}{4}) + \frac{7}{8}|$.

(11)$\left(-\frac{3}{4}\right) \times 8$.

(12)$\left(-2\frac{1}{3}\right) \times (-6)$.

(13)$(-7.6) \times 0.5$.

(14)$\left(-3\frac{1}{2}\right) \times \left(-2\frac{1}{3}\right)$.

(15) $8 \times \left(-\dfrac{3}{4}\right) \times (-4) - 2.$

(16) $8 - \dfrac{3}{4} \times (-4) \times (-2).$

(17) $8 \times \left(-\dfrac{3}{4}\right) \times (-4) \times (-2).$

(18) $\left(-1\dfrac{1}{2}\right) \times \left(-1\dfrac{1}{3}\right) \times \left(-1\dfrac{1}{4}\right) \times \left(-1\dfrac{1}{5}\right) - \left(-1\dfrac{1}{6}\right) \times \left(-1\dfrac{1}{7}\right).$

(19) $375 \div \left(-\dfrac{2}{3}\right) \div \left(-\dfrac{3}{2}\right).$

(20) $\left(-13\dfrac{1}{3}\right) \div (-5) + \left(-6\dfrac{2}{3}\right) \div (-5).$

(21) $-1 \div \left(-\dfrac{1}{8}\right) - 3 \div \left(-\dfrac{1}{2}\right).$

(22) $-81 \div \dfrac{1}{3} - \dfrac{1}{3} \div \left(-\dfrac{1}{9}\right) - (-3)^2 \times 2.$

(23) $\dfrac{1}{2} + \left(-\dfrac{2}{3}\right) + \dfrac{4}{5} + \left(-\dfrac{1}{2}\right) + \left(-\dfrac{1}{3}\right).$

(24) $(-1.5) + 4\dfrac{1}{4} + 2.75 + \left(-5\dfrac{1}{2}\right).$

(25) $-8 \times (-5) - 63.$

(26) $4 - 5 \times \left(-\dfrac{1}{2}\right)^3.$

(27) $\left(-\dfrac{2}{5}\right) + \left(-\dfrac{5}{6}\right) - (-4.9) - 0.6.$

(28) $(-10)^2 \div 5 \times \left(-\dfrac{2}{5}\right).$

(29) $(-5)^3 \times \left(-\dfrac{3}{5}\right)^2.$

2.6　应用题

情境再现

　　孩子在学习自编应用题时,常常因为对应用题的结构理解、掌握较差,表现出一些诸如编题时出现的"不会提出问题","直接说出答案"之类的问题. 例如,萱萱"森林里有 2 只小鸡,又跑来了 1 只,森林里一共有 3 只小鸡."毛毛"妈妈给了我 1 颗糖,爸爸又给了我 2 颗糖."慧慧"小明上午吃了 8 个苹果,下午又吃了 2 个苹果,他一共吃了几个苹果?"

知识链接

　　应用题就是指用语言或文字叙述的,具有已知数和未知数间数量关系事实的题目.

应用题的结构:包括事实和数量两个方面.具体地说,叙述一件事,明确两个已知数,提出一个问题.

应用题分为简单应用题和复杂应用题两种.简单应用题里只有一次运算,而复杂应用题有几次运算,复杂应用题又可分为一般应用题与典型应用题.没有特定的解答规律的两步以上运算的应用题,叫作一般应用题.题目中有特殊的数量关系,可以用特定的步骤和方法来解答的应用题,叫作典型应用题.

简单的口头加减运算应用题的类型如下.

1)求两部分数量合并在一起,一共是多少.如:慧慧有 2 个苹果,佳佳有 4 个苹果,他们一共有多少个苹果?

2)求在原有数量上,又增加一些数量,一共是多少.如:鱼缸里原来有 5 条金鱼,爸爸又买了 3 条,鱼缸里一共有多少条金鱼?

3)某个号码或顺序号再加上几个号,然后求号数和顺序号要用加法.如:小朋友们赛跑,小明的名次排在第四,小坤比他落后 3 名,小坤排在第几名?

4)求还剩多少.如:小张原来有 9 块巧克力,吃了 2 块,还剩下几块?

5)求拿走了多少.如:水果篮里共有 7 个水果(橘子和苹果),小青拿走了所有的橘子,还剩下 3 个苹果,小青拿走了多少个橘子?

6)求多多少.如:小红有 36 支水彩笔,小强有 12 支水彩笔,小红比小强多多少支水彩笔?

7)求少多少.如:小勇有 8 本漫画书,小东有 4 本漫画书,小东比小勇少多少本漫画书?

8)求增加多少.如:小军原来有 5 辆汽车模型,爸爸又给他买了一些汽车模型,现在小军有 10 辆汽车模型,小军增加了多少辆汽车模型?

小学数学中的典型应用题类型有:

1)归一问题;

2)归总问题;

3)和差问题;

4)和倍问题;

5)差倍问题;

6)倍比问题;

7)相遇问题;

8)追击问题;

9)植树问题;

10)年龄问题;

11)行船问题;

12)列车问题;

13)时钟问题;

14)盈亏问题;

15)工程问题;

16)正反比例问题;

17)按比例分配问题;

18)百分数问题;

19)"牛吃草"问题;

20)鸡兔同笼问题;

21)方阵问题;

22)商品利润问题;

23)存款利率问题;

24)溶液浓度问题;

25)构图布数问题;

26)幻方问题;

27)抽屉原则问题;

28)公约公倍问题;

29)最值问题;

30)列方程问题;

 实例分析

1. 归一问题

在解题时,先求出一份是多少(即单一量),然后以单一量为标准,求出所要求的数量. 这类应用题叫作归一问题.

总量÷份数=1份数量

1份数量×所占份数=所求几份的数量

另一总量÷(总量÷份数)=所求份数

先求出单一量,以单一量为标准,求出所要求的数量.

例 1 买 5 支铅笔要 1 元钱,买同样的铅笔 20 支,需要多少钱?

解 (1)买 1 支铅笔多少钱:1÷5=0.2(元).

(2)买 20 支铅笔需要多少钱:0.2×20=4(元).

列成综合算式:1÷5×20=4(元).

答:需要 4 元.

2. 归总问题

解题时,常常先找出"总数量",然后再根据其他条件算出所求的问题,叫归总问题. 所谓"总数量",是指货物的总价、几小时(几天)的总工作量、几亩地上的总产量、几小时行的总路程等.

1份数量×份数=总量

总量÷1份数量=份数

总量÷另一份数=另一每份数量

先求出总数量,再根据题意得出所求的数量.

例 2 食堂运来一批蔬菜,原计划每天吃 50 千克,30 天慢慢消费完这批蔬菜. 后来根据大家的意见,每天比原计划多吃 10 千克,这批蔬菜可以吃多少天?

解 (1)这批蔬菜共有多少千克:50×30=1 500(千克).

(2)这批蔬菜可以吃多少天：　　1 500÷(50＋10)＝25(天).

列成综合算式:50×30÷(50＋10)＝25(天).

答:这批蔬菜可以吃 25 天.

3. 和差问题

已知两个数量的和与差,求这两个数量各是多少,这类应用题叫和差问题.

　　　大数＝(和＋差)÷2

　　　小数＝(和－差)÷2

简单的题目可以直接套用公式,复杂的题目变通后再用公式.

例 3　甲、乙两班共有学生 86 人,甲班比乙班多 4 人,求两班各有多少人?

解　甲班人数＝(86＋4)÷2＝45(人);

乙班人数＝(86－4)÷2＝41(人).

答:甲班有 45 人,乙班有 41 人.

4. 和倍问题

已知两个数的和及大数是小数的几倍(或小数是大数的几分之几),要求这两个数各是多少,这类应用题叫作和倍问题.

　　　总和÷(几倍＋1)＝较小的数

　　　总和－较小的数＝较大的数

　　　较小的数×几倍＝较大的数

简单的题目直接利用公式,复杂的题目变通后利用公式.

例 4　果园里有苹果树和杏树共 248 棵,苹果树的棵数是杏树的 3 倍,求苹果树、杏树各有多少棵?

解　苹果树的棵数＝248÷(3＋1)＝62(棵);

杏树的棵数＝62×3＝186(棵).

答:苹果树有 62 棵,杏树有 186 棵.

5. 差倍问题

已知两个数的差及大数是小数的几倍(或小数是大数的几分之几),要求这两个数各是多少,这类应用题叫作差倍问题.

　　　两个数的差÷(几倍－1)＝较小的数

　　　较小的数×几倍＝较大的数

简单的题目直接利用公式,复杂的题目变通后利用公式.

例 5　爸爸比儿子大 27 岁,今年爸爸的年龄是儿子年龄的 4 倍,求父子二人今年各是多少岁?

解　儿子年龄＝27÷(4－1)＝9(岁);

爸爸年龄＝9×4＝36(岁).

答:父子二人今年的年龄分别是 36 岁和 9 岁.

6. 倍比问题

有两个已知的同类量,其中一个量是另一个量的若干倍,解题时先求出这个倍数,再用倍比的方法算出要求的数,这类应用题叫作倍比问题.

　　　总量÷一个数量＝倍数

另一个数量×倍数＝另一总量

先求出倍数,再用倍比关系求出要求的数.

例 6 100 千克大豆可以榨出豆油 40 千克,现有大豆 4 800 千克,可以榨出豆油多少千克?

解 (1)4 800 千克是 100 千克的多少倍: 4 800÷100＝48(倍).

(2)可以榨出豆油多少千克:40×48＝1 920(千克).

列成综合算式:40×(4 800÷100)＝1 920(千克).

答:可以榨出豆油 1 920 千克.

7. 相遇问题

两个运动的物体同时由两地出发相向而行,在途中相遇,这类应用题叫作相遇问题.

相遇时间＝总路程÷(甲速＋乙速)

总路程＝(甲速＋乙速)×相遇时间

简单的题目可直接利用公式,复杂的题目变通后再利用公式.

例 7 北京到牡丹江的公路长 1 620 千米,同时从两地各开出一辆汽车相对而行,从北京开出的汽车每小时行进 100 千米,从牡丹江开出的汽车每小时行进 80 千米,经过几小时两车相遇?

解 1 620÷(100＋80)＝9(小时).

答:经过 9 小时两车相遇.

8. 追击问题

两个运动物体在不同地点同时出发(或者在同一地点而不是同时出发,或者在不同地点又不是同时出发)作同向运动,在后面的行进速度要快些,在前面的行进速度较慢些,在一定时间之内,后面的追上前面的物体,这类应用题就叫作追击问题.

追击时间＝追击路程÷(快速－慢速)

追击路程＝(快速－慢速)×追击时间

简单的题目直接利用公式,复杂的题目变通后利用公式.

例 8 小明和小亮在 200 米环形跑道上跑步,小明跑一圈用 40 秒,他们从同一地点同时出发,同向而跑.小明第一次追上小亮时跑了 500 米,求小亮的速度是每秒多少米?

解 小明第一次追上小亮时比小亮多跑了一圈,即 200 米,此时小亮跑了(500－200)米,要知小亮的速度,需知追击时间,即小明跑 500 米所用的时间.又知小明跑 200 米用 40 秒,则跑 500 米用[40×(500÷200)]秒,所以小亮的速度是

(500－200)÷[40×(500÷200)]＝3(米).

答:小亮的速度是每秒 3 米.

9. 植树问题

按相等的距离植树,在距离、棵距、棵数这三个量之间,已知其中的两个量,要求第三个量,这类应用题叫作植树问题.

线形植树棵数＝距离÷棵距＋1

环形植树棵数＝距离÷棵距

方形植树棵数＝距离÷棵距－4

三角形植树棵数＝距离÷棵距－3

面积植树棵数＝面积÷(棵距×行距)

先弄清楚植树问题的类型,然后可以利用公式.

例 9 一条河堤长 124 米,每隔 2 米栽一棵垂柳,头尾都栽,一共要栽多少棵垂柳?

解 124÷2＋1＝63(棵).

答:一共要栽 63 棵垂柳.

10. 年龄问题

这类问题是根据题目的内容而得名,它的主要特点是两人的年龄差不变,但是两人年龄之间的倍数关系随着年龄的增长在发生变化.

年龄问题往往与和差、和倍、差倍问题有着密切联系,尤其与差倍问题的解题思路是一致的,要紧紧抓住"年龄差不变"这个特点.

可以利用"差倍问题"的解题思路和方法.

例 10 母亲今年 37 岁,女儿今年 7 岁,几年后母亲的年龄是女儿的 4 倍?

解 (1)母亲比女儿的年龄大多少岁:37－7＝30(岁).

(2)几年后母亲的年龄是女儿的 4 倍:30÷(4－1)－7＝3(年).

列成综合算式:(37－7)÷(4－1)－7＝3(年).

答:3 年后母亲的年龄是女儿的 4 倍.

11. 行船问题

行船问题也就是与航行有关的问题.解答这类问题要弄清船速与水速,船速是船只本身航行的速度,也就是船只在静水中航行的速度;水速是水流的速度.船只顺水航行的速度是船速与水速之和,船只逆水航行的速度是船速与水速之差.

(顺水速度＋逆水速度)÷2＝船速

(顺水速度－逆水速度)÷2＝水速

顺水速＝船速×2－逆水速＝逆水速＋水速×2

逆水速＝船速×2－顺水速＝顺水速－水速×2

大多数情况可以直接利用数量关系的公式.

例 11 一只船顺水行 320 千米需要 8 小时,水流速度为每小时 15 千米,这只船逆水行这段路程需用几小时?

解 由已知条件得,顺水速＝船速＋水速＝320÷8,而水速为每小时 15 千米,所以船速为每小时 320÷8－15＝25(千米);

船的逆水速为 25－15＝10(千米);

船逆水行这段路程的时间为 320÷10＝32(小时).

答:这只船逆水行这段路程需用 32 小时.

12. 列车问题

这是与列车行驶有关的一些问题,解答时要注意列车车身的长度.

火车过桥:过桥时间＝(车长＋桥长)÷车速

火车追击:追击时间＝(甲车长＋乙车长＋距离)÷(甲车速－乙车速)

火车相遇:相遇时间＝(甲车长＋乙车长＋距离)÷(甲车速＋乙车速)

大多数情况可以直接利用数量关系的公式.

例 12 一座大桥长 2 400 米,一列火车以每分钟 900 米的速度通过大桥,从车头开上桥到车尾离开桥共需要 3 分钟. 这列火车长多少米？

解　火车 3 分钟所行的路程，就是桥长与火车车身长度的和.

(1) 火车 3 分钟行多少米：$900 \times 3 = 2\ 700$（米）.

(2) 这列火车长多少米：$2\ 700 - 2\ 400 = 300$（米）.

列成综合算式：$900 \times 3 - 2\ 400 = 300$（米）.

答：这列火车长 300 米.

13. 时钟问题

时钟问题就是研究钟面上时针与分针关系的问题，如两针重合、两针垂直、两针成一线、两针夹角为 60° 等. 时钟问题可与追击问题相类比.

分针的速度是时针的 12 倍，二者的速度差为 $\dfrac{11}{12}$.

通常按追击问题来对待，也可以按差倍问题来计算.

变通为"追击问题"后可以直接利用公式.

例 13　六点与七点之间什么时候时针与分针重合？

解　六点整的时候，分针在时针后 (5×6) 格，分针要与时针重合，就得追上时针. 这实际上是一个追击问题，则

$$(5 \times 6) \div (1 - \frac{1}{12}) \approx 33（分）.$$

答：6 点 33 分的时候分针与时针重合.

14. 盈亏问题

根据一定的人数，分配一定的物品，在两次分配中，一次有余（盈），一次不足（亏），或两次都有余，或两次都不足，求人数或物品数，这类应用题叫作盈亏问题.

一般地说，在两次分配中，如果一次盈、一次亏，则有

　　参加分配总人数 =（盈 + 亏）÷ 分配差

如果两次都盈或都亏，则有

　　参加分配总人数 =（大盈 - 小盈）÷ 分配差

　　参加分配总人数 =（大亏 - 小亏）÷ 分配差

大多数情况可以直接利用数量关系的公式.

例 14　给幼儿园小朋友分苹果，若每人分 3 个就余 11 个，若每人分 4 个就少 1 个. 问有多少小朋友？有多少个苹果？

解　按照"参加分配的总人数 =（盈 + 亏）÷ 分配差"的数量关系计算：

(1) 有小朋友多少人：$(11 + 1) \div (4 - 3) = 12$（人）.

(2) 有多少个苹果：$3 \times 12 + 11 = 47$（个）.

答：有小朋友 12 人，有 47 个苹果.

15. 工程问题

工程问题主要研究工作量、工作效率和工作时间三者之间的关系. 这类问题在已知条件中，常常不给出工作量的具体数量，只提出"一项工程""一块土地""一条水渠""一件工作"等，在解题时常常用单位"1"表示工作总量.

解答工程问题的关键是把工作总量看作"1"，这样工作效率就是工作时间的倒数（它表

示单位时间内完成工作总量的几分之几),进而就可以根据工作量、工作效率、工作时间三者之间的关系列出算式.

工作量＝工作效率×工程时间

工作时间＝工作量÷工作效率

工作时间＝总工作量÷(甲工作效率＋乙工作效率)

变通后可以利用上述数量关系的公式.

例 15 一项工程,甲队单独做需要 10 天完成,乙队单独做需要 15 天完成,现在两队合做,需要几天完成?

解 题中的"一项工程"是工作总量,由于没有给出这项工程的具体数量,因此把此项工程看作单位"1". 由于甲队单独做需要 10 天完成,那么每天完成这项工程的 $\frac{1}{10}$;乙队单独做需要 15 天完成,每天完成这项工程的 $\frac{1}{15}$;两队合做,每天可以完成这项工程的 $(\frac{1}{10}+\frac{1}{15})$.

由此可以列出算式: $1 \div (\frac{1}{10}+\frac{1}{15})=6$(天).

答:两队合做需要 6 天完成.

16. 正反比例问题

两种相关联的量,一种量变化,另一种量也随着变化,如果这两种量中相对应的两个数的比的比值一定(即商一定),那么这两种量就叫作成正比例的量,它们的关系叫作正比例关系. 正比例应用题是正比例意义和解比例等知识的综合运用.

两种相关联的量,一种量变化,另一种量也随着变化,如果这两种量中相对应的两个数的积一定,这两种量就叫作成反比例的量,它们的关系叫作反比例关系. 反比例应用题是反比例意义和解比例等知识的综合运用.

判定正比例或反比例关系是解这类应用题的关键. 许多典型应用题都可以转化为正反比例问题去解决,而且比较简捷.

解决这类问题的重要方法是把分率(倍数)转化为比,应用比和比例的性质去解应用题. 正反比例问题与前面讲过的倍比问题基本类似.

例 16 修一条公路,已修的是未修的 $\frac{1}{3}$,再修 300 米后,已修的变成未修的 $\frac{1}{2}$,求这条公路总长是多少米?

解 由已知条件可知,公路总长不变.

原已修长度 总长度＝1∶(1＋3)＝1∶4＝3∶12.

现已修长度 总长度＝1∶(1＋2)＝1∶8＝4∶12.

比较以上两式可知,把总长度当作 12 份,则 300 米相当于(4－3)份,从而知公路总长为 $300 \div (4-3) \times 12 = 3\ 600$(米)

答:这条公路总长 3 600 米.

17. 按比例分配问题

所谓按比例分配,就是把一个数按照一定的比分成若干份. 这类题的已知条件一般有两种形式:一是用比或连比的形式反映各部分占总数量的份数,另一种是直接给出份数.

从条件看,已知总量和几个部分量的比;从问题看,求几个部分量各是多少. 总份数＝

比的前后项之和.

先把各部分量的比转化为各占总量的几分之几,把比的前后项相加求出总份数,再求各部分占总量的几分之几(以总份数作分母,比的前后项分别作分子),再按照求一个数的几分之几是多少的计算方法,分别求出各部分量的值.

例 17   从前有个牧民,临死前留下遗言,要把 17 只羊分给三个儿子,大儿子分总数的 $\frac{1}{2}$,二儿子分总数的 $\frac{1}{3}$,三儿子分总数的 $\frac{1}{9}$,并规定不许把羊宰割分,求三个儿子各分多少只羊?

解   如果用总数乘以分率的方法解答,显然得不到符合题意的整数解.如果按比例分配的方法,则很容易得到:

$$\frac{1}{2} : \frac{1}{3} : \frac{1}{9} = 9 : 6 : 2;$$

$$9 + 6 + 2 = 17;$$

$$17 \times \frac{9}{17} = 9, 17 \times \frac{6}{17} = 6, 17 \times \frac{2}{17} = 2.$$

答:大儿子分得 9 只羊,二儿子分得 6 只羊,三儿子分得 2 只羊.

18. 百分数问题

百分数是表示一个数是另一个数的百分之几的数.百分数是一种特殊的分数.分数常常可以通分、约分,而百分数则无须;分数既可以表示"率",也可以表示"量",而百分数只能表示"率";分数的分子、分母必须是自然数,而百分数的分子可以是小数;百分数有一个专门的记号"%".在实际中常用到"百分点"这个概念,一个百分点就是 1%,两个百分点就是 2%.

掌握"百分数""标准量""比较量"三者之间的数量关系:

> 百分数=比较量÷标准量
>
> 标准量=比较量÷百分数

一般有三种基本类型:

1)求一个数是另一个数的百分之几;

2)已知一个数,求它的百分之几是多少;

3)已知一个数的百分之几是多少,求这个数.

例 18   仓库里有一批化肥,用去 720 千克,剩下 6 480 千克,用去的与剩下的各占原重量的百分之几?

解   (1)用去的占比 $720 \div (720 + 6\ 480) = 10\%$.

(2)剩下的占比 $6\ 480 \div (720 + 6\ 480) = 90\%$.

答:用去了 10%,剩下 90%.

百分数又叫百分率,百分率在工农业生产中应用很广泛,常见的百分率有:

> 增长率=增长数÷原来基数×100%
>
> 合格率=合格产品数÷产品总数×100%
>
> 出勤率=实际出勤人数÷应出勤人数×100%
>
> 出勤率=实际出勤天数÷应出勤天数×100%
>
> 缺席率=缺席人数÷实有总人数×100%

发芽率＝发芽种子数÷试验种子总数×100％

成活率＝成活棵数÷种植总棵数×100％

出粉率＝面粉重量÷小麦重量×100％

出油率＝油的重量÷油料重量×100％

废品率＝废品数量÷全部产品数量×100％

命中率＝命中次数÷总次数×100％

烘干率＝烘干后重量÷烘前重量×100％

及格率＝及格人数÷参加考试人数×100％

19.“牛吃草”问题

“牛吃草”问题时大科学家牛顿提出的问题,也叫“牛顿问题”.这类问题的特点在于要考虑草边吃边长这个因素.

草总量＝原有草量＋草每天生长量×天数

解这类题的关键是求出草每天的生长量.

例 19　一块草地,10 头牛 20 天可以把草吃完,15 头牛 10 天可以把草吃完.问多少头牛 5 天可以把草吃完?

解　草是均匀生长的,所以草总量＝原有草量＋草每天生长量×天数.求“多少头牛 5 天可以把草吃完”,就是说 5 天内的草总量要 5 天吃完的话,得有多少头牛?设每头牛每天吃草量为 1,按以下步骤解答.

(1)求草每天的生长量.因为一方面 20 天内的草总量就是 10 头牛 20 天所吃的草,即 (1×10×20);另一方面 20 天内的草总量又等于原有草量加上 20 天内的生长量,所以

$$1×10×20＝原有草量＋20 天内生长量$$

$$1×15×10＝原有草量＋10 天内生长量$$

由此可知(20－10)天内草的生长量为

$$1×10×20－1×15×10＝50$$

因此,草每天的生长量为 50÷(20－10)＝5.

(2)求原有草量:原有草量＝10 天内总草量－10 天内生长量＝1×15×10－5×10＝100.

(3)求 5 天内草总量:5 天内草总量＝原有草量＋5 天内生长量＝100＋5×5＝125.

(4)求多少头牛 5 天吃完草.因为每头牛每天吃草量为 1,所以每头牛 5 天吃草量为 5.因此 5 天吃完草需要牛的头数 125÷5＝25(头).

答:需要 25 头牛 5 天可以把草吃完.

20. 鸡兔同笼问题

这是古典的算术问题.已知笼子里鸡、兔共有多少只和多少只脚,求鸡、兔各有多少只的问题,叫作第一鸡兔同笼问题.已知鸡兔的总数和鸡脚与兔脚的差,求鸡、兔各有多少只的问题叫作第二鸡兔同笼问题.

第一鸡兔同笼问题

假设全都是鸡,则有

兔数＝(实际脚数－2×鸡兔总数)÷(4－2)

假设全都是兔,则有

鸡数＝(4×鸡兔总数－实际脚数)÷(4－2)

第二鸡兔同笼问题

假设全都是鸡,则有

兔数＝(2×鸡兔总数－鸡与兔脚之差)÷(4＋2)

假设全都是兔,则有

鸡数＝(4×鸡兔总数＋鸡与兔脚之差)÷(4＋2)

解答此类题目一般都用假设法,可以先假设都是鸡,也可以假设都是兔．如果先假设都是鸡,然后以兔换鸡;如果先假设都是兔,然后以鸡换兔．这类问题也叫置换问题．通过先假设,再置换,使问题得到解决．

例 20   (第一鸡兔同笼问题)长毛兔子芦花鸡,鸡兔圈在一笼里．数数头有三十五,脚数共有九十四．请你仔细算一算,有多少兔子、多少鸡?

解　假设 35 只全为兔,则

鸡数＝(4×35－94)÷(4－2)＝23(只)

兔数＝35－23＝12(只)

也可以先假设 35 只全为鸡,则

兔数＝(94－2×35)÷(4－2)＝12(只)

鸡数＝35－12＝23(只)

答:有鸡 23 只,有兔 12 只．

例 21   (第二鸡兔同笼问题)鸡兔共有 100 只,鸡的脚比兔的脚多 80 只,问鸡与兔各多少只?

解　假设 100 只全都是鸡,则有

兔数＝(2×100－80)÷(4＋2)＝20(只)

鸡数＝100－20＝80(只)

答:有鸡 80 只,有兔 20 只．

21. 方阵问题

将若干人或物依一定条件排成正方形(简称方阵),根据已知条件求总人数或总物数,这类问题就叫作方阵问题．

1)方阵每边人数与四周人数的关系:

四周人数＝(每边人数－1)×4

每边人数＝四周人数÷4＋1

2)方阵总人数的求法．

实心方阵:总人数＝每边人数×每边人数

空心方阵:总人数＝(外边人数×外边人数)－(内边人数×内边人数)

内边人数＝外边人数－层数×2

3)若将空心方阵分成四个相等的矩形计算,则

总人数＝(每边人数－层数)×层数×4

方阵问题有实心与空心两种．实心方阵的求法是以每边的数自乘;空心方阵的变化较多,其解答方法应根据具体情况确定．

例 22   有一队学生,排成一个中空方阵,最外层人数是 52 人,最内层人数是 28 层,这

队学生共多少人?

解 (1)中空方阵外层每边人数＝52÷4＋1＝14(人).

(2)中空方阵内层每边人数＝28÷4－1＝6(人).

(3)中空方阵的总人数＝14×14－6×6＝160(人).

答:这队学生共 160 人.

22. 商品利润问题

这是一种在生产经营中经常遇到的问题,包括成本、利润、利润率和亏损、亏损率等方面的问题.

利润＝售价－进货价

利润率＝(售价－进货价)÷进货价×100％

售价＝进货价×(1＋利润率)

亏损＝进货价－售价

亏损率＝(进货价－售价)÷进货价×100％

简单的题目可以直接利用公式,复杂的题目变通后再利用公式.

例 23 某服装店因搬迁,店内商品八折销售.苗苗买了一件衣服用去 52 元,已知衣服原来按期望盈利 30％定价,那么该店是亏本还是盈利? 亏(盈)率是多少?

解 要知是亏还是盈,得知实际售价 52 元比成本少多少或多多少元,进而需知成本.因为 52 元是原价的 80％,所以原价为(52÷80％)元;又因为原价是按期望盈利 30％定的,所以成本为

52÷80％÷(1＋30％)＝50(元).

可以看出该店是盈利的,盈利率为(52－50)÷50＝4％.

答:该店是盈利的,盈利率是 4％.

23. 存款利率问题

把钱存入银行是有一定利息的,利息的多少与本金、利率、存期这三个因素有关.利率一般有年利率和月利率两种.年利率是指存期一年本金所生利息占本金的百分数;月利率是指存期一月所生利息占本金的百分数.

年(月)利率＝利息÷本金÷存款年(月)×100％

利息＝本金×存款年(月)数×年(月)利率

本利和＝本金＋利息＝本金×[1＋年(月)利率×存款年(月)数]

简单的题目可直接利用公式,复杂的题目变通后再利用公式.

例 24 小强存入银行 1 200 元,月利率 0.8％,到期后连本带利共取出 1 488 元,求存款期多长?

解 因为存款期内的总利息是(1 488－1 200)元,所以总利率为(1 488－1 200)÷1 200,又因为已知月利率,所以存款月数为(1 488－1 200)÷1 200÷0.8％＝30(月).

答:小强的存款期是 30 月即两年半.

24. 溶液浓度问题

在生产和生活中,我们经常会遇到溶液浓度问题.这类问题研究的主要是溶剂(水或其他液体)、溶质、溶液、浓度这几个量的关系.例如,水是一种溶剂,被溶解的东西叫溶质,溶解后的混合物叫溶液.溶质的量在溶液的量中所占的百分数叫浓度,也叫百分比浓度.

　　　　溶液＝溶剂＋溶质

　　　　浓度＝溶质÷溶液×100%

简单的题目可直接利用公式,复杂的题目变通后再利用公式.

例 25 要把 30% 的糖水与 15% 的糖水混合,配成 25% 的糖水 600 克,需要 30% 和 15% 的糖水各多少克?

　　解 假设全用 30% 的糖水溶液,那么含糖量就会多出

　　　　600×(30%－25%)＝30(克)

这是因为 30% 的糖水多用了. 于是,我们设想在保证总质量 600 克不变的情况下,用 15% 的溶液"换掉"一部分 30% 的溶液. 这样,每"换掉"100 克,就会减少糖 100×(30%－15%)＝15(克),所以需要"换掉"30% 的溶液(即"换上"15% 的溶液)

　　　　100×(30÷15)＝200(克)

答:需要 15% 的糖水溶液 200 克,需要 30% 的糖水 400 克.

　25. 构图布数问题

这是一种数学游戏,也是现实生活中常用的数学问题. 所谓"构图",就是设计出一种图形;所谓"布数",就是把一定的数字填入图中. "构图布数"问题的关键是要符合所给的条件.

根据不同题目的要求而定. 通常多从三角形、正方形、圆形和五角星等图形方面考虑. 按照题意来构图布数,以符合题目所给的条件.

例 26 十棵树苗,要栽五行,每行四棵,请你想想怎么栽?

　　解 符合题目要求的图形应是一个五角星.

　　　　4×5÷2＝10

因为五角星的 5 条边交叉重复,应减去一半.

　26. 幻方问题

把 $n×n$ 个自然数排在正方形的格子中,使各行、各列以及对角线上的各数之和都相等,这样的图叫作幻方. 最简单的幻方是三级幻方.

每行、每列、每条对角线上各数的和都相等,这个"和"叫作"幻和".

　　　　三级幻方的幻和＝45÷3＝15

　　　　五级幻方的幻和＝325÷5＝65

首先要确定每行、每列以及每条对角线上各数的和(即幻和),其次是确定正中间方格的数,最后再确定其他方格中的数.

例 27 把 1,2,3,4,5,6,7,8,9 这九个数填入九个方格中,使每行、每列、每条对角线上三个数的和相等.

　　解 幻和的 3 倍正好等于这九个数的和,所以幻和为

　　　　(1＋2＋3＋4＋5＋6＋7＋8＋9)÷3＝45÷3＝15

九个数在这八条线上反复出现构成幻和时,每个数用到的次数不全相同,最中心的那个数要用到四次(即出现在中行、中列和两条对角线这四条线上),四角的四个数各用到三次,其余的四个数各用到两次. 看来,用到四次的"中心数"地位重要,宜优先考虑.

设"中心数"为 x,因为 x 出现在四条线上,而每条线上三个数之和等于 15,所以

　　　　(1＋2＋3＋4＋5＋6＋7＋8＋9)＋(4－1)X＝15×4

即　　$45+3x=60$

所以　$x=5$

接着用奇偶分析法寻找其余四个偶数的位置,然后再确定其余四个奇数的位置,经过尝试,得出正确答案.

27. 抽屉原则问题

把 3 个苹果放进两个抽屉中,会出现哪些结果呢? 要么把 2 个苹果放进一个抽屉,剩下的一个放进另一个抽屉;要么把 3 个苹果都放进同一个抽屉中. 这两种情况可用一句话表示:一定有一个抽屉中放了 2 个或 2 个以上的苹果. 这就是数学中的抽屉原则问题.

基本的抽屉原则是:如果把 $n+1$ 个物体(也叫元素)放到 n 个抽屉中,那么至少有一个抽屉中放着 2 个或更多的物体(元素).

抽屉原则可以推广为:如果有 m 个抽屉,有 $k\times m+r$ $(0<r\leqslant m)$ 个元素,那么至少有一个抽屉中要放 $(k+1)$ 个或更多的元素.

通俗地说,如果元素的个数是抽屉个数的 k 倍多一些,那么至少有一个抽屉要放 $(k+1)$ 个或更多的元素.

1)改造抽屉,指出元素.

2)把元素放入(或取出)抽屉.

3)说明理由,得出结论.

例 28　我校初专二年的学生有 366 位同学是 1997 年出生的,那么其中至少有几个学生的生日是同一天?

解　由于 1997 年是平年,全年共有 365 天,可以看作 365 个"抽屉",把 366 位 1997 年出生的学生看作 366 个"元素". 366 个"元素"放进 365 个"抽屉"中,至少有一个"抽屉"中放有 2 个或更多的"元素".

这说明至少有 2 个学生的生日是同一天.

28. 公约公倍问题

需要用公约数、公倍数来解答的应用题叫作公约数、公倍数问题.

绝大多数要用最大公约数、最小公倍数来解答.

先确定题目中要用最大公约数或者最小公倍数,再求出答案. 最大公约数和最小公倍数的求法,最常用的是"短除法".

例 29　一张硬纸板长 60 cm、宽 56 cm,现在需要把它剪成若干个大小相同的最大的正方形,不许有剩余. 问正方形的边长是多少?

解　硬纸板的长和宽的最大公约数就是所求的边长.

60 和 56 的最大公约数是 4.

答:正方形的边长是 4 cm.

29. 最值问题

科学的发展观认为,国民经济的发展既要讲求效率,又要节约能源,要少花钱多办事,办好事,以最小的代价取得最大的效益,这类应用题叫作最值问题.

一般是求最大值或最小值.

按照题目的要求,求出最大值或最小值.

例 30　在火炉上烤饼,饼的两面都要烤,每烤一面需要 3 分钟,炉上只能同时放两块饼,现在需要烤三块饼,最少需要多少分钟?

解　先将两块饼同时放上烤,3分钟后都熟了一面,这时将第一块饼取出,放入第三块饼,翻过第二块饼.再过3分钟取出熟了的第二块饼,翻过第三块饼,又放入第一块饼烤另一面,再烤3分钟即可.这样做,用的时间最少,为9分钟.

答:最少需要9分钟.

30.列方程问题

把应用题中的未知数用字母 x 代替,根据等量关系列出含有未知数的等式——方程,通过解这个方程而得到应用题的答案,这个过程就叫作列方程解应用题.

方程的等号两边数量相等.

可以概括为"审、设、列、解、验、答"六字法.

1)审:认真审题,弄清应用题中的已知量和未知量各是什么,问题中的等量关系是什么.

2)设:把应用题中的未知数设为 x.

3)列:根据所设的未知数和题目中的已知条件,按照等量关系列出方程.

4)解:求出所列方程的解.

5)验:检验方程的解是否正确,是否符合题意.

6)答:回答题目所问,也就是写出答问的话.

在列方程解应用题时,一般只写出四项内容,即设未知数、列方程、解方程、答语.设未知数时要在 x 后面写上单位名称,在方程中已知数和未知数都不带单位名称,求出的 x 值也不带单位名称,在答语中要写出单位名称.检验的过程不必写出,但必须检验.

例31　甲、乙两班共90人,甲班比乙班人数的2倍少30人,求两班各有多少人?

解　设乙班有 x 人,则甲班有 $(90-x)$ 人.

找等量关系:甲班人数＝乙班人数×2－30人.

列方程:$90-x=2x-30$.

解:　　　$x=40$.

从而　$90-x=50$.

答:甲班有50人,乙班有40人.

应用题编写注意事项

1.以生活经验为线索

不管在什么时候,这条线索都是比较突显的.应用题是数学与实际生活连接的一个有效载体,通过解决生活中的问题,可以提高学生学习数学的兴趣,有效促进数学的适应性,所以把解决问题贯穿于学生的现实生活之中是非常重要的.下面我们来看个例子.

图片信息中有8个女同学,6个男同学,13个同学玩捉迷藏,这里还有6个人,藏起来几个人,要有16个人来踢球,现在来了9个人.面对着这样一幅画面,你能提出什么问题?

在解决问题过程当中,实际上选择了很好的素材,就是孩子们在校园生活中经常遇到的这样的一些问题.

2. 以数的运算意义体现的数量关系为线索

以数的运算意义来体现数量关系为线索,就是通过数的运算意义来理解数量关系. 从易到难的过程发展,它首先是加减法意义的数量关系的学习,然后扩充到乘法和除法,也就是说由加减法到乘除法,这是一个很明显的进程.

从运算角度来看,就是从一步运算的题目到两步运算. 前面介绍的简单的口头加减运算应用题的类型就是典型的一步题,基本上就是和、差,也有积、商. 怎么去理解加、减、乘、除的意义? 通过一步题的学习,在具体的情境中,让学生理解数量关系. 在理解一步应用题数量关系的基础上,逐步发展到两步题,还有三步以上的复杂应用题等.

从数的发展角度来看,由自然数、整数的运算中的问题解决,逐步扩充到小数、分数、百分数、比例、有理数、实数、复数等这样的问题解决.

从算术解法的角度来看,问题解决扩充到用方程解法以及灵活应用多种方法来解决的问题. 我们看到了很多题目,都是要求用方程来解答. 就是把一个很复杂的问题,尤其是一种逆向思维的问题,引入了方程后,它把所要求的未知数作为一个已知数来参与运算,这样就使复杂的问题简单化,也使孩子又多了一条解决问题的途径. 所以把算术的方法和用方程解答的方法结合起来学习,我想可能对发展学生的思维能力,发展学生用多种方法解决问题,还是很有好处的.

3. 以解题策略的渗透为线索

以解题策略的渗透为线索,就是从实际问题出发逐步渗透到最后适当总结归纳. 如乘车去机场有 25 人,大车限乘 8 人,小车限乘 3 人. 你认为怎样派车比较合理? 这 25 个人怎样派车比较合理? 引发学生进行讨论,在讨论的过程当中,学生通过交流,列出了几种方案. 比如说方案一,要想使 25 个人都能够有车坐,如果租大车会怎么样? 租小车会怎么样? 把这些情况一一列举出来,就叫作列表的策略. 大家非常熟悉的鸡兔同笼问题,用了尝试猜测这样的解决问题的策略.

怎样自编应用题

1. 模仿编题

模仿教师口述的范例或某一道应用题的事例和结构,改变数据编出应用题. 例如:2 台织布机 3 小时织布 168 米,平均 1 台织布机 1 小时织布多少米? 仿照这题目编题:3 台织布机 4.5 小时织布 252 米,平均 1 台织布机 1 小时织布多少米?

2. 看图编题

看图编题,有时图有说明,有时没有说明,有时根据线段图或方块图编题. 应根据所提供的图形,用自己的语言编出一道事实和数据都符合图意的应用题. 应当注意,同一幅静止的图,出于不同的解释可能编成不同的应用题. 例如上图中,树上有 8 只鸟,把它编成加法或减法应用题都可以,只要数据正确、情理相通、结构完整就可以.

3. 根据算式编题

例如:用 15－9－1 编一道应用题. 可以这样编:15 名学生排成一行,小丽左边有 9 名同学,她的右边有多少名同学?

4. 补充条件或提出问题

补充条件:校园里有 18 盆菊花,＿＿＿＿＿＿,兰花比菊花少多少盆?

提出问题:商店两次卖出洋娃娃 50 个,第一次卖出 30 个,＿＿＿＿＿＿?

5. 选择编题

根据提供的条件和问题,从中选出有联系的条件和问题编成应用题.

例如:根据下面条件及问题,编应用题.

条件:

1)苹果 50 个;

2)梨 20 个;

3)小朋友 5 个.

问题:

1)苹果比梨多多少个;

2)每个小朋友可以分几个苹果;

3)每个小朋友可以分几个梨.

习题演练

1. 看图编应用题

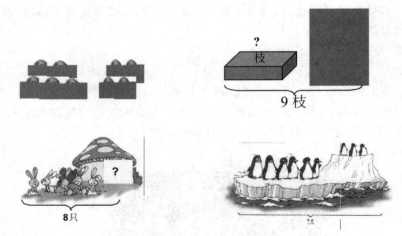

2. 根据下列算式编应用题.

(1)3＋9.   (2)8－6.   (3)8÷2.   (4)3×5.

3. 选一个合适的问题,画上"√",再算出来.

(1)商店两次卖出洋娃娃 50 个,第一次卖出 30 个,…?

①第一次卖出多少个? ②第二次卖出多少个? ③两次卖出多少个?

解　你选哪个问题：_____

答：_____．

(2)有 60 只小鸡,28 只母鸡．

①还剩多少只? ②母鸡比小鸡少多少只? ③一共有多少只?

解　你选哪个问题：_____

答：_____．

4. 选一个合适的条件,画上"√",再算出来．

(1)校园里有 18 盆菊花,_____,兰花比菊花少多少盆?

①运走了 16 盆;②还剩 5 盆;③兰花 16 盆．

解　你选哪个条件：_____

答：_____．

(2)幼儿园买苹果 50 个,_____,买梨子多少个?

①分给小朋友 12 个;②梨比苹果少 12 个;③梨比苹果多 12 个．

解　你选哪个条件：_____

答：_____．

5. 先选择合适的条件和问题,再解答．

白兔和灰兔共 30 只,有白兔 24 只,_____?

①原来有多少只?　　　　②有灰兔多少只?

解　你选哪个问题：_____

答：_____．

6. 把有关的条件和问题用线连起来,再计算．

(1)原有 6 箱🍐　　　　卖出 4 箱　　　　现在有几箱?

(2)原有 6 箱🍐　　　　又运来 3 箱　　　　还有几箱?

(3)原有 6 箱🍐　　　　还剩 8 箱　　　　原来有几箱?

(4)卖掉 6 箱🍐　　　　现在还剩 3 箱　　　　卖掉几箱?

本 章 小 结

知识网络图

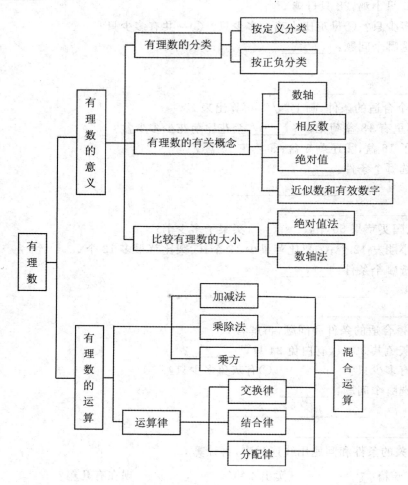

复 习 题

1. 选择题.

(1)下列说法正确的是( ).

    A. 负数没有倒数   B. 正数的倒数比自身小

    C. 任何有理数都有倒数   D. -1 的倒数是 -1

(2)关于 0,下列说法不正确的是( ).

    A. 0 有相反数   B. 0 有绝对值

    C. 0 有倒数   D. 0 是绝对值和相反数都相等的数

(3)-4 的绝对值是( ).

    A. -4 B. $-\dfrac{1}{4}$ C. $\dfrac{1}{4}$ D. 4

(4)|−6|的相反数是(　　).

    A. 6　　　　B. −6　　　　C. $\frac{1}{6}$　　　　D. ±6

(5)计算−(−7)的结果是(　　).

    A. 7　　　　B. −7　　　　C. $\frac{1}{7}$　　　　D. −$\frac{1}{7}$

(6)下列各项判断错误的是(　　).

    A. 若 $a<0,b<0,|a|>|b|$,则 $a-b<0$

    B. 若 $a>0,b<0$,则 $a-b>0$

    C. 若 $a>0,b>0$,则 $a-b>0$

    D. 若 $a<0,b>0$,则 $a-b<0$

(7)在数轴上与原点距离是 2 的点表示的数是(　　).

    A. 2　　　　B. −2　　　　C. ±2　　　　D. 4

(8)下列数轴画法正确的是(　　).

(9)牡丹江市 2013 年元旦这天的最高气温是−8 ℃,最低气温是−26 ℃,则这天的最高气温比最低气温高(　　)

    A. −18℃　　　　B. 18℃　　　　C. 34℃　　　　D. −34℃

(10). 计算 $\frac{1}{5}\times(-5)\div(-\frac{1}{5})\times5=$(　　).

    A. 1　　　　B. 25　　　　C. −5　　　　D. 35

(11)下列式子中正确的是(　　).

    A.　　　　　　　　　B. $(-2)^3<-2^4<(-2)^2$

    C. $-2^4<(-2)^3<(-2)^2$　　　　D. $(-2)^2<(-3)^3<-2^4$

(12)$-2^4\div(-2)^2$ 的结果是(　　).

    A. 4　　　　B. −4　　　　C. 2　　　　D. −2

2. 填空题.

(1)已知$(1-a)^2+(b-2)^2=0$,则 $a+b=$_____.

(2)当实数 $a<0$ 时,$1+a$ _____ $1-a$(填"<"或">").

(3)如果两个有理数的积是负的,那么这两个因数的符号一定_____.

(4)奇数个负数相乘,结果的符号是_____.

(5)一个数的 101 次幂是负数,则这个数是_____.

(6)$-7.2-0.9-5.6+1.7=$_____.

(7)$(\frac{7}{8}-\frac{3}{4})\div(-\frac{7}{8})=$_____.

$(8)(-50)\times(\dfrac{2}{5}+\dfrac{1}{10})=$ _____ ．

$(9)-2^2-(-1)^3=$ _____ ．

$(10)(-\dfrac{6}{13})+(-\dfrac{7}{13})-5=$ _____ ．

$(11)-\dfrac{2}{7}-(-\dfrac{1}{2})+\left|-1\dfrac{1}{2}\right|=$ _____ ．

3. 计算题．

$(1)4\div(-2)$．

$(2)0\div(-1\,000)$．

$(3)(-1\,155)\div[(-11)\times(+3)\times(-5)]$

$(4)(+48)\div(+6)$．

$(5)\left(1-\dfrac{1}{2}\right)\times\left(1+\dfrac{1}{2}\right)\times\left(1-\dfrac{1}{3}\right)\times\left(1+\dfrac{1}{3}\right)\times\left(1-\dfrac{1}{4}\right)\times\left(1+\dfrac{1}{4}\right)$．

$(6)\left(-3\dfrac{2}{3}\right)\div\left(5\dfrac{1}{2}\right)$．

$(7)(-16-50+3\dfrac{2}{5})\div(-2)$．

$(8)(-6)\times8-(-2)^3-(-4)^2\times5$．

$(9)(-\dfrac{1}{2})^2+\dfrac{1}{2}\times(\dfrac{2}{3}-\left|\dfrac{2}{3}-2\right|)$．

$(10)-1^{1997}-(1-0.5)\times\dfrac{1}{3}$．

$(11)-\dfrac{3}{2}\times[-3^2\times(-\dfrac{2}{3})^2-2]$．

$(12)(-\dfrac{3}{4})^2+(-\dfrac{2}{3}+1)\times0$．

$(13)-1^4-(1-0.5)\times\dfrac{1}{3}\times[2-(-3)^2]$．

$(14)(-81)\div(+2.25)\times(-\dfrac{4}{9})\div16$．

$(15)-5^2-[-4+(1-0.2\times\dfrac{1}{5})\div(-2)]$．

$(16)(-5)\times(-3\dfrac{6}{7})+(-7)\times(-3\dfrac{6}{7})+12\times(-3\dfrac{6}{7})$．

$(17)5\times(-6)-(-4)^2\div(-8)$．

$(18)2\dfrac{1}{4}\times(-\dfrac{6}{7})\div(\dfrac{1}{2}-2)$．

$(19)(-\dfrac{5}{8})\times(-4)^2-0.25\times(-5)\times(-4)^3$．

$(20)(-3)^2-(1\dfrac{1}{2})^3\times\dfrac{2}{9}-6\div\left|-\dfrac{2}{3}\right|$．

保罗·厄多斯(1913—1996)是一位匈牙利的数学家．他出生前,有两个姊姊相继去世．这个因素造成厄多斯备受双亲的百般呵护．他第一次显露数学天分是在 1917 年,当时他 4 岁,还不会写数字,但是会心算．他轻描淡写地说:"当时我已经会 3 位数乘 4 位数的乘法了．"但是他认为这不算什么,他最喜欢回想的是,那时候他告诉母亲:"你如果把 100 减去 250,会得到比零小 150 的数．"在这之前,还没有人告诉过他负数的观念．他很高兴地说:"这完全是我自己发现的．"

厄多斯的父母都是匈牙利的高中数学教师,所以在他上学前,已经吸收了不少知识．上学后他并不太能适应学校的教育方式,而正当俄罗斯军队攻打奥一匈联军的时期,他的父亲被捕囚禁在西伯利亚六年．母亲将厄多斯带离学校,在家亲自教导他．

地理学家估计地球的年龄是 45 亿年,而当他还年少时,人们估计地球的年龄为 20 亿年．于是在叙述自己生平的演讲时,他就免不了要幽默地戏说一场"前 25 亿年的数学生涯".

17 岁时,他进入布达佩斯的沛兹马尼沛塔大学就读,第二年完成第一篇论文,证明"任何整数 n 与 $2n$ 之间,一定有个质数存在".1934 年获得博士学位,到曼彻斯特与修得博士学位的同伴继续深造．那时候,他转而研究极艰涩难懂的"组合数学".过去数十年的岁月,大众对于保罗·厄多斯的成就一无所知,甚至本世纪任何一位数学家的所作所为,也无人留意过;这似乎很奇怪,至少是不太公平．这是一件值得注意的数学矛盾,无论这个世界如何地漠视他,数学家的投入仍然为大众提供了解世界的最佳工具．但保罗·厄多斯从不忧虑这些,他太专注于自己的学说研究,而无暇顾及其最终效益．目前,组合数学或许是数学中发展最快的,其中有一部分要归功于厄多斯的先驱领导．让别人来替他说明他的研究结果如何应用吧．

后 20 世纪 30 年代匈牙利的局势明显地不可能让有犹太血统的他回到国内,所以厄多斯来到美国．1941 年,思乡的感伤、不悦的心情以及挂念独自留在匈牙利的老母亲,不由得悲从中来．整个人的精神显得有些低落、不安与激情,然而他的眼神总是闪烁着思考数学问题的光彩．

有些数学家习惯独自沉思,厄多斯则不然:他和全世界的数学家一起工作,并且头脑灵活.他的研究范围由离散数学中最古老的数论开始着手到位相几何学等数十个大问题.由于厄多斯这种胸襟与才华,使得全世界四大洲的数学家都义不容辞地照顾他,就如同自己为数学尽义务一般.

除了 2 以外,所有的质数都是奇数.如果两个连续的奇数都是质数,则称这两数为一对孪生质数.数学中另一待解的问题,便是不知道孪生质数是否只有有限对.这是一个讨论质数分布的问题,19 世纪数学的一大成就是 1896 年阿达玛和法勒布赛独立证明的质数定理.

1949 年厄多斯和亚陶·瑟尔伯格合力完成了质数定理的另一个证明.由于证明的方法更基本、更单纯,全世界的数学家都乐见其成.厄多斯说:"证明本身没有什么用处,但却是个很好的证明."这不就够了吗?从这个问题的证明可以了解到数学家独特的敏感性.这或许是厄多斯最有名的成就.

这位曾经是 20 世纪最具天赋的数学家,他没有家,他说他不需要选择,他从未决定要一年到头每一天都研究数学."对我来说,研究数学就像呼吸一样自然."然而,他并不轻言休息,简直可以公认是巡回世界的数学家.他喜欢说:"要休息的话,坟墓里有的是休息时间."

第3章 实数

无理数与谋杀案

无理数怎么和谋杀案扯到一起去了？这件事还要从公元前6世纪古希腊的毕达哥拉斯学派说起．

毕达哥拉斯学派的创始人是著名数学家毕达哥拉斯．他认为，任何两条线段之比，都可以用两个整数的比来表示．两个整数的比实际上包括了整数和分数．因此，毕达哥拉斯认为，世界上只存在整数和分数，除此之外，没有别的什么数了．

可是不久就出现了一个问题，当一个正方形的边长是1的时候，对角线的长 m 等于多少？是整数呢，还是分数？

根据勾股定理 $m^2 = 1^2 + 1^2 = 2$．m 显然不是整数，因为 $1^2 = 1$，$2^2 = 4$，而 $m^2 = 2$，所以 m 一定比1大、比2小．那么 m 一定是分数了．可是，毕达哥拉斯和他的门徒费了九牛二虎之力，也找不出这个分数．

边长为1的正方形，它的对角线 m 总该有个长度吧！如果 m 既不是整数，又不是分数，m 究竟是个什么数呢？难道毕达哥拉斯错了，世界上除了整数和分数以外还有别的数？这个问题引起了毕达哥拉斯极大的苦恼．

毕达哥拉斯学派有个成员叫希伯斯，他对正方形对角线问题也很感兴趣，花费了很多时间去钻研这个问题．

毕达哥拉斯研究的是正方形的对角线和边长的比，而希伯斯却研究的是正五边形的对角线和边长的比．希伯斯发现当正五边形的边长为1时，对角线既不是整数也不是分数．希伯斯断言：正五边形的对角线和边长的比，是人们还没有认识的新数．

希伯斯的发现，推倒了毕达哥拉斯认为数只有整数和分数的理论，动摇了毕达哥拉斯学派的基础，引起了毕达哥拉斯学派的恐慌．为了维护毕达哥拉斯的威信，他们下令严密封锁希伯斯的发现，如果有人胆敢泄露出去，就处以极刑——活埋．

真理是封锁不住的．尽管毕达哥拉斯学派教规森严，希伯斯的发现还是被许多人知道了．他们追查泄密的人，追查的结果，发现泄密的不是别人，正是希伯斯本人！

这还了得！希伯斯竟背叛老师，背叛自己的学派．毕达哥拉斯学派按照教规，要活埋希伯斯．希伯斯听到风声逃跑了．

希伯斯在国外流浪了好几年，由于思念家乡，他偷偷地返回希腊．在地中海的一条海船上，毕达哥拉斯的忠实门徒发现了希伯斯，他们残忍地将希伯斯扔进地中海．无理数的发现人被谋杀了！

希伯斯虽然被害死了,但是无理数并没有随之而消灭.从希伯斯的发现中,人们知道了除去整数和分数以外,还存在着一种新数,$\sqrt{2}$就是这样的一个新数.给新发现的数起个什么名字呢? 当时人们觉得,整数和分数是容易理解的,就把整数和分数合称"有理数";而希伯斯发现的这种新数不好理解,就取名为"无理数".

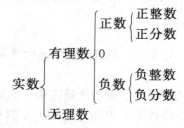

3.1　平方根与立方根

随着人类对数的认识的不断发展,人们从现实世界抽象出一种不同于有理数的数——无理数.有理数和无理数合起来形成一种新的数——实数.

一、平方根、算术平方根的定义及性质

1. 平方根的定义及性质

(1)定义

如果一个数的平方等于 a,那么这个数就叫作 a 的平方根(或二次方根),即如果 $x^2 = a$,那么 x 就叫作 a 的平方根.

(2)表示方法

一个正数 a 的正的平方根表示为"$\sqrt[2]{a}$"或"$\sqrt{a}$",其中 a 叫作被开方数,"$\sqrt[2]{}$"中的 2 叫作根指数(一般可省去不写),"$\sqrt[2]{a}$"或"$\sqrt{a}$"读作"二次根号 a"或"根号 a";正数 a 的负的平方根表示为"$-\sqrt[2]{a}$"或"$-\sqrt{a}$";正数 a 的平方根为 $\pm\sqrt{a}$,读作"正、负根号 a".

(3)性质

一个正数的平方根有两个且它们互为相反数;零的平方根是零;负数没有平方根.

2. 算术平方根的定义及性质

1)一个正数 a 的平方根有两个,分别为 $\sqrt{a}$ 和 $-\sqrt{a}$,我们把正的平方根 $\sqrt{a}$ 称为 a 的算术平方根.0 的算术平方根是 0.

2)一个正数的算术平方根是一个正数;零的算术平方根仍为零;负数没有算术平方根.

3. 平方根与算术平方根的区别及联系

(1)区别

1)定义不同:如果一个数的平方等于 a,这个数就叫作 a 的平方根;非负数 a 的非负平方根叫作 a 的算术平方根.

2)个数不同:一个正数有两个平方根,而一个正数的算术平方根只有一个.

3)表示方法不同:正数 a 的平方根表示为 $\pm\sqrt{a}$,正数 a 的算术平方根表示为 $\sqrt{a}$.

4)取值范围不同:正数的算术平方根一定是正数;正数的平方根则一正一负,两数互为相反数.

(2)联系

1)包含关系:平方根包含算术平方根,算术平方根是平方根中的一种.

2)存在条件相同:平方根和算术平方根都只有非负数才有.

3)0 的平方根、算术平方根均为 0.

4. 开平方运算

求一个非负数 a 的平方根的运算叫作开平方,其中数 a 叫作被开方数;平方运算与开方运算是互为逆运算的关系. 例如:± 4 的平方为 $(\pm 4)^2=16$;反过来,16 的平方根为 ± 4,即 $\pm\sqrt{16}=\pm 4$.

5. 平方根(或算术平方根)的几个公式

1)式子 $\pm\sqrt{a}$ 有意义的条件为 $a\geqslant 0$.

2)$\sqrt{a}$ 表示 a 的算术平方根,$\sqrt{a}$ 是非负数,即 $\sqrt{a}\geqslant 0$.

3)$(\sqrt{a})^2=a(a\geqslant 0)$,$(-\sqrt{a})^2=a(a\geqslant 0)$.

4)$\sqrt{a^2}=|a|=\begin{cases}a,& a\geqslant 0,\\ -a,& a<0.\end{cases}$

实例分析

例 1　求下列各数(式)的平方根与算术平方根:

(1)$(-3)^4$;　(2)x^2-6x+9.

解:(1)因为 $[\pm(-3)^2]^2=(-3)^4$,所以 $(-3)^4$ 的平方根为 $\pm\sqrt{(-3)^4}=\pm(-3)^2=\pm 9$,算术平方根为 $\sqrt{(-3)^4}=(-3)^2=9$;

(2)因为 $x^2-6x+9=(x-3)^2$,所以 x^2-6x+9 的平方根为 $\pm\sqrt{(x-3)^2}=\pm(x-3)$,算术平方根为 $\sqrt{(x-3)^2}=|x-3|$.

【总结】

1)平方根的求法:

①被开方数是完全平方数,可以通过平方运算求平方根;

②被开方数不是完全平方数,可以用计算器求正数的算术平方根,再求平方根,所得的值是近似值.

2)依据平方根与算术平方根的概念去求,即求一个非负数 a 的平方根、算术平方根,首先找出平方数等于 a 的数,写出平方式;由平方式确定 a 的平方根或算术平方根的值,并表示出平方根或算术平方根的结果.

例2 下列各数有平方根吗？如果有，求出它的平方根；如果没有，说明理由．

(1)$-2\,011$；　(2)$\left(-\dfrac{3}{2}\right)^2$；　(3)$0$；　(4)$-x^2$.

解：(1)因为$-2\,011$是负数，所以$-2\,011$没有平方根；

(2)因为$\left(-\dfrac{3}{2}\right)^2=\dfrac{9}{4}>0$，所以$\left(-\dfrac{3}{2}\right)^2$有两个平方根为$\pm\dfrac{3}{2}$；

(3)0有一个平方根，是0；

(4)因为$x^2\geqslant 0$，所以$-x^2\leqslant 0$，当$x=0$时，$-x^2=0$，它有一个平方根0，当$x\neq 0$时，$-x^2<0$，它没有平方根．

【说明】

要判断一个数有无平方根或平方根有几个，关键要确定这个数是正数、负数，还是0，因为正数有两个平方根，且这两个平方根互为相反数；0的平方根只有一个，即0；负数没有平方根．

二、立方根的定义及性质

1. 定义

如果一个数x的立方等于a，即$x^3=a$，那么就称这个数x为a的立方根（或三次方根）．

2. 表示法

a的立方根（或三次方根）表示为$\sqrt[3]{a}$，其中a为被开方数，"$\sqrt[3]{}$"中的3为根指数（根指数3不能省略），$\sqrt[3]{a}$读作"三次根号a"或"a的立方根"．

3. 性质

任意数都有立方根，正数有一个正的立方根，负数有一个负的立方根，零的立方根仍为零．

4. 有关立方根的补充说明和公式

1)在$\sqrt[3]{a}$中，被开方数a可为正数、零、负数，且$\sqrt[3]{a}$的正负与a一致．

2)$\sqrt[3]{-a}=-\sqrt[3]{a}$，即求负数的立方根可以转化为求其相反数的立方根．

3)$\left(\sqrt[3]{a}\right)^3=\sqrt[3]{a^3}=a$.

4)开立方运算：求一个数a的立方根的运算叫作开立方运算．

【说明】开立方运算与立方运算是互逆运算的关系，负数（在实数范围内）不能开平方但可以进行开立方运算．

例如：$-\dfrac{1}{2}$的立方为$\left(-\dfrac{1}{2}\right)^3=-\dfrac{1}{8}$，反过来$-\dfrac{1}{8}$的立方根为$\sqrt[3]{-\dfrac{1}{8}}=-\dfrac{1}{2}$；$3$的立方为$3^3=27$，反过来$27$的立方根为$\sqrt[3]{27}=3$.

例 求下列各数的立方根：

(1)-8；　(2)0.064；　(3)$-\left(-\dfrac{3}{4}\right)^3$.

分析:根据立方根的概念,要求一个数的立方根,关键是要找到谁的立方等于这个数,故本题思路是通过立方根运算求一个数的立方根.

解:(1)因为$(-2)^3=8$,所以-8的立方根为$\sqrt[3]{-8}=-2$;

(2)因为$0.4^3=0.064$,所以 0.064 的立方根为$\sqrt[3]{0.064}=0.4$;

(3)因为$-\left(-\dfrac{3}{4}\right)^3=\left(\dfrac{3}{4}\right)^3=\dfrac{27}{64}$,所以$-\left(-\dfrac{3}{4}\right)^3$的立方根为$\sqrt[3]{-\left(-\dfrac{3}{4}\right)^3}=\sqrt[3]{\dfrac{27}{64}}=\dfrac{3}{4}$.

【注意】

1)一个数的立方根只有一个,且它的正负与被开方数一致,注意立方运算与开方运算的互逆关系的应用. 即若$a>0$,则$\sqrt[3]{a}>0$;若$a<0$,则$\sqrt[3]{a}<0$;若$a=0$,则$\sqrt[3]{a}=0$.

2)注意正数的平方根有两个,而立方根只有一个;负数没有平方根,却有立方根.

三、平方根与立方根的联系与区别

1. 平方根与立方根的联系

1)都与相应的乘方运算互为逆运算,开平方与平方互为逆运算,开立方与立方互为逆运算.

2)都可以归结为非负数的非负方根来研究,平方根主要是通过算术平方根来研究,而负数的立方根也可以通过$\sqrt[3]{-a}=-\sqrt[3]{a}(a>0)$转化为正数的立方根来研究.

3)零的平方根和立方根都是它本身.

2. 平方根与立方根的区别

1)在用符号表示平方根时,根指数 2 可以省略不写;而用符号表示立方根时,根指数 3 不能省略.

2)平方根只有非负数才有,而立方根任何数都有,如-64没有平方根,但有立方根-4.

3)正数的平方根有两个,它们互为相反数,而正数的立方根只有 1 个,如 3 的平方根是$\pm\sqrt{3}$,而 3 的立方根只有$\sqrt[3]{3}$.

实例分析

例 1　已知$4x-37$的立方根是 3,求$2x+4$的平方根和算术平方根.

解:由题意可知$4x-37=3^3$,即$4x-37=27$,求得$x=16$,则$2x+4=36$.

所以$2x+4$的平方根为$\pm\sqrt{2x+4}=\pm\sqrt{36}=\pm6$,算术平方根为 6.

例 2　已知$x=\sqrt[2a-b+4]{a+3}$是$a+3$的算术平方根,$y=\sqrt[b-3a+2]{b-3}$是$b-3$的立方根,求$y-x$的立方根.

分析:要求$y-x$的立方根,只要求出$y-x$的值即可,由已知条件容易得到关于a,b的方程组,解这个方程组求得a,b值,然后代入原式可求出x,y的值.

解　由题意知$\begin{cases}2a-b+4=2,\\ b-3a+2=3,\end{cases}$解得$\begin{cases}a=1,\\ b=4.\end{cases}$

因为$x=\sqrt{4}=2,y=\sqrt[3]{1}=1$,所以$\sqrt[3]{y-x}=\sqrt[3]{-1}=-1$,即$y-x$的立方根为$-1$.

四、算术平方根的非负性质的应用

1)非负数

若 $a \geqslant 0$,则称 a 为非负数,目前学到的非负数有 $|a|$、a^2、$\sqrt{a}(a \geqslant 0)$.

2)非负数性质

若几个非负数的和为零,则这几个非负数均为零.

例 已知实数 a、b 满足 $\dfrac{(a-2b)^2+\sqrt{a^2-4}}{\sqrt{a+2}}=0$,求 ab^2 的值.

解:因为 $\sqrt{a+2} \neq 0$,所以 $a \neq -2$.

因为原式结果为 0,所以 $(a-2b)^2+\sqrt{a^2-4}=0$.

又因为 $(a-2b)^2 \geqslant 0$,$\sqrt{a^2-4} \geqslant 0$,所以 $a-2b=0$ 且 $a^2-4=0$.

即 $a=2b,a^2=4$,所以 $a=2,b=1$(另一组负值不合题意,舍去),所以 $ab^2=2 \times 1=2$.

1. 选择.

(1)16 的平方根是(   ).

    A. 8   B. 4   C. ± 4 D. ± 2

(2)3 的平方根是(   ).

    A. $\pm\sqrt{3}$ B. 9   C. $\sqrt{3}$ D. ± 9

(3)$\dfrac{1}{4}$ 的平方根是(   ).

    A. $\pm\dfrac{1}{2}$ B. $\dfrac{1}{2}$ C. $\dfrac{1}{16}$ D. $-\dfrac{1}{2}$

(4)下列式子中,无意义的是(   ).

    A. $-\sqrt{3}$ B. $\sqrt{-3}$ C. $\sqrt{(-3)^2}$ D. $\sqrt[3]{\dfrac{1}{3}}$

(5)下列说法正确的是(   ).

    A. $\dfrac{1}{4}$ 是 0.5 的一个平方根

    B. 正数有两个平方根,且这两个平方根之和等于 0

    C. 7^2 的平方根是 7

    D. 负数有一个平方根

2. 填空.

(1)如果某数的一个平方根是 -6,那么这个数为＿＿＿＿＿.

(2)如果一个正数的平方根是 $a+3$ 和 $2a-15$,则这个数为_____.

(3)27 的立方根为_____.

(4)-2 的相反数是____,$-\dfrac{1}{3}$ 的绝对值是____,立方等于 -64 的数是_____.

(5)$\sqrt[3]{729}$ 的平方根是_____,$-\sqrt{64}$ 的立方根是_____.

3. 解答题.

(1)在一个半径为 20cm 的圆形铁板上,欲截取一面积最大的正方形铁板做机器零件,求正方形的边长(精确到 0.1).

(2)若一个正数的两个平方根分别为 $a+2$ 与 $3a-1$,试求出 a 的值.(提示:正数的两个平方根互为相反数)

(3)若一个正数的平方根是 $2a-1$ 和 $-a+2$,求 a 的值.

(4)已知 a,b 互为相反数,m,n 互为倒数,x 绝对值等于 2,求 $-2mn+\dfrac{a+b}{m-n}-x$ 的值.

(5)已知某数的平方根是 $a+3$ 和 $2a-15$,b 的立方根是 2,求 $b-a$ 的平方根.

4. 计算.

(1)$\sqrt[4]{81}+|-6|-\sqrt[3]{125}$;

(2)$-\sqrt[3]{3}-\sqrt[3]{(-3)^3}+\sqrt[3]{\dfrac{1}{10^3}}$;

(3)$\sqrt[3]{64}+\sqrt[3]{-125}+\sqrt[3]{\dfrac{27}{64}}$;

(4)$\sqrt{144}-\sqrt{81}+\sqrt{169}$;

(5)$\sqrt{\dfrac{64}{81}}+\sqrt{\dfrac{9}{225}}+\sqrt{\dfrac{121}{144}}$;

(6)$\sqrt{0.16}+\sqrt[3]{0.64}+\sqrt[3]{-0.008}$.

3.2 实数与数轴

每一个有理数在数轴上都有唯一一个位置与之对应,反过来数轴上所有的点都表示有理数吗?$\sqrt{2}$ 在数轴上有位置吗?

一、无理数、实数的定义及其分类

1. 无理数的定义

无限不循环小数叫作无理数.

【说明】

1)判断一个数是不是无理数,应看这个数是否满足"无限"和"不循环"这两个条件.

2)三类常见的无理数:

①所有开不尽的方根都是无理数,如 $\sqrt{2}$、$-\sqrt{3}$、$\dfrac{\sqrt{2}}{2}$、$\sqrt{7}$、$\sqrt[3]{2}$ 等都是无理数,但 $\sqrt{4}$、$\sqrt[3]{27}$、$-\sqrt[3]{8}$ 等都是开得尽的方根,因此它们都是有理数.

②一些含 π 的数是无理数,如 π、$\dfrac{\pi}{2}$、$4\pi-7$ 等是无理数,但 $\pi-\pi$、$\dfrac{\pi}{\pi}$ 是有理数;

③无限不循环的小数(构造型的无理数),如 $1.010\ 010\ 001\ 000\ 01\cdots$(两个 1 之间依次多一个 0)、$1.232\ 332\ 333\cdots$ 等.

2. 实数的定义及分类

有理数和无理数统称实数,实数分类如下.

(1)按定义分类

$$\text{实数}\begin{cases}\text{有理数}\begin{cases}\text{整数}\\\text{分数}\end{cases}\text{有限小数和无限循环小数}\\\text{无理数:无限不循环小数}\end{cases}$$

(2)按正负(性质)分类

$$\text{实数}\begin{cases}\text{正实数}\begin{cases}\text{正有理数}\begin{cases}\text{正整数}\\\text{正分数}\end{cases}\\\text{正无理数}\end{cases}\\\text{零}\\\text{负实数}\begin{cases}\text{负有理数}\begin{cases}\text{负整数}\\\text{负分数}\end{cases}\\\text{负无理数}\end{cases}\end{cases}$$

 实例分析

例 1   在实数 3.14,$\dfrac{1}{4}$,$\sqrt{2}$,$0.\overset{\cdot}{3}$,$0.001\ 827\ 32\cdots$,3π,π,$-\sqrt[3]{3}$,$\sqrt{4}$ 中,有理数有 _____,无理数有 _____.

解:$\sqrt{4}=2$,依据有理数和无理数的定义可直接写出结果.

答案:(1)有理数:3.14,$\dfrac{1}{4}$,$0.\overset{\cdot}{3}$,$\sqrt{4}$.

无理数:$\sqrt{2}$,$0.00182732\cdots$,3π,π,$-\sqrt[3]{3}$.

例 2   计算 $\sqrt{32}\times\sqrt{\dfrac{1}{2}}+\sqrt{2}\times\sqrt{5}$ 的结果,估计在(   ).

A. 6 至 7 之间   B. 7 至 8 之间   C. 8 至 9 之间   D. 9 至 10 之间

$\sqrt{32}\times\sqrt{\dfrac{1}{2}}+\sqrt{2}\times\sqrt{5}=\sqrt{16}+\sqrt{10}=4+\sqrt{10}$.

因为 $3<\sqrt{10}<4$,所以 $7<4+\sqrt{10}<8$. 故选 B.

例 3   已知 $7+\sqrt{5}$ 的整数部分为 a,小数部分为 b,则 $a-b=$ _____.

分析:此类题一般先确定出无理数的整数部分和小数部分,然后再求代数式的值.

解：因为 $2<\sqrt{5}<3$，所以 $\sqrt{5}$ 的整数部分为 2，小数部分为 $\sqrt{5}-2$.

所以 $a=9$，$b=\sqrt{5}-2$，

所以 $a-b=9-(\sqrt{5}-2)=11-\sqrt{5}$.

二、实数的性质

数的范围从有理数扩充到实数以后，实数中的相反数、倒数、绝对值的意义和有理数范围内的相反数、倒数、绝对值的意义完全一样.

1）实数 a 的相反数为 $-a$；零的相反数是其本身；若 a 与 b 互为相反数，则 $a+b=0$，反之亦然.

2）实数 a 的倒数为 $\dfrac{1}{a}(a\neq 0)$；若 a 与 b 互为倒数，则 $ab=1$，反之亦然.

3）实数 a 的绝对值为 $|a|$，正实数的绝对值是其本身，零的绝对值是零，负实数的绝对值是它的相反数. 即 $|a|=\begin{cases}a, & a\geq 0,\\ -a, & a<0.\end{cases}$

4）实数与数轴上的点是一一对应的关系，数轴上每一个点都表示一个实数；反过来，每一个实数都可以用数轴上的一个点来表示.

①已知实数 a,b 在数轴上对应的点分别为 A,B，则用 $|a|$、$|b|$ 分别表示点 A、点 B 到原点的距离；$|a-b|$ 表示点 A 到点 B 的距离. 这正是绝对值的几何意义.

②在数轴上，右边点对应的实数比左边点对应的实数大；正实数大于一切负实数，0 大于一切负实数，正实数都大于 0.

5）两个负数比较大小，绝对值大的反而小，即对于负数 a,b，有 $|a|<|b|\Leftrightarrow a>b$.

例 1　某老师在讲"实数"这节时画了如下图所示的数轴，这样作图是用来说明什么？

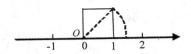

解：由图可知，正方形的边长为 1，则正方形的对角线长为 $\sqrt{2}$，以原点 O 为圆心，以正方形的对角线长为半径画弧与数轴交于一点，则该点到原点的距离为 $\sqrt{2}$，即该点所表示的实数为 $\sqrt{2}$.

答案：$\sqrt{2}$ 可以用数轴上的点来表示.

例 2　（1）化简 $|m-\sqrt{m^2}|\,(m<0)$；

（2）实数 a,b 在数轴上对应点 A,B 的位置如下图所示. 化简 $|a+b|-\sqrt{a^2-}$ $\sqrt[3]{(a-b)^3}$.

分析：解含绝对值的化简题时，首先要去掉绝对值符号，化成一般的计算：去掉绝对值符号

（数轴图：B 在 b 处，0，A 在 a 处）

时,必须先确定绝对值符号内各个代数式的正负性,再根据绝对值的意义去掉绝对值符号.

解:(1)当 $m<0$ 时,

$$|m-\sqrt{m^2}|=|m-|m||=|m-(-m)|=|2m|=-2m;$$

(2)由数轴知

$$a>0,b<0,a+b<0,a-b>0,$$

所以

$$|a+b|-\sqrt{a^2}-\sqrt[3]{(a-b)^3}=-(a+b)-|a|-(a-b)=-a-b-a-a+b=-3a.$$

【注意】本题运用了数形结合法.由实数在数轴上的对应位置,既能比较它们的大小,又能确定 $a+b$ 与 $a-b$ 的符号,从而去掉绝对值符号,完成化简.另外,还要灵活应用算术平方根和立方根的性质.

三、实数的运算

实数和有理数一样,可进行加、减、乘、除、乘方、开方运算;有理数范围内的运算律、运算法则在实数范围内仍适用,且满足运算律.

交换律:$a+b=b+a,ab=ba.$

结合律:$(a+b)+c=a+(b+c),(ab)c=a(bc).$

分配律:$a(b+c)=ab+ac.$

例1　化简 $|1-\sqrt{2}|+|\sqrt{2}-\sqrt{3}|+|\sqrt{3}-2|.$

解:原式 $=-(1-\sqrt{2})-(\sqrt{2}-\sqrt{3})-(\sqrt{3}-2)=\sqrt{2}-1+\sqrt{3}-\sqrt{2}+2-\sqrt{3}=1.$

例2　计算 $\sqrt[3]{1\ 000}-\sqrt[3]{-3\frac{3}{8}}+\sqrt{64}.$

解:原式 $=10-\sqrt[3]{-\frac{27}{8}}+8=10+\frac{3}{2}+8=\frac{39}{2}.$

【注意】在实数运算中,被开方数如果为带分数,要先化为假分数,然后再进行计算.

四、实数的大小比较

1)数轴比较法.

2)代数比较法.

3)差值比较法.

4)商值比较法.

5)倒数比较法:若 $\frac{1}{a}>\frac{1}{b}$,$a>0,b>0$,则 $a<b$.

6)平方比较法:若 $a>0,b>0,a^2>b^2$,则 $a>b$.

7)开方比较法:若 $a>0,b>0$,$\sqrt{a}>\sqrt{b}$,则 $a>b$.

8)估算法.在实数运算中,当遇到无理数,并且需要求出结果的近似值时,可以按照所要求的精确度用相应的近似有限小数去代替无限小数,再进行计算.

例 (1)若 $0<x<1$,则 $x,\dfrac{1}{x},x^2$ 的大小关系是(　　).

A. $\dfrac{1}{x}<x<x^2$ 　　 B. $x<\dfrac{1}{x}<x^2$ 　　 C. $x^2<x<\dfrac{1}{x}$ 　　 D. $\dfrac{1}{x}<x^2<x$

(2)已知 $a=3\sqrt{5},b=2\sqrt{11}$,则 a,b 的大小关系为_____.

(3)比较 $2,\sqrt{5},\sqrt[3]{7}$ 的大小,正确的是(　　).

　　A. $2<\sqrt{5}<\sqrt[3]{7}$ 　　 B. $2<\sqrt[3]{7}<\sqrt{5}$ 　　 C. $\sqrt[3]{7}<2<\sqrt{5}$ 　　 D. $\sqrt{5}<\sqrt[3]{7}<2$

答案:(1)C; 　　 (2)$a>b$ 　　 (3)C

五、实数中的非负数及性质

1. 定义

在实数范围内,正数和零统称为非负数.常见的非负数有如下三种形式:

1)任意实数 a 的绝对值是非负数,即 $|a|\geqslant 0$;

2)任意实数 a 的平方是非负数,即 $a^2\geqslant 0(a^{2n}\geqslant 0,n$ 为正整数);

3)任意非负数 a 的 n 次算术根是非负数,即 $\sqrt[n]{a}\geqslant 0(a\geqslant 0)$,常用的是 $\sqrt{a}\geqslant 0(a\geqslant 0)$.

2. 性质

1)若两个非负数的和为 0,那么这两个数一定都为 0,常见的形式如下.

若 $a^2+b^2=0$,则 $\begin{cases}a=0,\\b=0;\end{cases}$ 反之亦然.

若 $|a|+|b|=0$,则 $\begin{cases}a=0,\\b=0;\end{cases}$ 反之亦然.

若 $\sqrt{a}+\sqrt{b}=0$,则 $\begin{cases}a=0,\\b=0;\end{cases}$ 反之亦然.

以上三种情况都可推广为 n 个非负数之和为 0,则这 n 个非负数一定都为 0.

2)非负数有最小值,最小值是 0.

3)有限个非负数之和仍然是非负数.

例 已知 $y=\dfrac{\sqrt{x-2}+\sqrt{2-x}}{(x+2)\times 2011}+5$,求 y^x 的值.

解:因为 $x-2\geqslant 0,2-x\geqslant 0$,所以 $x-2=0$.则

　　$x=2,y=5$

所以，$y^x = 5^2 = 25$.

【注意】当互为相反数的两个被开方数在同一个式子中出现时，可由非负性判断出被开方数为 0，即可求解.

习题演练

1. 判断题.

(1) $\sqrt{25}$ 是无理数. $\hspace{3cm}$ (　　)

(2) $\dfrac{22}{7}$ 是无理数. $\hspace{3cm}$ (　　)

(3) $\dfrac{\pi}{3}$ 是有理数. $\hspace{3cm}$ (　　)

(4) 无理数是开方开不尽的数. $\hspace{2.5cm}$ (　　)

(5) 带根号的数就是无理数. $\hspace{2.8cm}$ (　　)

2. 选择题.

(1) 估算 $\sqrt{31} - 2$ 的值在(　　).

  A. 1 和 2 之间   B. 2 和 3 之间   C. 3 和 4 之间   D. 4 和 5 之间

(2) 估算 20 的算术平方根的大小在(　　).

  A. 2 和 3 之间   B. 3 和 4 之间   C. 4 和 5 之间   D. 5 和 6 之间

(3) 有理数 a, b 在数轴上的位置如下图所示，则 $a + b$ 的值(　　).

  A. 大于 0   B. 小于 0   C. 小于 a D. 大于 b

(4) 数轴上的点 A、B 位置如下图所示，则线段 AB 的长度为(　　)

  A. -3 B. 5   C. 6   D. 7

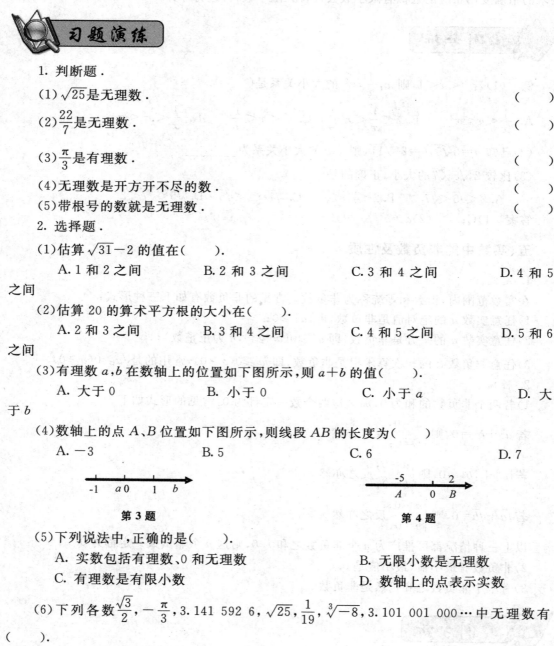

第 3 题   第 4 题

(5) 下列说法中，正确的是(　　).

  A. 实数包括有理数、0 和无理数   B. 无限小数是无理数

  C. 有理数是有限小数   D. 数轴上的点表示实数

(6) 下列各数 $\dfrac{\sqrt{3}}{2}$，$-\dfrac{\pi}{3}$，$3.141\ 592\ 6$，$\sqrt{25}$，$\dfrac{1}{19}$，$\sqrt[3]{-8}$，$3.101\ 001\ 000\cdots$ 中无理数有(　　).

  A. 1 个   B. 2 个   C. 3 个   D. 4 个

(7) 已知 a, b 两数在数轴上对应的点如右图所示，下列结论正确的是(　　).

  A. $a > b$ B. $ab < 0$ C. $b - a > 0$ D. $a + b > 0$

3. 填空题.

(1) $3-\sqrt{3}$ 的相反数是_____, $|3-\sqrt{3}|=$_____.

(2) 设 $\sqrt{3}$ 对应数轴上的点 A, $\sqrt{5}$ 对应数轴上的点 B, 则 A, B 间的距离为_____.

(3) 若实数 $a<b<0$, 则 $|a|$____$|b|$.

(4) 比较大小: $3\sqrt{6}$_____$4\sqrt{3}$; $2\sqrt{11}$_____$3\sqrt{5}$.

(5) 下列各数 3, $\sqrt{2}$, $-\dfrac{22}{7}$, $\sqrt[3]{-27}$, 1.414, $-\dfrac{\pi}{3}$, $3.121\,22$, $-\sqrt{9}$ 中, 无理数有_____,

有理数有_____, 负数有_____, 整数有_____.

(6) 写出两个和为 1 的无理数_____.(只写一组即可)

(7) 若 $\sqrt{26}$ 的整数部分为 a, 小数部分为 b, 则 $a-b$ 的值为_____.

4. 解答题.

(1) 求出下面各题中的 x 值:

① $|x|=\pi$; 　　　　② $|x-1|=3$

(2) 计算 $|-2|+(\pi-3)^0-(\dfrac{1}{3})^{-2}+(-1)^{2010}$.

(3) 比较下列各组实数的大小:

① $|-\sqrt{8}|$ 和 3; 　　② $\sqrt{2}-\sqrt{5}$ 和 -0.9; 　　③ $\dfrac{\sqrt{5}-1}{2}$ 和 $\dfrac{7}{8}$.

(4) 已知 a 是 $\sqrt{13}$ 的整数部分, b 是 $\sqrt{13}$ 的小数部分, 计算 $a-b$ 的值.

本 章 小 结

知识网络图

一、平方根与立方根

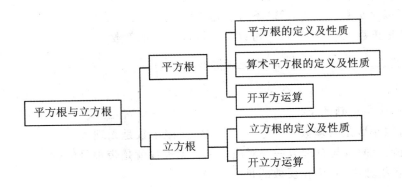

二、实数

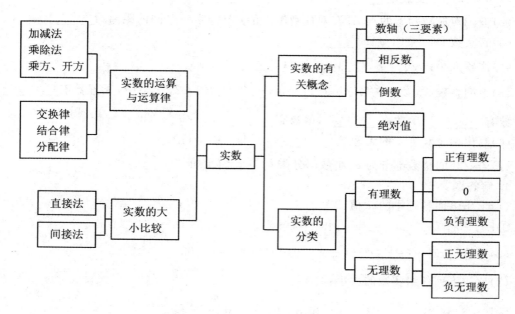

复 习 题

1. 判断题.

(1)有理数和数轴上的点一一对应.   ( )

(2)两个无理数的积一定是无理数.   ( )

(3)一个实数不是有理数就是无理数.   ( )

(4)一个实数不是正数就是负数.   ( )

(5)无限小数是无理数.   ( )

(6)数轴上的点不是有理数就是无理数. ( )

2. 选择题.

(1)设 a 是实数,则 $|a|-a$ 的值( ).

    A. 可以是负数   B. 不可能是负数

    C. 必是正数   D. 可以是正数也可以是负数

(2)下列实数 $\frac{1}{19}, -\frac{\pi}{2}, \sqrt{8}, \sqrt[3]{9}, 0$ 中无理数有( ).

    A. 4 个   B. 3 个   C. 2 个   D. 1 个

(3)下列说法中正确的是( ).

    A. 有限小数是有理数   B. 无限小数是无理数

    C. 数轴上的点与有理数一一对应 D. 无理数就是带根号的数

(4)下列各组数中,互为相反数的是( ).

    A. -3 和 $\sqrt{3}$ B. $|-3|$ 与 $-\frac{1}{3}$ C. $|-3|$ 与 $\frac{1}{3}$ D. $|-\sqrt{3}|$ 与 $-\sqrt{3}$

(5)边长为 1 的正方形的对角线的长是(　　).

    A. 整数　　　　　B. 分数　　　　　C. 有理数　　　　　D. 无理数

(6)介于 π 和 3 之间的一个有理数是(　　).

    A. $\dfrac{3+\pi}{2}$　　　　B. 3.15　　　　C. 3.1　　　　D. 3.2

(7)实数 a、b 在数轴上的位置如图所示,则下列结论错误的是
(　　).

    A. $a+b<0$　　　B. $ab<0$　　　C. $-b>a$　　　D. $a-b>0$

3. 填空题.

(1)$\sqrt{7}-5$ 的相反数是_____,$1-\sqrt{2}$ 的绝对值=_____.

(2)大于 $\sqrt{15}$ 小于 $\sqrt{35}$ 的整数是_____.

(3)比较大小:$2\sqrt{5}$_____$5\sqrt{2}$;$-\dfrac{5}{3}$_____$-\sqrt{3}$.

(4)若无理数 a 满足不等式 $1<a<4$,请写出两个符合条件的无理数_____.

(5)下列各数 $\dfrac{22}{7}$,0,$-\pi$,$\sqrt{8}$,$\sqrt[3]{64}$,$2-\sqrt{3}$ 中,无理数共有_____个.

(6)写出一个 3 和 4 之间的无理数_____.

(7)数轴上表示 $1-\sqrt{3}$ 的点到原点的距离是_____.

4. 解答题.

(1)化简

①$|2-\sqrt{3}|+|\sqrt{2}-\sqrt{3}|+|\sqrt{2}-2|$;

②$|m-\sqrt{m^2}|\,(m>0)$.

(2)已知 $y=\dfrac{\sqrt{x-1}+\sqrt{1-x}}{(x+1)\times 2\,013}+8$,求 y^x 的值.

(3)规定一种新的运算:$a\triangle b=a\cdot b-a+1$,如 $3\triangle 4=3\times 4-3+1$,请比较 $(-3)\triangle\sqrt{2}$ 与 $\sqrt{2}\triangle(-3)$ 的大小.

(4)是否存在正整数 $a,b(a<b)$,使其满足 $\sqrt{a}+\sqrt{b}+\sqrt{b}=\sqrt{1\,476}$,若存在,请求出 a,b 的值;若不存在,说明理由.

(5)请阅读下面的解题过程.

已知实数 a,b 满足 $a+b=8$,$ab=15$,且 $a>b$,试求 $a-b$ 的值.

解　因为 $a+b=8$,$ab=15$,

      所以 $(a+b)^2=a^2+2ab+b^2=64$,故 $a^2+b^2=34$.

      所以 $(a-b)^2=a^2-2ab+b^2=34-2\times 15=4$.

      又因为 $a>b$,

      所以 $a-b=\sqrt{4}=2$.

请仿照上面的解题过程,解答下面问题.

已知实数 x 满足 $x+\dfrac{1}{x}=\sqrt{8}$,且 $x>\dfrac{1}{x}$,试求 $x-\dfrac{1}{x}$ 的值.

祖冲之(429—500)是我国南北朝时期,河北省涞源县人.他从小就阅读了许多天文、数学方面的书籍,勤奋好学,刻苦实践,终于使他成为我国古代杰出的数学家、天文学家.

祖冲之在数学上的杰出成就是关于圆周率的计算.秦汉以前,人们以"径一周三"作为圆周率,这就是"古率".后来发现古率误差太大,圆周率应是"圆径一而周三有余",不过究竟余多少,意见不一.直到三国时期,刘徽提出了计算圆周率的科学方法——"割圆术",用圆内接正多边形的周长来逼近圆周长.刘徽计算到圆内接 96 边形,求得 $\pi \approx 3.14$,并指出内接正多边形的边数越多,所求得的 π 值越精确.祖冲之在前人成就的基础上,经过刻苦钻研,反复演算,求出 π 在 3.141 592 6 与 3.141 592 7 之间,并得出了 π 分数形式的近似值,取 $\frac{22}{7}$ 为约率,取 $\frac{355}{133}$ 为密率,其中 $\frac{355}{133}$ 取六位小数是 3.141 929,它是分子分母在 1 000 以内最接近 π 值的分数.祖冲之究竟用什么方法得出这一结果,现在无从考证.若设想他按刘徽的"割圆术"方法去求的话,就要计算到圆内接 16 384 边形,这需要花费多少时间和付出多么巨大的劳动啊!由此可见,他在治学上的顽强毅力和聪敏才智是令人钦佩的.祖冲之计算得出的密率,外国数学家获得同样结果已是一千多年以后的事了.为了纪念祖冲之的杰出贡献,有些外国数学史家建议把 π 叫作"祖率".

祖冲之博览当时的名家经典,坚持实事求是,他从亲自测量计算的大量资料中对比分析,发现过去历法的严重误差,并勇于改进,在他 33 岁时编制成功了《大明历》,开辟了历法史的新纪元.

祖冲之还与他的儿子祖暅(也是我国著名的数学家)一起,用巧妙的方法解决了球体体积的计算.他们当时采用的一条原理是:"幂势既同,则积不容异."意即位于两平行平面之间的两个立体,被任一平行于这两平面的平面所截,如果两个截面的面积恒相等,则这两个立体的体积相等.这一原理在西方被称为卡瓦列利原理,但这是在祖氏以后一千多年才由卡氏发现的.为了纪念祖氏父子发现这一原理的重大贡献,大家也称这原理为"祖暅原理".

第4章 复数

从自然数逐步扩大到实数，数是否"够用"了？够不够用，要看能不能满足实践的需要．

在研究一元二次方程 $x^2+1=0$ 时，人们提出了一个问题：我们都知道在实数范围内 $x^2+1=0$ 是没有解的，如果硬把它的解算一下，看看会得到什么结果呢？

由 $x^2+1=0$，得 $x^2=-1$．

两边同时开平方，得 $x=\pm\sqrt{-1}$（通常把 $\sqrt{-1}$ 记为 i）．

$\sqrt{-1}$ 是什么？是数吗？关于这个问题的正确回答，经历了一个很长的探索过程．

16 世纪意大利数学家卡尔丹和邦贝利在解方程时，首先引进了 $\sqrt{-1}$，对它还进行过运算．

17 世纪法国数学家和哲学家笛卡儿把 $\sqrt{-1}$ 叫作"虚数"，意思是"虚假的数""想象当中的，并不存在的数"．

数学家对虚数是什么样的数，一直感到神秘莫测．笛卡儿认为，虚数是"不可思议的"．大数学家莱布尼茨一直到 18 世纪还以为"虚数是神灵美妙与惊奇的避难所，它几乎是又存在又不存在的两栖物"．

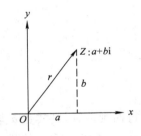

4.1 数系的扩充与复数的概念

数的概念是从实践中产生和发展起来的．早在人类社会初期，人们在狩猎、采集果实等劳动中，由于计数的需要，就产生了自然数，自然数的全体构成了自然数集 **N**．

随着生产与科学的发展，数的概念也得到了发展．

为了表示各种具有相反意义的量及记数的需要，引进了负数，将自然数集扩充到整数集 **Z**；为了解决分配、测量中遇到的将某些量进行等分的问题，引进了分数，将整数集扩充到有理数集 **Q**；像圆周率 π，2 的算术平方根等，无法用有理数表示，为了解决这个矛盾，又将有理数集扩充到实数集 **R**．

数的概念在不断发展的过程中,解决了数学运算中出现的许多矛盾. 分数解决了在整数集中不能整除的矛盾,无理数解决了开方开不尽的矛盾. 但是,即使到实数集范围内,也有像 $x^2+1=0$ 这样的无解的方程. 为此,我们引入了一个新数 i,称为虚数单位,并规定:

1) $i^2=-1$;

2) 数 i 和实数之间可进行四则运算,且加法和乘法满足交换律、结合律以及乘法对加法满足分配律.

依据上述的规定,可知虚数单位 i 具有下列性质:
$$i^1=i, \quad i^2=-1, \quad i^3=-i, \quad i^4=1.$$

进一步,可推得
$$i^{4n}=1, \quad i^{4n+1}=i, \quad i^{4n+2}=-1, \quad i^{4n+3}=-i.$$

其中 n 为正整数. 且规定:
$$i^0=1, \quad i^{-n}=\frac{1}{i^n}(n\in\mathbf{N}).$$

例 计算:

(1) i^{2013}; 　　　　　　(2) i^{-5}.

解:(1) $i^{2013}=i^{4\times503+1}=i$;

(2) $i^{-5}=i^{4\times(-2)+3}=i^3=-i$.

由于虚数单位 i 可以与实数进行四则运算,则实数 a 与数 i 相加,和可记作 $a+i$;把实数 b 与数 i 相乘,积可记作 bi;把实数 a 与实数 b 与数 i 的积相加,结果可记作 $a+bi$,于是出现了形如 $a+bi$ 的数,其中 a,b 是实数.

定义形如 $a+bi(a,b\in\mathbf{R})$ 的数为复数,常用字母 z 表示,即
$$z=a+bi\,(a,b\in\mathbf{R}).$$

其中,a,b 分别称为复数 z 的实部和虚部.

全体复数所组成的集合称为复数集,常用字母 **C** 表示,即
$$\mathbf{C}=\{z\,|\,z=a+bi,a,b\in\mathbf{R}\}.$$

当 $b=0$ 时,复数 $a+bi$ 就是实数 a;

当 $b\neq0$ 时,复数 $a+bi$ 称为虚数,这时若 $a=0$,则 $a+bi=bi$,bi 称为纯虚数.

这样,复数 $z=a+bi\,(a,b\in\mathbf{R})$ 可以进行如下分类:

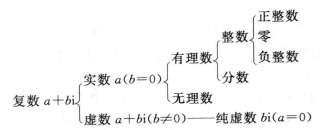

从而,复数集、实数集、虚数集、纯虚数集之间的关系,可用图 4—1 表示.

图 4—1

设复数 $z_1=a+bi$,$z_2=c+di$,若 $a=c$,$b=d$,即两个复数 z_1 与 z_2 的实部和虚部分别相等,则称复数 z_1 与 z_2 相等,记作 $z_1=z_2$.

思考:复数可以比较大小么?

任意两个实数都可以比较大小,但两个复数如果不全是实数,则不能比较它们的大小.

当两个复数实部相等,虚部互为相反数时,这两个复数称为共轭复数,复数 z 的共轭复数用 $\bar{z}$ 表示.即 $z=a+bi$,则 $\bar{z}=a-bi$.

例 1　已知 $3+2i$,0,$8i$.

(1)判断哪些是复数、实数、虚数、纯虚数;

(2)写出各复数的实部和虚部.

解:(1)这三个数都是复数,其中 0 是实数,$8i$ 是虚数且是纯虚数,$3+2i$ 是虚数.

(2)复数 $3+2i$ 的实部是 3,虚部是 2;复数 0 的实部是 0,虚部是 0;复数 $8i$ 的实部是 0,虚部是 8.

例 2　实数 m 取何值时? 复数 $z=(m+2)+(m-3)i$ 是(1)实数;(2)虚数;(3)纯虚数.

解:(1)当 $m-3=0$,即 $m=3$ 时,复数 z 是实数;

(2)当 $m-3\neq0$ 时,即 $m\neq3$ 时,复数 z 是虚数;

(3)当 $\begin{cases}m+2=0,\\m-3\neq0,\end{cases}$ 即 $m=-2$ 时,复数 z 是纯虚数.

习题演练

1. 计算下列各式.

　　(1)i^7.　　　　(2)$-i^8$.　　　　(3)i^{2013}.　　　　(4)$-i^{1998}$.

2. 说出下列复数的实部和虚部.

$$-3+2i,\qquad \sqrt{3}-5i,\qquad \frac{1}{3}i-\frac{4}{5},\qquad i,\qquad 0.$$

3. 指出下列各数中,哪些是实数,哪些是虚数,哪些是纯虚数,为什么?

$2+\sqrt{3}$, $\quad 0.32+2i$, $\quad 0.659$, $\quad 0$, $\quad i^4$, $\quad i$, $\quad 5i+9$, $\quad 9-3\sqrt{2}i$, $\quad i(2-\sqrt{6})$.

4. 实数 x,y 满足 $(2x+y)-(3-y)i=6+5i$,求 x,y 的值.

5. 实数 x,y 满足复数 $(x-1)+3i$ 与 $(7-x-y)-(2y-1)i$ 是共轭复数,求 x,y 的值.

复数的几何意义

实数与数轴上的点是一一对应的,也就是说实数的几何意义是:实数可以用数轴上的点来表示.那么复数又有什么样的几何意义呢?

按照复数相等的定义,任何一个复数 $z=a+bi$,都可以由一个有序实数对 (a,b) 唯一确定.由于有序实数对 (a,b) 与平面直角坐标系中的点一一对应,因此复数集与平面直角坐标系中的点集之间可以建立一一对应的关系.

如图 4-2 所示,点 Z 的横坐标是 a,纵坐标是 b,复数 $z=a+bi$ 可用点 $Z(a,b)$ 表示,这个建立了直角坐标系表示复数的平面叫作复平面,x 轴叫作实轴,y 轴叫作虚轴.显然,实轴上的点都表示实数;除了原点外,虚轴上的点都表示纯虚数.

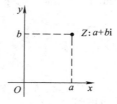

例如:复平面内的原点 $(0,0)$ 表示实数 0,实轴上的点 $(1,0)$ 表示实数 1,虚轴上的点 $(0,1)$ 表示纯虚数 i,点 $(2,3)$ 表示复数 $2+3i$ 等.

因此,每个复数在复平面内都有唯一的一个点与它对应;反之,复平面内的每个点都有唯一一个复数与它对应.即复数集 $\mathbf{C}$ 与复平面内的点是一一对应的,可表示为

$$复数\ z=a+bi\ \xrightarrow{\ 一一对应\ }\ 复平面内的点\ Z(a,b)$$

这就是复数的几何意义.

在平面直角坐标系中,每一个平面向量都可以用一个有序实数对来表示,而有序实数对与复数是一一对应的.这样,我们也可以用平面向量来表示复数.

如图 4-3 所示,设复平面内的点 Z 表示复数 $z=a+bi$,连结 OZ,显然向量 $\overrightarrow{OZ}$ 由点 Z 唯一确定;反过来,点 Z(相对于原点来说)也可以由向量 $\overrightarrow{OZ}$ 唯一确定.因此,复数集 $\mathbf{C}$ 与复平面内的向量所成的集合也是一一对应的(实数 0 与零向量对应),即

$$复数\ z=a+bi\ \xrightarrow{\ 一一对应\ }\ 平面向量\ \overrightarrow{OZ}$$

这是复数的另一种几何意义.

为方便起见,我们常把复数 $z=a+bi$ 说成点 Z 或说成向量 $\overrightarrow{OZ}$,并规定相等的向量表示同一个复数.

4.2 复数代数形式的四则运算

从实数集扩充到复数集之后,原有的加法、减法、乘法可按照多项式的加法、减法、乘法的法则进行运算,只有除法有所变化.

一、复数代数形式的加减运算及其几何意义

1. 复数的加法法则

设 $z_1=a+bi$,$z_2=c+di$ 是任意两个复数,则
$$(a+bi)+(c+di)=(a+c)+(b+d)i.$$
即复数的加法法则是实部与实部相加,虚部与虚部相加.

设 z_1,z_2,z_3 是任意复数,则有
$$z_1+z_2=z_2+z_1,$$
$$(z_1+z_2)+z_3=z_1+(z_2+z_3).$$

设 $\overrightarrow{OZ_1}$,$\overrightarrow{OZ_2}$ 分别与复数 $z_1=a+bi$,$z_2=c+di$ 对应,则 $\overrightarrow{OZ_1}=(a,b)$,$\overrightarrow{OZ_2}=(c,d)$. 根据平面向量的坐标运算,得
$$\overrightarrow{OZ_1}+\overrightarrow{OZ_2}=(a+c,b+d).$$

这说明向量 $\overrightarrow{OZ_1}$,$\overrightarrow{OZ_2}$ 的和就是与复数 $(a+c)+(b+d)i$ 对应的向量. 因此,复数的加法可以按照向量的加法来进行(图 4—4),这就是复数加法的几何意义.

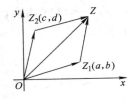

图 4—4

2. 复数的减法法则

类比实数集中减法的意义,规定复数的减法是加法的逆运算,即把满足 $(c+di)+(x+yi)=a+bi$ 的复数 $x+yi$ 叫作复数 $a+bi$ 减去复数 $c+di$ 的差,记作 $(a+bi)-(c+di)$. 根据复数相等的定义,有

$$c+x=a, d+y=b,$$

因此

$$x=a-c, y=b-d,$$

所以

$$x+yi=(a-c)+(b-d)i,$$

即

$$(a+bi)-(c+di)=(a-c)+(b-d)i.$$

这就是复数的减法法则. 由此可见,两个复数的差是一个确定的复数.

实例分析

例 1　计算 $(2+4i)+(3-i)+(-3-5i)$.

解: $(2+4i)+(3-i)+(-3-5i)$

$=(2+3-3)+(4-1-5)i$

$=2-2i.$

例 2　已知 $z_1=3-6i, z_2=-5-2i$,求:

$(1)z_1+z_2$; $(2)z_1-z_2$.

解: $(1)z_1+z_2=(3-6i)+(-5-2i)$

$\qquad\qquad =(3-5)+[-6+(-2)]i=-2-8i;$

$(2)z_1-z_2=(3-6i)-(-5-2i)=[3-(-5)]+[-6-(-2)]i=8-4i.$

二、复数代数形式的乘除运算

1. 复数的乘法法则

设 $z_1=a+bi, z_2=c+di$ 是任意两个复数,则

$$z_1z_2=(a+bi)(c+di)=ac+bci+adi+bdi^2$$
$$=(ac-bd)+(ad+bc)i.$$

上式说明,两个复数相乘,类似于两个多项式相乘,只要注意将展开结果中的 i^2 换成 -1,并且将实部和虚部分别进行合并即可.

设 z_1, z_2, z_3 是任意复数,则有

$$z_1z_2=z_2z_1,$$

$$(z_1 \cdot z_2) \cdot z_3=z_1 \cdot (z_2 \cdot z_3),$$

$$z_1(z_2+z_3)=z_1z_2+z_1z_3.$$

例 计算：

(1)$(3+2i)(3-2i)$；　　(2)$(1+i)(1+4i)(-1-2i)$；　(3)$(1-i)^2$.

解：(1)$(3+2i)(3-2i)=(9+4)+(6-6)i=13$；

(2)$(1+i)(1+4i)(-1-2i)=(-3+5i)(-1-2i)=13+i$；

(3)$(1-i)^2=1-2i+i^2=-2i$.

2. 复数的除法法则

两个复数 $z_1=a+bi$，$z_2=c+di(c+di\neq 0)$ 相除，先写成分式的形式，然后把分子与分母都乘以分母的共轭复数，并且把结果化简写成复数的一般形式．即

$$\frac{z_1}{z_2}=\frac{a+bi}{c+di}=\frac{(a+bi)(c-di)}{(c+di)(c-di)}$$
$$=\frac{(ac+bd)+(bc-ad)i}{c^2+d^2}$$
$$=\frac{ac+bd}{c^2+d^2}+\frac{bc-ad}{c^2+d^2}i.$$

上式说明，两个复数相除（除数不为 0），所得的商是一个确定的复数．

在进行复数除法运算时，通常先把 $(a+bi)\div(c+di)$ 写成 $\frac{a+bi}{c+di}$ 的形式，再把分子与分母都乘以分母的共轭复数 $c-di$，化简后就可得到上面的结果．这与作根式除法时的处理是很类似的．在作根式除法时，分子、分母都乘以分母的"有理化因式"，从而使分母"有理化"．这里分子、分母都乘以分母的"实数化因式"（共轭复数），从而使分母"实数化"．

例 计算 $(1-2i)\div(3+4i)$.

解：$(1-2i)\div(3+4i)=\dfrac{1-2i}{3+4i}=\dfrac{(1-2i)(3-4i)}{(3+4i)(3-4i)}$

$\qquad\qquad=\dfrac{-5-10i}{3^2+4^2}=-\dfrac{1}{5}-\dfrac{2}{5}i.$

习题演练

1. 计算．

(1)$(3+4i)(-5i)$；　　　　　　　　(2)$(2-3i)(-i-3)$；

(3)$(1+2i)(3-2i)(-2-3i)$.

2. 计算．

(1)$(1+i)^2$；　　　　　　　　　　(2)$i(2+i)(-2-8i)$.

3. 计算．

(1)$1\div i$；　　　　　　　　　　　(2)$(1-i)\div(2+3i)$；

(3) $\dfrac{7-i}{3+2i}$;　　　　　　　　(4) $\dfrac{1-i}{1+i}$.

本 章 小 结

一、本章知识网络

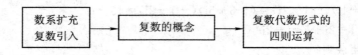

二、回顾与思考

1) 复数系是在实数系的基础上扩充而得到的. 数系扩充的过程体现了实际需求与数学内部的矛盾(数的运算规则、方程求根)对数学发展的推动作用,同时也体现了人类理性思维的作用.

2) 学习复数应联系实数,注意到复数事实上是一对有序实数,比较实数、虚数、纯虚数、复数之间的区别和联系,比较实数和复数的几何意义的区别.

复 习 题

1. 选择题

(1) 已知 i 是虚数单位,则 $(-1+i)(2-i)=$(　　).

  A. $-3+i$　　　　　B. $-1+3i$　　　　　C. $-3+3i$　　　　　D. $-1+i$

(2) 如右图所示,在复平面内,点 A 表示复数 z 的共轭复数,则复数 z 对应的点是(　　).

  A. A　　　　B. B　　　　C. C　　　　D. D

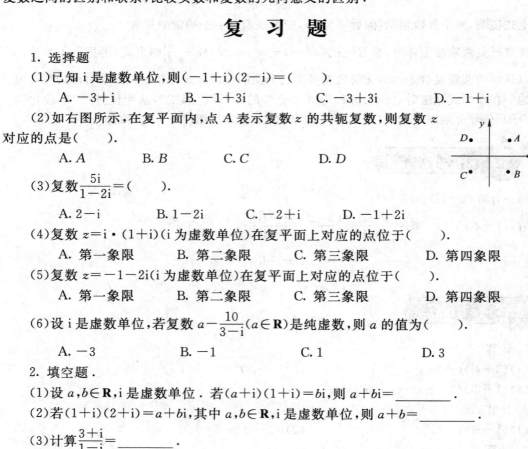

(3) 复数 $\dfrac{5i}{1-2i}=$(　　).

  A. $2-i$　　　　B. $1-2i$　　　　C. $-2+i$　　　　D. $-1+2i$

(4) 复数 $z=i\cdot(1+i)$(i 为虚数单位)在复平面上对应的点位于(　　).

  A. 第一象限　　　　B. 第二象限　　　　C. 第三象限　　　　D. 第四象限

(5) 复数 $z=-1-2i$(i 为虚数单位)在复平面上对应的点位于(　　).

  A. 第一象限　　　　B. 第二象限　　　　C. 第三象限　　　　D. 第四象限

(6) 设 i 是虚数单位,若复数 $a-\dfrac{10}{3-i}$($a\in\mathbf{R}$)是纯虚数,则 a 的值为(　　).

  A. -3　　　　B. -1　　　　C. 1　　　　D. 3

2. 填空题.

(1) 设 $a,b\in\mathbf{R}$,i 是虚数单位. 若 $(a+i)(1+i)=bi$,则 $a+bi=$ _____.

(2) 若 $(1+i)(2+i)=a+bi$,其中 $a,b\in\mathbf{R}$,i 是虚数单位,则 $a+b=$ _____.

(3) 计算 $\dfrac{3+i}{1-i}=$ _____.

(4) 若复数 $z_1=4+29i$,$z_2=6+9i$,其中 i 是虚数单位,则复数 $(z_1-z_2)i$ 的实部为

_____.

(5)复数 $\dfrac{3i}{1+i^5}$ 的虚部为_____.

(6)若复数 z 满足 $z(1+i)=2$,则 z 的实部是_____.

3. 解答题.

(1)求 $(1-i)^6$ 的实部.

(2)求 $\dfrac{(1-i)^3}{1+i}$ 的值.

(3)已知复数 $z=\dfrac{a^2-7a+6}{a+1}+(a^2-5a-6)i(a\in\mathbf{R})$,试求实数 a 分别为何值时,z 分别为:①实数;②虚数;③纯虚数.

复数的起源

最早有关负数方根的文献出现于公元 1 世纪希腊数学家海伦,他考虑的是平顶金字塔不可能问题.

16 世纪意大利米兰学者卡当(1501—1576)在 1545 年发表的《重要的艺术》一书中,公布了三次方程的一般解法,被后人称为"卡当公式". 他是第一个把负数的平方根写到公式中的数学家,并且在讨论是否可能把 10 分成两部分,使它们的乘积等于 40 时,他把答案写成

$$(5+\sqrt{-15})\times(5-\sqrt{-15})=25-(-15)=40.$$

尽管他认为 $5+\sqrt{-15}$ 和 $5-\sqrt{-15}$ 这两个表示式是没有意义的、想象的、虚无飘渺的,但他还是把 10 分成了两部分,并使它们的乘积等于 40.

给出"虚数"这一名称的是法国数学家笛卡儿(1596—1650),他在《几何学》(1637 年发表)中使"虚的数"与"实的数"相对应,从此虚数才流传开来.

数系中发现一颗新星——虚数,于是引起了数学界的一片困惑,很多大数学家都不承认虚数. 瑞士数学大师欧拉(1707—1783)说:"一切形如 $\sqrt{-1}$,$\sqrt{-2}$ 的数学式子都是不可能有的,是想象的数,因为它们所表示的是负数的平方根. 对于这类数,我们只能断言,它们既不是什么都不是,也不比什么都不是多些什么,更不比什么都不是少些什么,它们纯属虚幻."然而,真理性的东西一定可以经得住时间和空间的考验,最终占有自己的一席之地. 法国数学家达朗贝尔(1717—1783)在 1747 年指出,如果按照多项式的四则运算规则对虚数进行运算,那么它的结果总是 $a+bi$ 的形式(a、b 都是实数). 法国数学家棣莫弗(1667—1754)在 1730 年发现了著名的棣莫弗定理. 欧拉在 1748 年发现了有名的关系式,并且是他在《微分公式》(1777 年)一文中第一次用 i 来表示 -1 的平方根,首创了用符号 i 作为虚数的单位. "虚数"实际上不是想象出来的,而它是确实存在的. 挪威的测量学家成塞尔(1745—1818)在 1779 年试图给这种虚数以直观的几何解释,并首先发表其做法,然而没有得到学术界的重视.

18 世纪末,复数渐渐被大多数人接受,当时卡斯帕尔·韦塞尔提出复数可看作平面上

的一点．数年后，高斯再提出此观点并大力推广，复数的研究开始高速发展．但是早在 1685 年约翰·沃利斯已经提出此一观点．

卡斯帕尔·韦塞尔 1799 年发表的文章，以当今标准来看，也是相当清楚和完备的．他又考虑球体，得出四元数并以此提出完备的球面三角学理论．1804 年，AbbéBuée 亦独立地提出与沃利斯相似的观点，即以 i 来表示平面上与实轴垂直的单位线段．1806 年，Buée 的文章正式刊出，同年让－罗贝尔·阿尔冈亦发表同类文章，而阿尔冈的复平面成了标准．1831 年高斯认为复数不够普及，次年他发表了一篇备忘录，奠定了复数在数学的地位．柯西及阿贝尔的努力，扫除了复数使用的最后顾忌，后者更是首位以复数研究而著名．

复数吸引了著名数学家的注意，包括库默尔（1844 年）、克罗内克（1845 年）、舍弗勒（1845 年、1851 年、1880 年）、乔治·皮库克（1845 年）及德·摩根（1849 年）．莫比乌斯发表了大量有关复数几何的短文，约翰·彼得·狄利克雷将很多实数概念，例如素数，推广至复数．

德国数学家阿甘得（1777—1855）在 1806 年公布了虚数的图像表示法，即所有实数能用一条数轴表示，同样虚数也能用一个平面上的点来表示．在直角坐标系中，横轴上取对应实数 a 的点 A，纵轴上取对应实数 b 的点 B，并过这两点引平行于坐标轴的直线，它们的交点 C 就表示复数．像这样，由各点都对应复数的平面叫作"复平面"，后来又称"阿甘得平面"．高斯在 1831 年，用实数组代表复数，并建立了复数的某些运算，使得复数的某些运算也像实数一样地"代数化"．他又在 1832 年第一次提出了"复数"这个名词，还将表示平面上同一点的两种不同方法——直角坐标法和极坐标法加以综合．统一于表示同一复数的代数式和三角式两种形式中，并把数轴上的点与实数一一对应，扩展为平面上的点与复数一一对应．高斯不仅把复数看作平面上的点，而且还看作是一种向量，并利用复数与向量之间一一对应的关系，阐述了复数的几何加法与乘法．至此，复数理论才比较完整和系统地建立起来了．

经过许多数学家长期不懈的努力，深刻探讨并发展了复数理论，才使得在数学领域游荡了 200 年的幽灵——虚数揭去了神秘的面纱，显现出它的本来面目，原来虚数不"虚"．虚数成为了数系大家庭中的一员，从而实数集才扩充到了复数集．

随着科学和技术的进步，复数理论已越来越显出它的重要性，它不但对于数学本身的发展有着极其重要的意义，而且为证明机翼上升力的基本定理起到了重要作用，并在解决堤坝渗水的问题中显示了它的威力，也为建立巨大水电站提供了重要的理论依据．

1707 年 4 月 15 日, 莱昂哈德·欧拉诞生在瑞士巴塞尔城的近郊. 父亲是位基督教的教长, 喜爱数学, 是欧拉的启蒙老师.

欧拉幼年聪明好学, 他父亲希望他"子承父业", 但欧拉却不热衷于宗教. 1720 年, 13 岁的欧拉进入了巴塞尔大学, 学习神学、医学、东方语言. 由于他非常勤奋, 显露出很高的才能, 受到该大学著名数学家约翰·伯努利教授的赏识. 伯努利教授决定单独教他数学, 这样一来, 欧拉同约翰·伯努利的两个儿子尼古拉·伯努利和丹尼尔·伯努利结成了好朋友. 这里要特别说明的是, 伯努利家族是个数学家庭, 祖孙四代共出了十位数学家.

欧拉 16 岁大学毕业, 获得硕士学位. 在伯努利家庭的影响下, 欧拉决心以数学为终生的事业. 他 18 岁开始发表论文, 19 岁发表了关于船桅的论文, 荣获巴黎科学院奖金. 以后, 他几乎连年获奖, 奖金成了他的固定收入. 欧拉大学毕业后, 经丹尼尔·伯努利的推荐, 应沙皇叶卡捷琳娜一世女王之约, 来到俄国的首都圣彼得堡. 在他 16 岁时担任了彼得堡科学院的数学教授.

在沙皇时代, 生活条件较差, 加上欧拉夜以继日的工作、研究, 终于在 1735 年得了眼病, 导致右眼失明.

1741 年, 欧拉因普鲁士国王的邀请到柏林科学院供职兼任物理数学所所长. 1759 年, 欧拉成为柏林科学院的领导人. 1741—1766 年这四分之一世纪间, 欧拉精神虽不是十分愉快, 但他正值壮年黄金时代, 为柏林与圣彼得堡这两个科学院提交了几百篇论文. 特别是他成功地将数学应用于各种实际科学与技术领域, 为普鲁士王国解决了大量社会实际问题.

欧拉 59 岁时, 因沙皇女王叶卡捷琳娜二世诚恳地聘请, 欧拉重回圣彼得堡. 在一次研究计算彗星轨道的新方法时, 旧病复发, 导致仅有的左眼失明.

灾难接踵而至, 1771 年圣彼得堡一场大火, 欧拉的藏书及大量研究成果都化为灰烬. 接二连三的打击, 并没有使欧拉丧失斗志, 他发誓要把损失夺回来. 眼睛看不见, 他就口述, 由他儿子记录, 继续写作. 欧拉凭着他惊人的记忆力和心算能力, 一直没有间断研究, 时间长达 17 年之久.

欧拉对数学的贡献是巨大的. 1748 年在瑞士洛桑出版了《无穷小分析引论》, 这是第一部沟通微积分与初等数学的分析学著作. 1755 年发表了《微分学原理》, 1768—1774 年发表了《积分学原理》, 这对牛顿和莱布尼茨的微积分与傅里叶级数理论的发展起了巨大的推动作用. 1774 年发表了《寻求具有某种极大或极小性质的曲线的技巧》一书, 使变分法作为一个新的数学分支诞生了．欧拉还是复变函数论的先驱者．他在数论研究上也卓有功绩的．如著名的哥德巴赫猜想，就是他在 1742 年与哥德巴赫的通信中，提出来的．1770 年失明后，欧拉口述写了《代数学完整引论》，成为欧洲几代人的教科书．欧拉在概率论、微分几何、代数拓扑学等方面都有重大贡献，欧拉在初等数学的算术、代数、几何、三角学上的创见与成就更是比比皆是、不胜枚举．根据已经出版的欧拉书信与手稿集来看，其中数学所占的比例为 40％，位居首位．从这些手稿中可以发现，欧拉成就最鲜明的特点是：他把数学研究之手伸入自然与社会的深层．他不仅是杰出的数学家，而且是理论联系实际的巨匠．他着眼实践，在社会与科学需要的推动下从事数学研究，反过来，又用数学理论促进各门自然科学的发展．

还有一点值得一提的是，欧拉对数学符号的创立及推广的贡献．比如用 e 表示自然对数的底，用 i 表示 $\sqrt{-1}$，用 $f(x)$ 作为函数的符号，π 虽不是欧拉首先提出的，但是在欧拉倡导下推广普及的．同时，欧拉非常重视人才，奖掖后生．法国著名的数学家拉格朗日就是在欧拉的提拔之下一举成名的．

瑞士的埃米尔·费尔曼是这样评价欧拉的：欧拉不仅是历史上最有成就的数学家，而且也是历来最博学的人之一……就其声望而言，堪与伽利略、牛顿和爱因斯坦齐名．

第5章 集合

集合是现代数学的基本语言,可以简洁、准确地表达数学内容,其运用已渗透到了学前教育的活动中. 如幼儿教师要求小朋友在观察给定的一些树叶后,按树叶的大小、外形、颜色进行分类,并记下分类后的数量,这就是集合知识的运用之一. 本章将学习关于集合的基础知识,用集合语言表示相关数学对象,用集合方法解决相关数学问题.

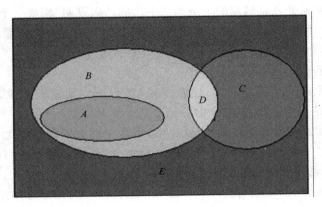

5.1 集合的含义与表示

数学区里有一筐颜色、形状不同的几何图形片,教师让幼儿们把一样的放在一起. 明明拿起一个小碗,把筐里的红片片拾进碗里(他最喜欢红色),他旁边的楠楠也在拾片片. 明明往楠楠的碗里一看,发现楠楠的碗里有红圆片、绿圆片、黑圆片等好多各种颜色的圆片片,顿时大叫起来:"你找的是什么乱七八糟的东西呀!"这时,楠楠也发现了明明的碗里有圆形、三角形、长方形等各种形状的红色片片,于是也大声嚷嚷道:"看你才是找得乱七八糟的呢!"小朋友们都围了过来,有的站在明明一边,有的站在楠楠一边,双方争执不休. 只有成成看了他们的两碗片片说:"别吵了,你们两个找的都对!"经成成这么一提醒,明明、楠楠还有许多小朋友忽然明白了过来,大家笑着纷纷散去.

像上述小朋友碗里装的几何图形,明明是把每一个红色的几何图形作为一个元素,这些元素的全体便组成一个集合;楠楠是把每一个圆形片片作为一个元素,这些元素的全体也组成一个集合.

1. 集合的概念

一般地，我们把一定范围内研究的对象称为元素，把一些确定的元素组成的总体叫作集合．

集合也可以定义为具有某种相同属性的对象所组成的整体．集合中的"相同属性"可以是物体的某一特征，如颜色、大小、形状；也可以是物体的名称，如铅笔、草莓等．它既是一个集合的标志，又是组成一个集合的依据．

在集合中，那些被确定的具有共同属性的一个个对象，是这个集合的元素．

给定集合中的元素必须是确定的．例如："中国的四大发明"构成一个集合，该集合的元素就是火药、指南针、印刷术、造纸术，而蒸汽机就不是这个集合中的元素；"china"中的字母构成一个集合，该集合中的元素就是 c,h,i,n,a. 但"我校个子高的学生"不能构成集合，因为组成它的元素是不确定的．

给定集合中的元素是互不相同的，也就是说，集合中的元素是不重复出现的．例如，"book"中的字母构成一个集合，该集合中的元素是 b,o,k.

给定集合中的元素是没有顺序的，也就是说，集合中的元素的顺序无论怎样变化，都表示同一集合．例如："中国的四大发明"构成的一个集合，该集合的元素可以说是火药、指南针、印刷术、造纸术，也可以说成是指南针、造纸术、印刷术、火药．

集合常用大写的拉丁字母来表示，如集合 A、集合 B……，元素常用小写的拉丁字母来表示，如元素 a、元素 b……．

如果 a 是集合 A 中的元素，就记作 $a \in A$，读作"a 属于 A"；如果 a 不是集合 A 中的元素，就记作 $a \notin A$，读作"a 不属于 A".

2. 集合的表示方法

表示集合的常用方法有以下三种．

列举法：将集合中的元素一一列举出来，并置于大括号"{ }"内，如{火药，指南针，印刷术，造纸术}，{c,h,i,n,a}. 用这种方法表示集合，元素之间要用逗号分隔，但列举法与元素的次序无关．

描述法：将集合中所有元素都具有的性质（满足的条件）表示出来，写成 $\{x \mid P(x)\}$ 的形式，如{$x \mid x$ 是 1~20 以内的质数}．

韦恩图法：用一条封闭的曲线把集合的元素圈起来表示集合的方法．其突出特点是形象直观，如图 5－1 所示．

数学中一些常用的数集及其记法如下：

1）全体非负整数组成的集合称为非负整数集（或自然数集），记为 **N**；

2）所有正整数组成的集合称为正整数集，记为 $\mathbf{N}_+$；

3）全体整数组成的集合称为整数集，记为 **Z**；

4）全体有理数组成的集合称为有理数集，记为 **Q**；

5）全体实数组成的集合称为实数集，记为 **R**.

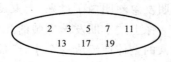

图 5－1

例1 试分别用列举法和描述法表示下列集合：

(1)9 的平方根组成的集合；

(2)大于 3 且小于 12 所有的整数组成的集合.

解：(1)设 9 的平方根为 x，9 的平方根组成的集合用描述法表示为

$$A=\{x\,|\,x\text{ 是 }9\text{ 的平方根},x\in\mathbf{R}\},$$

9 的平方根是 3、-3，因此集合 A 用列举法表示为

$$A=\{-3,3\};$$

(2)设大于 3 且小于 12 的整数为 x，因此所要表示的集合用描述法以及列举法可分别表示为

$$B=\{x\,|\,3<x<12,x\in\mathbf{N}\},$$
$$B=\{4,5,6,7,8,9,10,11\}.$$

我们知道，在实数范围内，-1 没有平方根，所以 -1 的平方根组成的集合中没有元素.
我们把不含任何元素的集合叫作空集，记作 $\varnothing$.

例2 求 -1 的平方根组成的集合.

解：因为在实数范围内，-1 没有平方根，所以

$$\{x\,|\,x\text{ 是 }-1\text{ 的平方根},x\in\mathbf{R}\}=\varnothing.$$

1. 用符号"$\in$"或"$\notin$"填空：

(1)设 A 为所有亚洲国家组成的集合，则中国____A，美国____A，韩国____A，英国____A；

(2)0 ____ $\mathbf{N}$，-5 ____ $\mathbf{N}$，π ____ $\mathbf{Q}$，$\dfrac{2}{3}$ ____ $\{2,3\}$，

2.3 ____ $\mathbf{Z}$，-8 ____ $\mathbf{Q}$，$\sqrt{5}$ ____ $\mathbf{R}$，0 ____ $\varnothing$；

(3)$B=\{x\,|\,2<x<8,x\in\mathbf{N}\}$，则 $\dfrac{1}{3}$ ____ B，4 ____ B；

(4)$C=\{x\,|-2<x<8,x\in\mathbf{R}\}$，则 $\dfrac{1}{3}$ ____ C，8 ____ C.

2. 判断下列说法是否正确.

(1)"某学校唱歌唱得好的同学"构成一个集合. （　　）

(2)小于 5 且不小于 -2 的偶数集合是 $\{-2,2,4\}$. （　　）

(3)集合 $\{0\}$ 中不含有元素. （　　）

(4)$\{1,-3\}$ 与 $\{-3,1\}$ 是两个不同的集合. （　　）

(5)"充分接近 $\sqrt{3}$ 的实数"构成一个集合. （　　）

(6)已知集合 $S=\{a,b,c\}$ 中的元素是 $\triangle ABC$ 的三边长，那么 $\triangle ABC$ 一定不是等腰三角形. （　　）

3. 用列举法表示下列集合：

(1) $A = \{x \mid x$ 是 7 的平方根, $x \in \mathbf{R}\}$；

(2) $B = \{x \mid 2 < x < 9, x \in \mathbf{N}\}$；

(3) $C = \{x \mid x$ 是 "kindergarden" 中的字母$\}$.

4. 用描述法表示下列集合：

(1) 由 8 的平方根组成的集合；

(2) 正奇数的集合.

5.2 集合间的基本关系

集合是现代数学的基本语言，可以简洁、准确地表达数学内容；其运用已渗透到了学前教育的活动中，如幼儿教师要求小朋友在观察给定的一些树叶后，按树叶的大小、外形、颜色进行分类，并记下分类后的数量，这就是集合知识的运用之一.

在实数集合中，任意两个实数间有相等关系、大小关系等. 类比实数之间的关系，集合之间会有什么关系？

观察下列各组集合，你能发现两个集合间的关系吗？ 你能用语言来表述这种关系吗？

1) $A = \{x \mid x$ 是 14 级 1 班参加田径项目比赛的学生$\}$，$B = \{x \mid x$ 是 14 级 1 班的学生$\}$.

2) $A = \{1, 2, 3\}$，$B = \{-1, 0, 1, 2, 3, 4\}$.

3) $A = \{x \mid x$ 是中国的四大发明$\}$，$B = \{$指南针，造纸术，火药，印刷术$\}$.

可见，在问题 (1)、(2) 中，集合 A 与集合 B 都有这样的一种关系，即集合 A 的任何一个元素都是集合 B 的元素，这时就说集合 A 与集合 B 有包含关系.

一般地，如果集合 A 的任何一个元素都是集合 B 的元素则称集合 A 为集合 B 的子集，记为 $A \subseteq B$ 或 $B \supseteq A$，读作"集合 A 包含于集合 B"或"集合 B 包含集合 A". 如

$$\{1, 2, 3\} \subseteq \{-1, 0, 1, 2, 3, 4\}.$$

在学前教育的活动中，所有红色树叶构成的集合就是全部树叶构成的集合的子集.

$A \subseteq B$ 可以用文氏图示意，如图 5—2 所示.

根据子集的定义，我们知道 $A \subseteq A$，也就是说，任何一个集合是它本身的子集；对于空集 $\varnothing$，我们规定 $\varnothing \subseteq A$，即空集是任何集合的子集.

在问题 (3) 中，由于"中国的四大发明"就是指南针、造纸术、火药、印刷术，因此集合 A 中的元素与集合 B 中的元素是完全相同的.

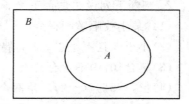

图 5—2

如果两个集合所含的元素完全相同（即集合 A 的元素都是集合 B 的元素，集合 B 的元

素也都是集合 A 的元素）则称这两个集合相等，记作 $A=B$. 例如：

$$\{x\,|\,x\text{ 是中国的四大发明}\}=\{\text{指南针，造纸术，火药，印刷术}\},$$
$$\{x\,|\,x\text{ 是 4 的平方根}\}=\{2,-2\}.$$

例 1　写出集合 $\{a,b\}$ 的所有子集.

解：集合 $\{a,b\}$ 的所有子集是 $\varnothing,\{a\},\{b\},\{a,b\}$.

如果 $A\subseteq B$ 并且 $A\neq B$，这时集合 A 称为集合 B 的真子集，记作 $A\subset B$ 或 $B\supset A$，读作"A 真包含于集合 B"，或"B 真包含 A". 如 $\{a\}\subset\{a,b\}$，$\{b\}\subset\{a,b\}$（符号"$\subset$"也可表示为 $\subsetneqq$）.

例 2　下列各组的 3 个集合中，哪两个集合之间具有真包含关系？

(1) $S=\{-3,-1,0,1,3\}$，$A=\{-3,-1\}$，$B=\{0\}$；

(2) $S=\{x\,|\,x\text{ 是地球人}\}$，$A=\{x\,|\,x\text{ 是中国人}\}$，$B=\{x\,|\,x\text{ 是意大利人}\}$.

解：在 (1)、(2) 中都有 $A\subset S$，$B\subset S$.

1. 判断下列表示是否正确：

(1) $\{0,2,5\}\subset\{0,2,5\}$；　　　　(2) $a\subseteq\{a\}$；

(3) $\{1\}\subseteq\{1,2\}$；　　　　　　(4) $\varnothing\subset\{0\}$；

(5) $\{a,b\}=\{b,a\}$；　　　　　　(6) $\varnothing=\{0\}$；

(7) $A=\{x\,|\,1<x<4\}$，$B=\{x\,|\,0<x<2\}$，则 $A\subset B$.

2. 写出集合 $\{1,2,3\}$ 的所有子集，并指出哪些是它的真子集，哪些是它的非空真子集.

3. 用适当的符号填空：

(1) a ____ $\{a\}$；　　　　　　　　　(2) e ____ $\{a,b,c\}$；

(3) 1 ____ $\{x\,|\,x\text{ 是最小的自然数}\}$；(4) $\varnothing$ ____ $\{x\,|\,x\text{ 是}-3\text{ 的平方根}，x\in\mathbf{R}\}$.

4. 判断下列两个集合之间的关系：

(1) $A=\{1,3,9\}$，$B=\{x\,|\,x\text{ 是 27 的约数}\}$；

(2) $A=\{x\,|\,x\text{ 是平行四边形}\}$，$B=\{x\,|\,x\text{ 是正方形}\}$；

(3) $A=\{x\,|\,x=2k,k\in\mathbf{N}\}$，$B=\{x\,|\,x=4k,k\in\mathbf{N}\}$.

5.3　集合的基本运算

5.3.1　交集、并集

幼儿园里正在玩着根据图形找家游戏. 幼儿教师出示两个空心的大圆，告诉幼儿分别

是圆形的家和红颜色的家,请幼儿送图形回家. 有没有办法让红色的圆形既能和圆形住在一起又能和红色的图形住在一起?

知识链接

我们知道,给出两个实数,通过不同的运算可得到新的实数. 类比实数的运算,对于给定的集合,是否通过一些运算,能得到新的集合呢?

观察下列各组集合,说出集合 A,B,C 之间的关系:

1）$A=\{x\,|\,x$ 是 14 级 1 班参加田径项目比赛的同学$\}$,

　　$B=\{x\,|\,x$ 是 14 级 1 班参加球类项目比赛的同学$\}$,

　　$C=\{x\,|\,x$ 是 14 级 1 班既参加田径项目比赛又参加球类项目比赛的同学$\}$;

2）$A=\{1,2,3,5\},B=\{3,5,6,7\},C=\{3,5\}.$

1. 交集

在上述两个问题中,集合 A,B 与集合 C 之间都具有这样一种关系:集合 C 中的每一个元素,既在集合 A 中又在集合 B 中.

一般地,由所有属于集合 A 且属于集合 B 的元素组成的集合,称为 A 与 B 的交集,记作 $A\bigcap B$（读作"A 交 B"）. 即

$$A\bigcap B=\{x\,|\,x\in A,\text{且 }x\in B\}.$$

$A\bigcap B$ 可用图 5－3 中阴影部分来表示.

这样,问题（1）、（2）中都有 $A\bigcap B=C.$

在由图形找家游戏中,只要将两个大圆交叉在一起,那么就能让红色的圆形既能和圆形住在一起又能和红色的图形住在一起,这部分就是红色的图形构成的集合与圆形构成的集合的交集,也就是红色的圆形构成的集合.

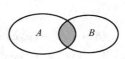

图 5－3

思考:下列等式成立吗?

1）$A\bigcap A=A$;2）$A\bigcap\varnothing=A$;3）$A\bigcap\varnothing=\varnothing$;4）若 $A\subseteq B$,则 $A\bigcap B=A.$

2. 并集

观察下列各组集合,说出集合 A,B,C 之间的关系.

1）$A=\{1,3,5\},B=\{2,4,6\},C=\{1,2,3,4,5,6\}$;

2）$A=\{x\,|\,x$ 是有理数$\},B=\{x\,|\,x$ 是无理数$\},C=\{x\,|\,x$ 是实数$\}.$

在上述两个问题中,集合 A,B 与集合 C 之间都具有这样一种关系:集合 C 是由所有属于集合 A 或属于集合 B 的元素组成的.

一般地,由所有属于集合 A 或者属于集合 B 的元素组成的集合,称为 A 与 B 的并集,记作 $A\bigcup B$（读作"A 并 B"）. 即

$$A\bigcup B=\{x\,|\,x\in A,\text{或 }x\in B\}.$$

$A\bigcup B$ 可用图 5－4 中的阴影部分来表示.

这样,问题（1）、（2）中都有 $A\bigcup B=C.$

思考:下列等式成立吗?

1）$A\bigcup A=A$;2）$A\bigcup\varnothing=A$;3）$A\bigcup\varnothing=\varnothing$;4）若 $A\subseteq B$,则 $A\bigcup B$

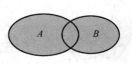

图 5－4

$=B.$

例 1　某高等幼师专业在大一年级开设了甲、乙两门学科的选修课,设

$$A=\{x\mid x\ \text{为选修甲学科的学生}\},B=\{x\mid x\ \text{为选修乙学科的学生}\},$$

求 $A\cap B.$

解：$A\cap B$ 就是那些既选修甲学科又选修乙学科的学生组成的集合.

所以,$A\cap B=\{x\mid x\ \text{为既选修甲学科又选修乙学科的学生}\}.$

例 2　在学校举办的体育节中,共有两类项目的比赛,即田径项目和球类项目,且

$$A=\{x\mid x\ \text{是 14 级 1 班参加田径项目比赛的同学}\},$$
$$B=\{x\mid x\ \text{是 14 级 1 班参加球类项目比赛的同学}\},$$

求 $A\cup B.$

解：$A\cup B=\{x\mid x\ \text{是 14 级 1 班体育节参加比赛的同学}\}.$

例 3　设 $A=\{-1,0,2,3\},B=\{1,2,3,4\}$,求 $A\cup B.$

解：$A\cup B=\{-1,0,1,2,3,4\}.$

【注意】在求两个集合的并集中,它们的公共元素只能出现一次.

1. 选择.

(1)若 $A=\{1,2,3,4\},B=\{2,4,5\}$,则 $A\cap B=$(　　).

　　A. $\varnothing$　　　　B. $\{2,4\}$　　　　C. $\{4\}$　　　　D. $\{1,2,3,4,5\}$

(2)$A=\{x\mid x\ \text{是等腰三角形}\},B=\{x\mid x\ \text{是直角三角形}\},C=\{x\mid x\ \text{是等腰直角三角形}\}$,
$D=\{x\mid x\ \text{是等边三角形}\}$,则下列等式成立的是(　　).

　　A. $A\cap B=\varnothing$　B. $A\cup D=D$　　C. $B\cap C=C$　　D. $A\cup B=C$

2. 已知集合 M,N,求 $M\cap N,M\cup N.$

(1)$M=\{a,c,d,f\},N=\{b,c,e,f\}$;

(2)$M=\{x\mid x\ \text{是 14 级 1 班书法考试合格的同学}\}$,
　　$N=\{x\mid x\ \text{是 14 级 1 班声乐考试合格的同学}\}$.

5.3.2　补集

　　幼儿园利用图形找家游戏又开始了.幼儿教师出示一个空心的大圆,告诉幼儿是圆形的家,其中有一个房间是红色圆形的房间,请幼儿送图形回家.有没有办法把其他颜色的圆形图形送回家呢?

在学校举办的体育节中,设

$U=\{x|x$ 是 14 级 1 班的同学$\}$,

$A=\{x|x$ 是 14 级 1 班参加比赛的同学$\}$,

$B=\{x|x$ 是 14 级 1 班不参加比赛的同学$\}$.

观察集合 U,A,B,你能说出它们之间有什么新的关系吗?

容易看出,集合 B 就是集合 U 中元素除去集合 A 中元素之后余下来的集合,也就是说,集合 U 含有我们研究的集合 A 与集合 B 的所有元素,并且集合 A 与集合 B 没有公共元素.

一般地,如果一个集合含有我们所研究问题中涉及的所有元素,那么就称这个集合为全集,通常记作 U.

设 $A\subseteq U$,由 U 中不属于 A 的所有元素组成的集合称为 U 的子集 A 的补集,记作 $C_U A$(读作 A 在 U 中的补集),即

$$C_U A=\{x|x\in U,且\ x\notin A\}.$$

$C_U A$ 可用图 5—5 中的阴影部分来表示.

对于问题中的三个集合,显然有

$$B=C_U A.$$

在实数范围内讨论问题时,可以把实数集 $\mathbf{R}$ 看成全集 U,那么有理

图 5—5

数集 $\mathbf{Q}$ 的补集 $C_U\mathbf{Q}$ 是全体无理数的集合.

思考:下列等式成立吗?

1)$C_U(C_U A)=A$;2)$C_U U=\varnothing$;3)$C_U\varnothing=U$;

4)$C_U(A\cap B)=C_U A\cup C_U B$;5)$C_U(A\cup B)=C_U A\cap C_U B$.

例1 设 $U=\{x|x$ 是小于 8 的自然数$\}$,$A=\{0,1,2\}$,$B=\{3,4,5\}$,求 $C_U A$、$C_U B$.

解:根据题意可知 $U=\{0,1,2,3,4,5,6,7\}$,所以

$$C_U A=\{3,4,5,6,7\},$$
$$C_U B=\{0,1,2,6,7\}.$$

有限集与无限集

一般地,含有有限个元素的集合称为有限集,用 $card(A)$ 来表示有限集 A 中元素的个数.如集合 $A=\{0,1,2,6,7\}$,则 A 是有限集,且 $card(A)=5$.若一个集合不是有限集,就称此集合为无限集.集合 $B=\{x|x$ 是锐角三角形或钝角三角形$\}$ 是无限集.

问题1 学校小卖部进了两次货,第一次进的货是圆珠笔、钢笔、橡皮、笔记本、方便面、

汽水共 6 种,第二次进的货是圆珠笔、铅笔、火腿肠、方便面共 4 种,则每次进了几种货? 两次一共进了几种货? 两次一共进了几种相同的货?

分析:对于问题 1 显然不是简单地用加法回答两次一共进 10(6＋4＝10)种货. 若用集合 A 表示第一次进货的品种,用集合 B 表示第二次进货的品种,则 $A \cup B$ 就是两次一共进的货的集合,$A \cap B$ 就是两次进的相同货的集合.

解:设 $A＝\{$圆珠笔,钢笔,橡皮,笔记本,方便面,汽水$\}$,$B＝\{$圆珠笔,铅笔,火腿肠,方便面$\}$. 那么

$$\mathrm{card}(A)＝6, \mathrm{card}(B)＝4.$$

$A \cup B＝\{$圆珠笔,钢笔,橡皮,笔记本,方便面,铅笔,汽水,火腿肠$\}$,

$A \cap B＝\{$圆珠笔,方便面$\}$,

$$\mathrm{card}(A \cup B)＝8, \mathrm{card}(A \cap B)＝2.$$

答:第一次进了 6 种货,第二次进了 4 种货,两次一共进了 8 种货,两次一共进了 2 种相同的货.

一般地,对任意两个有限集合 A, B,有

$$\mathrm{card}(A \cup B)＝\mathrm{card}(A)＋\mathrm{card}(B)－\mathrm{card}(A \cap B).$$

问题 2 　学校先举办了一次田径运动会,某班有 8 名同学参赛,又举办了一次球类运动会,这个班有 12 名同学参赛,两次运动会都参赛的有 3 人,两次运动会中这个班共有多少同学参赛?

分析:设 A 为田径运动会参赛的学生的集合,B 为球类运动会参赛的学生的集合,那么 $A \cap B$ 就是两次运动会都参赛的学生的集合.

解:设 $A＝\{$田径运动会参赛的学生$\}$,$B＝\{$球类运动会参赛的学生$\}$,那么

$$A \cap B＝\{两次运动会都参赛的学生\},$$

$$A \cup B＝\{所有参赛的学生\},$$

$$\mathrm{card}(A \cup B)＝\mathrm{card}(A)＋\mathrm{card}(B)－\mathrm{card}(A \cap B)＝8＋12－3＝17.$$

答:两次运动会中这个班共有 17 名同学参赛.

我们也可以用文氏图来求解,如图 5-6 所示.

在图中相应于 $A \cap B$ 的区域里先填上 3(card($A \cap B$)),再在 A 中不包括 $A \cap B$ 的区域里填上 5(card(A)－card($A \cap B$)＝5),在 B 中不包括 $A \cap B$ 的区域里填上 9(card(B)－card($A \cap B$)＝9),最后把这 3 个部分的数相加得 17,这就是 card($A \cup B$).

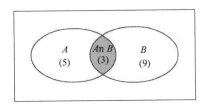

图 5-6

1. 已知 U, A, B,求 $C_U A, C_U B$:

(1)$U＝\{x \mid x$ 是小于 10 的正整数$\}$,$A＝\{1,2,3\}$,$B＝\{3,4,5,6\}$;

(2)$U＝\mathbf{Z}$,$A＝\{x \mid x$ 是偶数$\}$,$B＝\{x \mid x$ 是奇数$\}$.

2. 判断下列集合是有限集还是无限集,并指出有限集所含元素的个数:

(1)$A＝\{x \mid x$ 是大于 1 小于 9 的整数$\}$;

(2)$B=\{x\,|\,x$ 是大于 1 小于 9 的有理数$\}$.

5.4 集合的应用

很多家长都有这样的一个疑问：为什么孩子在用卡片分类时，一会儿按照颜色分，一会儿又按照形状分，却不能坚持用同一个标准正确分类呢？这是因为 3～4 岁的孩子的活动还不是严格意义上的分类，而只是"求同"．而此时，我们要让 3～4 岁的孩子意识到分类标准的重要性．

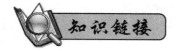

一、分类

1. 分类的含义

分类是把相同的或具有某一共同特征的东西归放在一起．

可见，分类就是相同的或具有某一共同特征的东西的集合．

2. 分类的一般形式

分类一般具有下列形式：

(1)按物体的名称分类

把相同名称的物体放在一起．例如把玩具放在一起、图书放在一起、衣服放在一起等．

(2)按物体的外部特征分类

按物体的颜色、形状分类．例如大小、颜色、形状各不相同的几何图形，按颜色将红色的三角形、正方形、长方形放在一起，或按形状将红颜色、黄颜色、蓝颜色的正方形放在一起．

(3)按物体量的差异分类

按物体大小、长短、粗细、厚薄、宽窄、轻重等量的差异分类．例如将图书按厚薄分别放在不同的书架上，把大的皮球和小的皮球分别放到两个筐子里等．

(4)按物体的用途分类

例如，将自行车、摩托车、公共汽车等图片归为一类，它们都属于交通工具；将裙子、短裤、毛衣、羽绒服等图片归为一类，它们都是服装．

(5)按物体间的联系分类

例如，分别将手和手套、钥匙和锁头、雨鞋和雨伞、厨师和炒锅、医生和听诊器等的图片归并在一起等．

(6)按物体材料的性质分类

例如，将木头制作的积木、玩具小手枪、家具模型，塑料制作的插塑、玩具电话、小动物模型，各种不同的纸如电光纸、牛皮纸、宣纸、蜡纸等分别归类．

(7)按物体的数量分类

例如,把数量只有一个的娃娃、小碗、苹果放在一起,再如把两条腿的、四条腿的动物进行分类.

(8)按物体的所属关系分类

例如,把物品按"你的""我的""老师的""妈妈的"等归类.

(9)按时间分类

例如,按"今天的""昨天的""今年的""去年的""以前的""现在的"等进行分类.

(10)按空间方位分类

例如,按"上面的""下面的""左边的""右边的""前面的""后面的"等分类.

(11)按事物的多重角度分类

多重角度的分类,指教师提供具有多种属性的图形卡片、积木等材料,引导幼儿对同一材料做不同角度的分类.例如,对于很多娃娃图片,可按娃娃的表情,如哭的、笑的等进行归类;可按动作姿态,如唱歌的、跳舞的、闭眼睡觉的等进行归类.再如小兔子的图片分类,除了按兔子的颜色、大小等特征分类外,还可以启发幼儿按是否带蝴蝶结的特征等进行分类.

(12)按维度个数划分进行分类

按维度个数划分进行分类,主要有按一个维度分类、两个维度分类、三个维度分类等.例如,一堆图形卡片的分类,有的幼儿按大小分类,有的幼儿按颜色、数量分类,有的幼儿先按颜色分类再按大小分类,这些都是按照一个维度进行分类.如果幼儿能够根据"大的且红色的"图形特征进行分类,这就属于按两个维度分类.如果幼儿把"大的且红色的圆形"归放在一起,这就是按三个维度分类了.

(13)从肯定和否定的角度分类

例如,一堆动物卡片,幼儿玩分房子的游戏,把小白兔卡片分在一间房子里,其他不是小白兔的卡片,如小灰兔、小狗、小猫、小鸡、小鸭等的卡片分在另一间房子里.或者把两条腿的小鸡、小鸭、小鸟的卡片分在一间房子里,把不是两条腿的小狗、小猫等的卡片分在另一间房子里.

(14)按层级分类

层级分类是利用各种小实物在层级分类底板上开展的多级次分类活动.

层级分类直接反映了物体类与子类的包含关系.例如:幼儿利用各种不同颜色、不同形状、不同大小的插塑玩具进行层级分类:先将所有插塑放进层级分类板最上面的方框;然后按"是红颜色的"和"不是红颜色的"分成两类放进中间一层的方框;接下来将已分成两类的插塑再分别按"是圆形的"和"不是圆形的"分成两类放进下面一层的方框,如此连续地分下去,如图 5—7 所示.

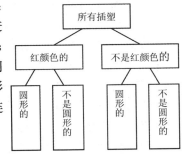

图 5—7

3. 分类的意义

分类是幼儿计数和认数的前提.分类是发展幼儿思维能力的过程,比较是分类的基础.

幼儿分类能力发展的阶段性:

1)幼儿最初分类时,在头脑中没有明确的分类标准,不能按某种特征对物体进行分类;

2)幼儿能初步识别某些物体的特征和属性,并能在一定标准的基础上分类;

3）幼儿能在两个或更多特征基础上分类，同时能把所有同类的物体挑出来放在一起；

4）幼儿能按物体的功能、用途等特征进行分类．

4. 幼儿分类采用的教学方法

1）先向幼儿讲清什么是分类，分类的含义是什么，帮助幼儿理解"把一样的东西放在一起"的含义．

2）教幼儿学习按范例进行分类．教师出示幼儿熟悉的物体，引导幼儿辨认这些物体的名称、特征和差异．在此基础上，教师先拿起一个物体作为范例．然后要求幼儿尝试从一堆物体中拿起一个同老师拿的一样的物体，再把这些物体放在一起，成为一类，依次分下去．如教师从一堆玩具中拿起一块积木，请小朋友也拿一块同老师拿的一样的物体．

3）按教师指令进行一元分类训练．教师出示一组集合，在这个集合中只有一项可以区分的因素，其他的因素保持恒定．按照这项可区分的因素，把一个大的集合分成两个子集合．如教师出示 5 个皮球，这 5 个皮球颜色相同、形状相同，但大小不同，请小朋友把大皮球挑出来放在一起，再把小皮球归放在一起．这一分类活动，训练幼儿在物体颜色、形状相同的条件下，区分物体大小的能力．如教师出示颜色相同、形状不同的几何图形，请小朋友把相同的图形挑选出来归放在一起．把正方形挑出来放在一块，把三角形挑出来放在一起．这一活动训练幼儿区分物体形状的能力．

4）学习二元分类，培养幼儿分类能力．在一个集合中，分别以两项可区分的因素为标准进行分类．如教师出示颜色不同、形状不同和大小不同的卡片若干张．然后提出分类要求，让幼儿根据分类标准进行分类．把形状相同的卡片归为一类，把颜色相同的卡片归为一类．

5）学习多元自由分类．在幼儿已经理解什么是分类，并且具备一定分类能力的基础上，要求幼儿在多元分类材料中进行自由分类，让幼儿自己确定分类标准．如每个幼儿发一套颜色、形状、大小各不相同的几何图形．先让幼儿认一认这是什么图形，指出它们的特征，然后鼓励幼儿自己确定标准，进行自由分类．例如，按颜色分，按形状分，按平面图形或立体图形分、按有角的或无角的分等．

6）教幼儿学习排除分类．先让幼儿认真地观察由同类物体组成的集合，并从中找出与之不同类的物体，需要把这个物体从该集合中挑出来．

如由下列事物构成的一些集合，请小朋友分析、辨认：

①白菜、黄瓜、芹菜、苹果；

②梨、桔子、桃子、香蕉、萝卜；

③衣服、帽子、手套、裤子、球；

④猫、狗、鸡、鸭、熊猫．

可以分小组练习，也可以采取游戏方式进行．

7）利用各种活动教幼儿进行分类练习．除计算课以外，还可采用游戏、劳动以及在日常生活中进行分类练习．在活动中学习分类，可以培养幼儿对分类的兴趣，提高幼儿迅速、敏捷的分类能力．

5. 分类教学活动中的注意事项

1）重视分类活动中材料的提供．分类教学活动中，教师应给幼儿提供大量的操作材料，幼儿通过自身参与、体验和操作，感受不同形式的分类．因此，分类活动中的操作材料或学具对幼儿来说是非常重要的．首先,应为幼儿提供充足的操作材料．对于年龄小的幼儿,应尽可能提供人手一份的操作材料,并应在分类活动中坚持幼儿操作体验在前、教师归纳提升在后的原则．其次,教师应注意提供分类材料的差异性．分类材料的差异性越多,幼儿分类的难度就越大．因此,教师应根据分类的要求和幼儿的实际水平适当增加材料的差异性,这样不仅有利于幼儿的分类活动,更有利于幼儿思维的发展．例如,要求幼儿按两种特征分类,即把红色的三角形放在一起,那么教师提供的材料中必须有红色的三角形、不是红色的三角形(如蓝色的三角形)、红色的不是三角形(如红色的正方形)等至少三种差异的材料,才有利于幼儿正确地把红色的三角形区分出来．

2)充分利用游戏引导幼儿分类．运用游戏的形式,让幼儿在游戏的情境中学习分类,可以激发幼儿对分类的兴趣,尤其是对于年龄小的幼儿来说,游戏是他们最自然、最喜欢的活动,在游戏中,通过活动、角色扮演和问题解决等过程帮助幼儿体验和学习分类．例如,幼儿戴各种小动物头饰,边玩边做各种小动物动作．当老师说:"天黑了,快回家吧!"每个幼儿迅速找到事先布置好的"家禽"或"家畜"的家．然后让幼儿互相检查,谁的家找对了,谁的家找错了,并说说哪里是"家禽"的家,哪里是"家畜"的家．

3)充分利用日常生活情境引导幼儿练习分类．对于幼儿分类活动来说,不应当仅仅局限于几十分钟的集体教育活动或者区域活动的时间里,而应把分类活动渗透到日常生活或幼儿的日常生活当中,在幼儿接触社会生活以及自然环境的过程中,潜移默化、随时随机地加以运用．例如,对于散步活动,在春天时引导幼儿观察各种各样的花,进行分类;在秋天时引导幼儿发现地上各种不同的落叶,通过拾树叶活动,对树叶进行分类活动．同样,在日常生活及幼儿园一日活动的各个环节中,如在幼儿每次游戏结束后,可引导幼儿按玩具的种类把玩具分别整理好．幼儿整理房间时,应该按类别把东西整理好,分别放在固定的位置．这样,分类活动不仅训练了幼儿的分类能力,也培养了幼儿做事的条理性和良好的生活习惯．

4)活动过程注重幼儿交流分类的结果．在幼儿分类操作活动后,组织幼儿交流,用语言表述自己的分类结果是分类教学中的一个重要环节．在交流环节中,可以引导幼儿讲解自己是按什么条件分类的、是怎样分类的．教师也可以组织幼儿互相观看,最后把看到的情况进行交流,如看到哪些小朋友和自己分得不一样,自己是怎样分的,别人是怎样分的,哪些地方不一样,等等．通过交流和表达陈述的过程,促进了幼儿之间的互动以及对口语表达能力的锻炼．更主要的是,对幼儿来说,用语言对自己所分的结果进行表述是体现幼儿思维抽象和内化水平的一个重要标志．当然,在幼儿的交流和表述基础上,教师的适时归纳和提升也相当重要．教师应对幼儿的分类结果加以比较、归纳和总结,帮助幼儿获得分类的关键性经验．如帮助幼儿总结出不同标准、分类的标记指示等．

5)引导幼儿尝试多种分类形式．教师在教学中应当特别注意帮助幼儿拓展多种维度的分类以及自由分类．在教学中,结合幼儿按一个维度分类的不同结果,帮幼儿归纳到分类的不同标准,并由此提示幼儿尝试一个维度特征的多种自由分类、层级分类以及按二维(或以上)特征的分类,逐步帮助幼儿在分类活动中发展思维的抽象性、发散性、灵活性．

6)分类活动应和其他数学教学内容有机结合．分类不仅是幼儿学数前的主要教学内容之一,也是幼儿学数后的教学内容,教学中将分类同其他数学教学内容有机结合起来,不仅有利于幼儿知识的掌握,也有利于提高幼儿学习的主动性和积极性.例如,在幼儿体验"1"和"许多"关系的活动中,幼儿扮演小猫捉了许多老鼠,1只大的老鼠放在大的箩筐里,许多小的老鼠放在小的箩筐里,这样既了解了"1"和"许多",又在游戏中练习了分类.再如当幼儿学会计数后再进行图形分类活动时,就可以数数共有几个图形、三角形的图形有几个……幼儿既学习了分类,又练习了数数.

二、配对

1. 配对的含义

配对是不经过计数确定物体数量的简便方法.例如,当我们让幼儿理解"多""少""一样多"的概念时,就可以让幼儿做配对活动.配对活动有助于帮助幼儿理解集合和子集的等量关系,形成数量守恒的观念.这是在小班学习区分"1"和"许多"之后,学习计数和认数以前的感知集合教育的内容.配对操作活动是不用数进行的数量比较活动,因此操作过程的核心是让幼儿理解、领悟什么是一一对应.

2. 配对的一般形式

配对活动主要有以下几种形式.

(1)关系配对

教师可以给幼儿提供具有一定对应关系的实物或实物卡片,例如有相关关系的锁和钥匙、雨伞和雨鞋、茶壶和茶杯等;有相连关系的手套、袜子、鞋子等;有从属关系的厨师和炒锅、医生和听诊器、奶奶和眼睛等.还可以从其他方面如动物与食物关系等方面进行配对.

在组织活动时,教师首先应引导幼儿讨论各对实物间的相互关系,让幼儿领会成为一对好朋友的物体应该是相互有一定关系的物体,然后再让幼儿利用一一对应的方法对实物或实物卡片进行配对.

(2)做等价集合

做等价集合是帮助幼儿发现集合间等数性,从而进一步抽象出"数"概念.例如,教师给幼儿提供小兔子等动物及动物食物的实物卡片若干,请幼儿玩"给小动物喂食"的游戏.游戏中,请幼儿给每只小动物喂一样食物,做成小动物与食物的等价集合.也可以请幼儿给每个动物喂两样食物.因此,在做等价集合时,有以下几种对应:

1)数量与数量的对应;

2)形状与形状的对应;

3)物体与位置的对应.

设计组织此类活动时,除了利用游戏活动来设计各种问题情境外,教师还需要结合生活,引导幼儿练习.例如,进餐前请幼儿给每个小组分发餐具;美工活动时请幼儿分发每人需要的材料、工具等.在组织活动时,教师应允许幼儿出现各种"多余"的动作,让幼儿在多次集合间元素的比较中领悟操作策略.例如,上述游戏操作"给小动物喂食"活动中,有的幼儿是先数一数共有几只小动物,然后一次拿相应的食物数量;有的幼儿是先拿一堆食物,给每个小动物一一放一种食物后,再把多余的食物送回去;还有的幼儿可能是每次拿一种食物,来来回回地跑,当在喂了第三个小动物后,发现还有两个小动物没有食物,就一次拿两种食物来.因此,教师在幼儿操作过程中,要有必要的等待过程,允许幼儿根据自己的思维进行操作,幼儿只有在操作的过程中,才能不断进步、真正理解.

（3）集合间的比较

集合间的比较就是用一一对应的方法,比较两个集合中元素的数量,确定它们是一样多还是不一样多以及哪个多和哪个少.

3. 配对教学方法

（1）重叠法:教幼儿用重叠对应来比较物体的多少

重叠对应比较就是将一组物体从左向右摆成一行,再将另一组物体逐个一对一地重叠到前一组物体上面进行比较. 例如,比较盘子和桔子是否一样多. 先把盘子一个一个地摆好,然后在每一个盘子里放一个桔子,请小朋友们比一比,盘子和桔子是一样多,还是不一样多. 运用这种方法比较时,最好先比较一样多,然后再比较两组物体的多和少.

（2）并置法:教幼儿用并放对应比较物体的多少

并置法就是将一组物体从左向右摆成一行,再将另一组物体一对一地并排在前一组物体的下方进行比较. 例如,比较小兔子和萝卜的多少. 每个小朋友发一套小兔子卡片和萝卜卡片,然后请小朋友把小兔子摆成一排,再把萝卜卡片一一对应地放在每只小兔子前面进行比较,比一比小兔子和萝卜是一样多,还是不一样多. 比较的程序应该是先比较一样多,然后在此基础上再比较两组物体的多和少.

引导幼儿进行集合间的比较教学时应注意以下几方面.

1）幼儿掌握并置法要难于重叠法. 虽然这两种方法都要求幼儿精确分辨元素,学会用对应的方法,但并置法除了要求会一一对应外,还有距离和方位的要求,上下对齐,并保持一定的距离. 教学中应先采用重叠法,再使用并置法.

2）摆放物体时要教幼儿使用右手从左向右摆好,以培养幼儿动作的规范性,为数数打基础.

3）在比较中,要先教幼儿比较两组数量一样多的物体,再比较数量不一样多的物体. 比较不一样多的物体时,两组物体数量要相差 1.

4）物体组中物体的数量一般不超过 5 个. 因为这是数前教育,目的在于感知集合及学会对应. 数量过多会给幼儿带来困难,影响活动的主要目的.

5）对应比较时要用具体的实物或教具,但不要要求幼儿说出数词,不要用数进行比较.

6）创设游戏情境,引导幼儿在游戏中学习和掌握一一对应的比较方法. 例如,选择"小熊请客"这一主题,先把请来的"客人"和家里的"凳子"重叠对应比较多少或是否一样多,然后请"客人"吃"蛋糕",把"蛋糕"和"客人"重叠进行比较,最后"客人"和"小熊"跳舞,把"客人"和"小熊"重叠对应比较. 通过游戏形式学习,幼儿对多次的重叠比较不仅不会感到枯燥,而且兴趣还会很高.

7）在日常生活中为幼儿提供丰富的材料,供幼儿比较,满足幼儿比较的兴趣,如瓶子和瓶盖、盒子和盒盖、小碗和小盘等,鼓励幼儿自己探索比较. 同时,为幼儿提供参与发放物体的活动,如餐前分碗、筷,美术活动分发材料等,使幼儿在生活中更多地体验多和少.

幼儿分类举例

1. 按颜色分类（无干扰因素）

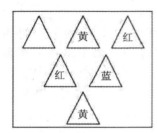 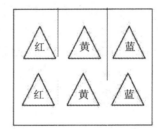

2. 按长短分类（有干扰因素）

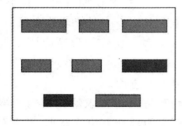 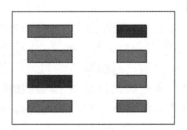

3. 按物体的两种特征分类

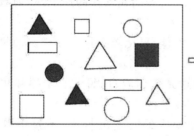

4. 按物体的三种特征分类

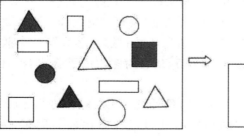

小绿三角形

小绿圆 　　　　　大绿正方形

5. 幼儿自己确定分类标准,自由分类

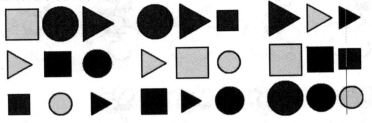

按大小分   按颜色分   按形状分

幼儿配对举例

1. 关系配对

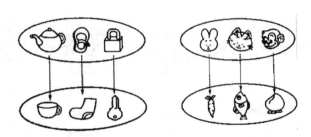

2. 做等价集合

(1)数量与数量的对应

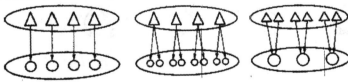

(2)形状与形状的对应

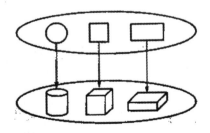

(3)物体与位置的对应

3. 集合间的比较

(1)重叠法

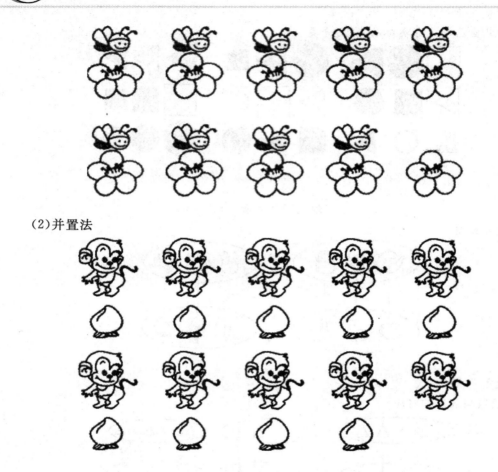

（2）并置法

本 章 小 结

一、知识结构图

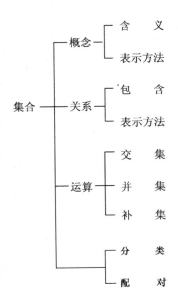

二、回顾与思考

1)集合语言是现代数学的基本语言,请你结合实例分别用文字语言、图形语言和集合语言来描述不同的具体问题.

2)集合中的元素具有确定性、互异性和无序性. 请你举例说明集合中元素的这些特征,并根据学习或生活中的情境,尝试构建满足上述特性的集合.

3)类比两个实数的关系和运算,请你准确地使用相关术语和符号,分别表示元素与集合、两个集合之间的关系,并进行两个集合间的运算.

4)常见分类与配对的形式有哪些?提出常见学前集合应用问题,尝试对其进行分类与配对.

复　习　题

1. 选择.

(1)已知 $A=\{x\,|\,3-3x>0\}$,则下列各式正确的是(　　).

　　A. $3\in A$　　　　　B. $1\in A$　　　　　C. $0\in A$　　　　　D. $-1\notin A$

(2)下列四个集合中,不同于另外三个的是(　　).

　　A. $\{t\,|\,t=2\}$　　　B. $\{(2,2)\}$　　　C. $\{2\}$　　　　　D. $\{x\,|\,x^2-4x+4=0\}$

(3)集合 $\{a,b\}$ 的子集有(　　).

　　A. 1 个　　　　　B. 2 个　　　　　C. 3 个　　　　　D. 4 个

(4)下列各式中,正确的是(　　).

A. $2\sqrt{3}\in\{x\,|\,x\leqslant3\}$ B. $2\sqrt{3}\notin\{x\,|\,x\leqslant3\}$

C. $2\sqrt{3}\notin\{x\,|\,x\leqslant3\}$ D. $\{2\sqrt{3}\}\subset\{x\,|\,x\leqslant3\}$

(5)集合 $A=\{x\,|\,0\leqslant x<3$ 且 $x\in\mathbf{Z}\}$ 的真子集的个数是( ).

    A. 5   B. 6   C. 7   D. 8

(6)在下列各式中错误的个数是( ).

①$1\in\{0,1,2\}$;   ②$\{1\}\in\{0,1,2\}$;

③$\{0,1,2\}\subseteq\{0,1,2\}$;   ④$\{0,1,2\}=\{2,0,1\}$.

    A. 1   B. 2   C. 3   D. 4

(7)已知集合 $A=\{x\,|\,-1<x<2\}$, $B=\{x\,|\,0<x<1\}$, 则( ).

    A. $A>B$ B. $A=B$ C. $B\subseteq A$ D. $A\subseteq B$

(8)下列说法中正确的有( ).

①空集没有子集;   ②任何集合至少有两个子集;

③空集是任何集合的真子集;   ④若$\varnothing\subset A$,则 $A\neq\varnothing$.

    A. 0 个   B. 1 个   C. 2 个   D. 3 个

(9)下列命题中正确的( ).

① 0 与 $\{0\}$ 是同一个集合;②由 $1,2,3$ 组成的集合可表示为 $\{1,2,3\}$ 或 $\{3,2,1\}$;③方程 $(x-1)^2(x-2)=0$ 的所有解的集合可表示为 $\{1,1,2\}$;④集合 $\{x\,|\,4<x<5\}$ 可以用列举法表示.

    A. 只有①和④   B. 只有②和③   C. 只有②   D. 以上语句都不对

(10)用列举法表示集合 $\{x\,|\,x^2-2x+1=0\}$ 为( ).

    A. $\{1,1\}$ B. $\{1\}$ C. $\{x=1\}$ D. $\{x^2-2x+1=0\}$

(11)已知集合 $A=\{x\,|\,-\sqrt{5}\leqslant x\leqslant\sqrt{5},x\in\mathbf{N}_+\}$,则必有( ).

    A. $-1\in A$ B. $0\in A$ C. $\sqrt{3}\in A$ D. $1\in A$

(12)定义集合运算 $A\cdot B=\{z\,|\,z=xy,x\in A,y\in B\}$. 设 $A=\{1,2\}$, $B=\{0,2\}$,则集合 $A\cdot B$ 的所有元素之和为( ).

    A. 0   B. 2   C. 3   D. 6

2. 填空.

(1)给出四个关系:①$\dfrac{1}{2}\in\mathbf{R}$;②$\sqrt{2}\notin\mathbf{Q}$;③$|-3|\notin\mathbf{N}_+$;④$|-\sqrt{3}|\in\mathbf{Q}$. 其中正确的有_____.

(2)已知 $P=\{x\,|\,2<x<a,x\in\mathbf{N}\}$,已知集合 P 中恰有 3 个元素,则整数 $a=$_____.

(3)已知集合 $A=\{-1,3,2m-1\}$,集合 $B=\{3,m^2\}$,若 $B\subseteq A$,则实数 $m=$_____.

3. 解答.

(1)已知集合 $A=\{1,x,x^2-x\}$, $B=\{1,2,x\}$,若 $A=B$,求 x 的值.

(2)设 $A=\{a^2+2a-3,2,3\}$, $B=\{2,|a+3|\}$,已知 $5\in A$ 且 $5\notin B$,求 a 的值.

(3)若集合 $M=\{x\,|\,x^2+x-6=0\}$, $N=\{x\,|\,(x-2)(x-a)=0\}$,且 $N\subseteq M$,求实数 a 的值.

(4)设集合 $A=\{x,y\}$, $B=\{0,x^2\}$,若 $A=B$,求实数 x 和 y.

　　格奥尔格·康托尔(1845—1918)德国数学家,集合论的创始人,生于俄国列宁格勒(今俄罗斯圣彼得堡).父亲是犹太血统的丹麦商人,母亲出身艺术世家.1856 年全家迁居德国的法兰克福.先在一所中学,后在威斯巴登的一所大学预科学校学习.康托尔由于研究无穷时往往推出一些合乎逻辑的但又荒谬的结果(称为"悖论"),许多大数学家唯恐陷进去而采取退避三舍的态度.在 1874—1876 年期间,30 左右岁的年轻德国数学家康托尔向神秘的无穷宣战.他靠着辛勤的汗水,成功地证明了一条直线上的点能够和一个平面上的点一一对应,也能和空间中的点一一对应.这样看起来,1 厘米长的线段内的点与太平洋面上的点以及整个地球内部的点都"一样多".后来几年,康托尔对这类"无穷集合"问题发表了一系列文章,通过严格证明得出了许多惊人的结论.

　　1862 年康托尔进入苏黎世大学学工,翌年转入柏林大学攻读数学和神学,受教于库默尔、维尔斯特拉斯和克罗内克.1866 年曾去格丁根学习一学期.1867 年在库默尔指导下以解决一般整系数不定方程求解问题的论文获博士学位.毕业后受魏尔斯特拉斯的直接影响,由数论转向严格的分析理论的研究,不久崭露头角.他在哈雷大学任教(1869—1913)的初期证明了复合变量函数三角级数展开的唯一性,继而用有理数列极限定义无理数.1872 年成为该校副教授,1879 年任教授.由于学术观点上受到的沉重打击,使康托尔曾一度患精神分裂症,虽在 1887 年恢复了健康,继续工作,但晚年一直病魔缠身.1918 年 1 月 6 日在德国哈雷维滕贝格大学附属精神病院去世.

　　康托尔爱好广泛,极有个性,终身信奉宗教.早期在数学方面的兴趣是数论,1870 年开始研究三角级数并由此导致 19 世纪末、20 世纪初最伟大的数学成就——集合论和超穷数理论的建立.除此之外,他还努力探讨在新理论创立过程中所涉及的数理哲学问题.1888—1893 年康托尔任柏林数学会第一任会长,1890 年领导创立德国数学家联合会并任首届主席.

　　两千多年来,科学家们接触到无穷,却又无力去把握和认识它,这的确是向人类提出的尖锐挑战.康托尔以其思维之独特、想象力之丰富、方法之新颖绘制了一幅人类智慧的精品——集合论和超穷数理论,令 19、20 世纪之交的整个数学界甚至哲学界感到震惊.可以毫不夸张地讲,"关于数学无穷的革命几乎是由他一个人独立完成的".

19 世纪由于分析的严格化和函数论的发展,数学家们提出了一系列重要问题,并对无理数理论、不连续函数理论进行认真考察,这方面的研究成果为康托尔后来的工作奠定了必要的思想基础.

康托尔是在寻找函数展开为三角级数表示的唯一性判别准则的工作中,认识到无穷集合的重要性,并开始从事无穷集合的一般理论研究.早在 1870 年和 1871 年,康托尔两次在《数学杂志》上发表论文,证明了函数的三角级数表示的唯一性定理,而且证明了即使在有限个间断点处不收敛,定理仍然成立.1872 年他在《数学年鉴》上发表了一篇题为《三角级数中一个定理的推广》的论文,把唯一性的结果推广到允许例外值是某种无穷的集合情形.为了描述这种集合,他首先定义了点集的极限点,然后引进了点集的导集和导集的导集等有关重要概念.这是从唯一性问题的探索向点集论研究的开端,并为点集论奠定了理论基础.之后,他又在《数学年鉴》和《数学杂志》两刊上发表了许多文章.他称集合为一些确定的、不同的东西的总体,这些东西人们能意识到并且能判断一个给定的东西是否属于这个总体.他还指出,如果一个集合能够和它的一部分构成一一对应,它就是无穷的.他又给出了开集、闭集和完全集等重要概念,并定义了集合的并与交两种运算.

为了将有穷集合的元素个数的概念推广到无穷集合,他以一一对应为原则,提出了集合等价的概念.两个集合只有它们的元素间可以建立一一对应才称为是等价的.这样就第一次对各种无穷集合按它们元素的"多少"进行了分类.他还引进了"可列"这个概念,把凡是能和正整数构成一一对应的任何一个集合都称为可列集.1874 年他在《数学杂志》上发表的论文中,证明了有理数集合是可列的,后来他还证明了所有的代数数的全体构成的集合也是可列的.至于实数集合是否可列的问题,1873 年康托尔在给戴德金的一封信中提出过,但不久他自己得到回答:实数集合是不可列的.由于实数集合是不可列的,而代数数集合是可列的,于是他得到了必定有超越数存在的结论,而且超越数"大大多于"代数数.同年又构造了实变函数论中著名的"康托尔集",给出测度为零的不可数集的一个例子.他还巧妙地将一条直线上的点与整个平面的点一一对应起来,甚至可以将直线与整个 n 维空间进行点的一一对应.从 1879 年到 1883 年,康托尔写了六篇系列论文,论文总题目是"论无穷线形点流形",其中前四篇同以前的论文类似,讨论了集合论的一些数学成果,特别是涉及集合论在分析上的一些有趣的应用;第五篇论文后来以单行本出版,单行本的书名为《一般集合论基础》,第六篇论文是第五篇的补充.康托尔的信条是:"数学在它自身的发展中完全是自由的,对他的概念限制只在于必须是无矛盾的,并且与由确切定义引进的概念相协调,……数学的本质就在于它的自由."

由康托尔首创的全新且具有划时代意义的集合论,是自古希腊时代的二千多年以来,人类认识史上第一次给无穷建立起抽象的形式符号系统和确定的运算,它从本质上揭示了无穷的特性,使无穷的概念发生了一次革命性的变化,并渗透到所有的数学分支,从根本上改造了数学的结构,促进了数学的其他许多新的分支的建立和发展,成为实变函数论、代数拓扑、群论和泛函分析等理论的基础,还给逻辑和哲学带来了深远的影响.不过康托尔的集合论并不是完美无缺的,一方面,康托尔对"连续统假设"和"良序性定理"始终束手无策;另一方面,19 和 20 世纪之交发现的布拉利－福蒂悖论、康托尔悖论和罗素悖论,使人们对集合论的可靠性产生了严重的怀疑．加之集合论的出现确实冲击了传统的观念,颠倒了许多前人的想法,很难为当时的数学家所接受,遭到了许多人的反对,其中反对最激烈的是柏林学派的代表人物之一、构造主义者克罗内克．克罗内克认为,数学的对象必须是可构造出来的,不可用有限步骤构造出来的都是可疑的,不应作为数学的对象．他反对无理数和连续函数的理论,同样严厉批评和恶毒攻击康托尔的无穷集合和超限数理论不是数学而是神秘主义．他说康托尔的集合论空空洞洞、毫无内容．除了克罗内克之外,还有一些著名数学家也对集合论发表了反对意见．法国数学家庞加莱说:"我个人,而且还不只我一人,认为重要之点在于,切勿引进一些不能用有限个文字去完全定义好的东西．"他把集合论当作一个有趣的"病理学的情形"来谈,并且预测说:"后一代将把 Cantor 集合论当作一种疾病,而人们已经从中恢复过来了．"德国数学家魏尔认为,康托尔关于基数的等级观点是"雾上之雾"．克莱因也不赞成集合论的思想．数学家施瓦兹原来是康托尔的好友,但他由于反对集合论而同康托尔断交．集合论的悖论出现之后,他们开始认为集合论根本是一种病态,他们以不同的方式发展为经验主义、半经验主义、直觉主义、构造主义等学派,在基础大战中,构成反康托尔的阵营．

　　1884 年,由于连续统假设长期得不到证明,再加上与克罗内克的尖锐对立,精神上屡遭打击,5 月底,他支持不住了,第一次精神崩溃．他的精神沮丧,不能很好地集中研究集合论,从此深深地卷入神学、哲学及文学的争论而不能自拔．不过每当他恢复常态时,他的思想总变得超乎寻常的清晰,继续他的集合论的工作．

　　康托尔的集合论得到公开的承认和热情的称赞应该说首先是在瑞士苏黎世召开的第一届国际数学家大会上表现出来．瑞士苏黎世理工大学教授胡尔维茨在他的综合报告中,明确地阐述康托尔集合论对函数论的进展所起的巨大推动作用,这破天荒第一次向国际数学界显示康托尔的集合论不是可有可无的哲学,而是真正对数学发展起作用的理论工具．在分组会上,法国数学家阿达玛,也报告康托尔对他的工作的重要作用．随着时间的推移,人们逐渐认识到集合论的重要性．希尔伯特高度赞誉康托尔的集合论"是数学天才最优秀的作品","是人类纯粹智力活动的最高成就之一","是这个时代所能夸耀的最巨大的工作"．在 1900 年第二届国际数学家大会上,希尔伯特高度评价了康托尔工作的重要性,并把康托尔的连续统假设列入 20 世纪初有待解决的 23 个重要数学问题之首．当康托尔的朴素集合论出现一系列悖论时,克罗内克的后继者布劳威尔等人借此大做文章,希尔伯特用坚定的语言向他的同代人宣布:"没有任何人能将我们从康托尔所创造的伊甸园中驱赶出来．"

　　康托尔(1845—1918),生于俄国圣彼得堡一丹麦犹太血统的富商家庭,10 岁随家迁居德国,自幼对数学有浓厚兴趣,23 岁获博士学位,以后一直从事数学教学与研究．让我们记住这位伟大的数学家,他所创立的集合论已被公认为全部数学的基础．

第二部分　代数与函数

　　代数是数学的一个分支,主要研究数与式的性质. 函数是代数中最重要的概念之一,可以说,正是有了函数,才有了近代数学. 代数内容广泛,包括函数、方程、不等式等.

第6章 数列

人类最先知道的数就是自然数,从幼儿认识自然数的有序性到大千世界的自然规律,从细胞分裂到放射性物质的衰变,从古代文明的"形数"到现代数学的"分形"……数列在我们的生活中无处不在. 在本章,我们将学习数列的一些知识,并用它们解决一些简单的实际问题.

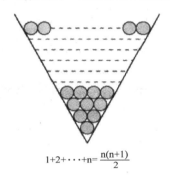

$$1+2+\cdots+n=\frac{n(n+1)}{2}$$

6.1 数列的概念

传说古希腊毕达哥拉斯(约公元前570—前500年)学派的数学家经常在沙滩上研究数学问题,他们在沙滩上画点或用小石子摆成一定的形状来表示数,这种数后来被人们称为"形数". 比如,它们研究过图6—1所示的形,相应地得到一列数

$$1,4,9,16,\cdots. \qquad\qquad ①$$

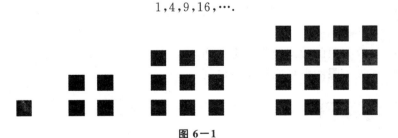

图6—1

某班学生的学号由小到大排成一列数:

$$1,2,3,4,\cdots,50. \qquad\qquad ②$$

从1984年到2004年,我国体育健儿参加了六届奥运会,获得的金牌数排成一列数:

$$15,5,16,16,28,32. \qquad\qquad ③$$

某放射性物质不断变化为其他物质,每经过一年,剩留的这种物质是原来的84%. 设这种物质最初的质量是1,则这种物质各年开始时的剩留量排成一列数:

$$1,0.84,0.84^2,0.84^3 \qquad\qquad ④$$

这些问题有什么共同的特点?

 **知识链接**

像上面问题中,按照一定次序排列着的一列数称为数列,数列中的每一个数都叫作这个数列的项,各项依次叫作这个数列的第一项(或首项),第 2 项,第 3……,第 n 项,…….项通常用字母加右下角标表示,其中右下角标表示这一项在数列中的位置序号.

数列的一般形式可以写成

$$a_1, a_2, a_3, \cdots, a_n \cdots$$

简记为 $\{a_n\}$.

【注意】这里的 $\{a_n\}$ 与 a_n 是不同的,$\{a_n\}$ 表示数列 $a_1, a_2, a_3, \cdots, a_n, \cdots$,而 a_n 只表示这个数列中的第 n 项.

在数列 $\{a_n\}$ 中,序号和项之间存在着一种对应关系. 例如,数列①的序号和项之间存在着下面的对应关系:

序号:1　　　2　　　3　　　4　　　…

↓　　　↓　　　↓　　　↓

项:1　　　4　　　9　　　16　　　…

从这里我们可以看到项与项的序号之间可以用一个公式 $a_n = n^2$ 来表示. 我们把这个公式叫作数列的通项公式.

从函数的观点看,数列可以看成以正整数集 $\mathbf{N}^*$(或它的有限子集 $\{1, 2, 3, \cdots, n\}$)为定义域的函数 $a_n = f(n)$,当自变量 n 按照从小到大的顺序依次取值时,所对应的一列函数值. 而通项公式就是相应函数的解析式. 对于函数,我们可以根据其解析式画出其图像,同样对于数列也可以根据其通项公式画出其图像,数列的图像是一系列孤立的点.

如果数列 $\{a_n\}$ 的第 n 项 a_n 与 n 之间的关系可以用一个公式来表示,那么这个公式就是数列的通项公式.

【注意】1)并不是所有的数列都有通项公式,如数列③就没有通项公式;

2)有些数列的通项公式可以有不同的形式.

数列分为以下两类.

有穷数列:项数有限的数列叫作有穷数列.

无穷数列:项数无限的数列叫作无穷数列.

 **实例分析**

例 1 根据下面数列 $\{a_n\}$ 的通项公式,写出它的前 5 项:

(1)$a_n = \dfrac{n}{n+1}$;　　　　　(2)$a_n = (-1)^n \cdot n$.

解:(1)在通项公式中依次取 $n = 1, 2, 3, 4, 5$,得到数列 $\{a_n\}$ 的前 5 项为

$$\frac{1}{2}, \frac{2}{3}, \frac{3}{4}, \frac{4}{5}, \frac{5}{6};$$

(2)在通项公式中依次取 $n = 1, 2, 3, 4, 5$,得到数列 $\{a_n\}$ 的前 5 项为

$$-1,2,-3,4,-5.$$

与函数一样,数列也可以用图像、列表等方法来表示,数列的图像是一系列孤立的点.
例如,全体正偶数按从小到大的顺序构成数列:

$$2,4,6,\cdots,2n,\cdots$$

这个数列还可以用表 6—1 和图 6—2 分别表示.

表 6—1

n	1	2	3	$\cdots$	k	$\cdots$
a_n	2	4	6	$\cdots$	$2k$	$\cdots$

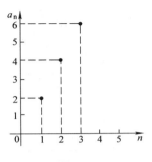

图 6—2

例 2　如图 6—3 所示的三角形称为希尔宾斯基(Sier-pinski)三角形,其中 4 个三角形中,着色三角形的个数依次构成一个数列 $\{a_n\}$ 的前 4 项,试写出这个数列的前 4 项,并用列表和图像表示.

① ② ③ ④

图 6—3

解:在这 4 个三角形中着色三角形的个数依次为 $1,3,9,27$,即数列 $\{a_n\}$ 的前 4 项分别为 $a_1=1,a_2=3,a_3=9,a_4=27$. 它们可以用表 6—2 和图 6—4 分别表示.

表 6—2

n	1	2	3	4
a_n	1	3	9	27

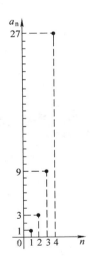

图 6—4

习题演练

1. 选择题.

下列说法中正确的是(　　).

　　A. $1,2,3,4,5$ 与数列 $5,4,3,2,1$ 是相同的数列

　　B. 数列 $\dfrac{1}{2},\dfrac{1}{3},\dfrac{1}{4},\dfrac{1}{5},\cdots$ 的第 n 项是 $\dfrac{1}{n}$

　　C. 数列 $0,2,4,6,8,\cdots$ 可记为 $\{2n\}$

　　D. 数列 $\left\{\dfrac{n+1}{n}\right\}$ 的第 k 项为 $1+\dfrac{1}{k}$

2. 填空题.

(1)观察下面数列的规律,用适当的数填空:

①$2,4,(\quad),16,32,(\quad),128$;

②（　），4，9，16，25，（　），49；

③-1，$\dfrac{1}{2}$，（　），$\dfrac{1}{4}$，$-\dfrac{1}{5}$，$\dfrac{1}{6}$，（　）；

④$1$，$\sqrt{2}$，（　），2，$\sqrt{5}$，（　），$\sqrt{7}$.

（2）数列 $\dfrac{1}{5}$，$\dfrac{1}{10}$，$\dfrac{1}{15}$，$\dfrac{1}{20}$，… 的第 5 项是_____.

（3）数列 $\{2^n+1\}$ 的第 3 项等于_____.

（4）已知数列的通项公式 $a_n=5\times(-1)^{n+1}$，则它的前 5 项分别是_____.

（5）根据数列的通项公式填表.

n	1	2	…	5	…		…	n
a_n			…		…	380	…	$n(n+1)$

（6）写出下面数列 $\{a_n\}$ 的前 5 项：

①$a_1=\dfrac{1}{2}$，$a_n=4a_{n-1}+1$ （$n\geqslant 2$）；

②$a_1=-\dfrac{1}{4}$，$a_n=1-\dfrac{1}{a_{n-1}}$ （$n\geqslant 2$）.

3. 解答题.

已知数列 $\{a_n\}$ 第一项是 1，第二项是 2，以后各项由 $a_n=a_{n-1}+a_{n-2}$（$n\geqslant 3$）给出，写出这个数列的前 5 项，并求前 5 项的和.

6.2　等差数列

我们经常这样数数，从 0 开始，每隔 5 数一次，可以得到数列：

$$0,5,10,15,20,\cdots.\qquad\qquad①$$

全国统一鞋号中，女式鞋的各种尺码从小到大依次是

$$21,21\dfrac{1}{2},22,22\dfrac{1}{2},23,23\dfrac{1}{2},24,24\dfrac{1}{2},25.\qquad②$$

某剧场前 10 排的座位数分别是

$$38,40,42,44,46,48,50,52,54,56.\qquad\qquad③$$

某长跑运动员 7 天里每天的训练量（单位：m）是

$$7\,500,8\,000,8\,500,9\,000,9\,500,10\,000,10\,500.\qquad④$$

上面的数列①、②、③、④有什么共同特点？

我们看到：

对于数列①,从第 2 项起,每一项与前一项的差都等于 5;

对于数列②,从第 2 项起,每一项与前一项的差都等于 $\frac{1}{2}$;

对于数列③,从第 2 项起,每一项与前一项的差都等于 2;

对于数列④,从第 2 项起,每一项与前一项的差都等于 500.

也就是说,这些数列都有一个共同的特点:从第 2 项起,每一项与前一项的差都等于同一个常数.

一般地,如果一个数列从第 2 项起,每一项与它的前一项的差都等于同一个常数 d,即

$$a_n - a_{n-1} = d \quad (n=2,3,4,\cdots).$$

那么这个数列就叫作等差数列,这个常数 d 叫作等差数列的公差.

上面四个数列都是等差数列,它们的公差依次是 $5,\frac{1}{2},2,500$.

案例分析

例 1 判断下列数列是否为等差数列:

(1) $1,1,1,1,1$;

(2) $4,7,10,13,16$;

(3) $-3,-2,-1,1,2,3$;

(4) $1,0,1,0,1,0$.

解:(1)所给数列是首项为 1,公差为 0 的等差数列;

(2)所给数列是首项为 4,公差为 3 的等差数列;

(3)因为第 2 项与第 1 项的差是 1,第 4 项与第 3 项的差是 2,所以这个数列不是等差数列;

(4)因为第 2 项与第 1 项的差是 -1,第 3 项与第 2 项的差是 1,所以这个数列不是等差数列.

例 2 求出下列等差数列中的未知项:

(1) $3,a,5$;

(2) $3,b,c,-9$.

解:(1)根据题意,得 $a-3=5-a$,解得 $a=4$;

(2)根据题意,得

$$\begin{cases} b-3=c-b, \\ c-b=-9-c, \end{cases}$$

解得

$$\begin{cases} b=-1, \\ c=-5. \end{cases}$$

如果等差数列 $\{a_n\}$ 的首项是 a_1,公差是 d,我们根据等差数列的定义可以得到

$$a_2-a_1=d,a_3-a_2=d,a_4-a_3=d,\cdots$$

所以

$$a_2 = a_1 + d,$$
$$a_3 = a_2 + d = (a_1 + d) + d = a_1 + 2d,$$
$$a_4 = a_3 + d = (a_1 + 2d) + d = a_1 + 3d,$$
$$\cdots\cdots$$

因此，首项为 a_1，公差为 d 的等差数列的通项公式是

$$a_n = a_1 + (n-1)d.$$

思考：数列①、②、③、④的通项公式是什么？

例 3 (1)求等差数列 $8,5,2,\cdots$ 的前 20 项．

(2) -401 是不是等差数列 $-5,-9,-13,\cdots$ 的项？如果是，是第几项？

解：(1)由 $a_1 = 8, d = 5 - 8 = -3, n = 20$，得

$$a_{20} = a_1 + (20-1)d = 8 + (20-1) \times (-3) = -49.$$

(2)由 $a_1 = -5, d = -9 - (-5) = -4$，得这个数列的通项公式为

$$a_n = a_1 + (n-1)d = -5 - 4(n-1) = -4n - 1.$$

由题意知，本题是要回答是否存在正整数 n，使得 $-401 = -4n - 1$ 成立．解这个关于 n 的方程，得 $n = 100$，即 -401 是这个数列的第 100 项．

例 4 梯子的最低一级宽限是 $33\,cm$，最高一级宽限 $110\,cm$，中间还有 10 级，各级的宽度成等差数列．计算梯子中间各级的宽度．

解：用 $\{a_n\}$ 表示梯子自上而下各级宽度所成的等差数列，由已知条件有

$$a_1 = 33, a_{12} = 110, n = 12,$$

由通项公式，得

$$a_{12} = a_1 + (12-1)d,$$

即

$$110 = 33 + 11d.$$

解得 $d = 7$．

因此，$a_2 = 33 + 7 = 40, a_3 = 40 + 7 = 47, a_4 = 54, a_5 = 61, a_6 = 68, a_7 = 75, a_8 = 82, a_9 = 89, a_{10} = 96, a_{11} = 103$．

答：梯子中间各级的宽度从上到下依次是 $40\,cm, 47\,cm, 54\,cm, 61\,cm, 68\,cm, 75\,cm, 82\,cm, 89\,cm, 96\,cm, 103\,cm$．

 习题演练

1. 判断下列数列是否为等差数列：

(1) $-1, -1, -1, -1, -1$；

(2) $1, \frac{1}{2}, \frac{1}{3}, \frac{1}{4}$；

(3) $2, 3, 2, 3, 2, 3$；

(4) $0.1, 0.2, 0.3, 0.4, 0.5$；

(5) $2, 4, 8, 12, 16$；

(6) $7, 12, 17, 22, 27$．

2. 已知下列数列是等差数列，试在括号内填上适当的数：

(1)( ), $5, 10$；

(2) $1, \sqrt{2},$ ( )；

(3) $31,$ ( ), ( ), 10．

3. 如果 a,A,b 这 3 个数成等差数列,那么 $A=\dfrac{a+b}{2}$. 我们把 $\dfrac{a+b}{2}$ 叫作 a 和 b 的等差中项. 试求下列各组数的等差中项:

(1)100 与 180;　　　　　　(2)-2 与 6.

4. 在等差数列 $\{a_n\}$ 中:

(1)已知 $a_1=2,d=3,n=10$,求 a_n;

(2)已知 $a_1=3,a_n=21,d=2$,求 n;

(3)已知 $a_1=12,a_6=27$,求 d;

(4)已知 $d=-\dfrac{1}{3},a_7=8$,求 a_1.

5. (1)求等差数列 $3,7,11,\cdots$ 的第 4 项与第 10 项.

(2)求等差数列 $10,8,6,\cdots$ 的第 20 项.

(3)100 是不是等差数列 $2,9,16,\cdots$ 的项? 如果是,是第几项?

6. 一幢高层住宅楼共有 18 层,每层楼高 2.8m,请问从低到高每层楼地板的高度构成的数列是否是等差数列? 如果是,它的首项和公差各是多少?

7. 裕彤体育场一角的看台的座位是这样排列的:第一排有 15 个座位,从第二排起每一排都比前一排多 2 个座位,你能写出第 n 排的座位数 a_n 吗? 第 10 排能坐多少人?

情境再现

200 多年前,高斯的算术老师提出了下面的问题:

$$1+2+3+\cdots+100=?$$

据说,当时只有 10 岁的高斯用下面的方法迅速算出了正确答案.

首项与末项的和:$1+100=101$.

第 2 项与倒数第 2 项的和:$2+99=101$.

第 3 项与倒数第 3 项的和:$3+98=101$.

$\cdots\cdots$

第 50 项与倒数第 50 项的和:$50+51=101$.

共有 50 个 101,于是求的和为 $101\times50=(100+1)\times\dfrac{100}{2}=5\,050$.

高斯的算法实际上解决了等差数列 $1,2,3,\cdots,n,\cdots$ 前 100 项的和的问题. 人们从这个算法中受到启发,用下面的方法计算 $1,2,3,\cdots,n,\cdots$ 的前 n 项和.

由

$$\dfrac{\begin{array}{l}1+2+\cdots+n-1+n\\ n+n-1+\cdots+2+1\end{array}}{(n+1)+(n+1)+\cdots+(n+1)+(n+1)}.$$

可知

$$1+2+3+\cdots+n=\dfrac{(n+1)\times n}{2}.$$

高斯的算法妙处在哪里? 这种方法能够推广到求一般等差数列的前 n 项和吗?

一般地,我们称

$$a_1+a_2+a_3+\cdots+a_n$$

为数列$\{a_n\}$的前 n 项和,用 S_n 表示,即设等差数列的首项为 a_1,公差为 d,则

$$S_n=a_1+(a_1+d)+(a_1+2d)+\cdots+[a_1+(n-1)d],\qquad ①$$

$$S_n=a_n+(a_n-d)+(a_n-2d)+\cdots+[a_n+(n-1)d],\qquad ②$$

由①＋②,得

$$2S_n=(a_1+a_n)+(a_1+a_n)+\cdots+(a_1+a_n)=n(a_1+a_n).$$

由此得到等差数列$\{a_n\}$的前 n 项和的公式:

$$S_n=\frac{n(a_1+a_n)}{2}.$$

如果将等差数列的通项公式$a_n=a_1+(n-1)d$代入上面的公式,那么 S_n 还可以表示为

$$S_n=na_1+\frac{n(n-1)}{2}d.$$

例1　如图 6—5 所示,一个堆放铅笔的 V 形架的最下面一层放 1 支铅笔,往上每一层都比它下面一层多放一支,最上面一层放 120 支. 这个 V 形架共放着多少支铅笔?

解:由题意可知,这个 V 形架上共放着 120 层铅笔,且自下而上各层的铅笔数成等差数列,记为$\{a_n\}$,其中 $a_1=1,a_{120}=120$. 根据等差数列前 n 项和公式,得

$$S_{120}=\frac{120\times(1+120)}{2}=7\ 260.$$

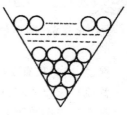

图 6—5

答:V 形架上共放着 7 260 支铅笔.

例2　等差数列$-10,-6,-2,2,\cdots$前多少项的和是 54?

解:设题中的等差数列为$\{a_n\}$,前 n 项和是 S_n,则

$$a_1=-10,d=-6-(10)=4.$$

设 $S_n=54$,根据等差数列前 n 项和公式,得

$$-10n+\frac{n(n-1)}{2}\times4=54.$$

整理,得

$$n^2-6n-27=0.$$

解得

$$n_1=9,n_2=-3(舍去).$$

因此,等差数列$-10,-6,-2,2,\cdots$前 9 项的和是 54.

1. 根据下列各题中的条件,求相应的等差数列$\{a_n\}$的前 n 项和 S_n:

(1)$a_1=5,a_n=95,n=10$;

(2)$a_1=100,d=-2,n=50$;

(3)$a_1=14.5,d=0.7,a_n=32$.

2. 求等差数列 $13,15,17,\cdots,81$ 的各项的和.

3. 等差数列 $5,4,3,2,\cdots$ 前多少项的和是 -30?

4. 一个剧场设置了 20 排座位,第一排有 38 个座位,往后每一排都比前一排多两个座位. 这个剧场一共设置了多少个座位?

5. 一个多边形的周长等于 158 cm,所有各边的长成等差数列,最大的边长等于 44 cm,公差等于 3 cm,求多边形的边数.

6. 一个等差数列$\{a_n\}$的第 6 项是 5,第 3 项与第 8 项的和也是 5,求这个等差数列前 9 项的和.

7. 已知等差数列$\{a_n\}$的通项公式是 $a_n=3n-2$,求它的前 20 项的和.

6.3　等比数列

情境再现

如图 6-6 所示是某种细胞分裂的模型,细胞分裂的个数可以组成一个数列:
$$1,2,4,8,\cdots \qquad ①$$

我国古代一些学者提出:"一尺之棰,日取其半,万世不竭."用现代语言描述就是:一尺长的木棒,每日取其一半,永远也取不完. 这样,每日剩下部分都是前一日的一半,如果把"一尺之棰"看成单位"1",每日的剩余量构成的数列是:
$$1,\frac{1}{2},\frac{1}{4},\frac{1}{8},\frac{1}{16},\cdots \qquad ②$$

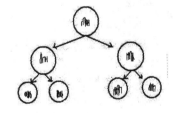

图 6-6

病毒感染计算机构成的数列为
$$1,20,20^2,20^3,\cdots \qquad ③$$

上面的数列①、②、③有什么共同的特点?

知识链接

一般地,如果一个数列从第 2 项起,每一项与它前一项的比等于同一个常数 q,即
$$\frac{a_n}{a_{n-1}}=q \quad (n=2,3,4,\cdots),$$

那么这个数列叫作等比数列,这个常数 q 叫作等比数列的公比,显然 $q\neq0$.

上面的 3 个数列都是等比数列,它们的公比依次是 $2,\frac{1}{2},20$.

 案例分析

例 1 判断下列数列是否为等比数列:

(1)1,1,1,1;

(2)0,1,2,4,8;

(3)$1,-\frac{1}{2},\frac{1}{4},-\frac{1}{8},\frac{1}{16}$.

解:(1)所给数列是首项为 1,公比为 1 的等比数列;

(2)因为 0 不能作除数,所以这个数列不是等比数列;

(3)所给数列是首项为 1,公比为 $-\frac{1}{2}$ 的等比数列.

例 2 求出下列等比数列中的未知项:

(1)2,a,8;

(2)$-4,b,c,\frac{1}{2}$.

解:(1)根据题意,得 $\frac{a}{2}=\frac{8}{a}$,所以 $a=4$ 或 $a=-4$;

(2)根据题意,得 $\begin{cases}\dfrac{b}{-4}=\dfrac{c}{b},\\[2mm]\dfrac{\frac{1}{2}}{c}=\dfrac{c}{b},\end{cases}$

解得 $\begin{cases}b=2,\\ c=-1.\end{cases}$

一般地,如果等比数列 $\{a_n\}$ 的首项是 a_1,公比是 q,根据等比数列的定义,得到

$$\frac{a_2}{a_1}=q,\frac{a_3}{a_2}=q,\frac{a_4}{a_3}=q,\cdots$$

所以

$$a_2=a_1q,$$
$$a_3=a_2q=(a_1q)q=a_1q^2,$$
$$a_4=a_3q=(a_1q^2)q=a_1q^3,$$
$$\cdots\cdots$$

由此,得到等比数列的通项公式

$$a_n=a_1q^{n-1}.$$

例 3 培育水稻新品种,如果第一代得到 120 粒种子,并且从第一代起,由以后各代的每一粒种子都可能得到下一代的 120 粒种子,到第 5 代大约可以得到这个新品种的种子多少粒(结果保留两位有效数字)?

解:由于每代的种子数是它的前一代数的 120 倍,逐代的种子数组成等比数列,记为

$\{a_n\}$,其中 $a_1=120,q=120$,因此

$$a_5=120\times120^{5-1}\approx2.5\times10^{10}.$$

答:到第 5 代大约可以得到种子 2.5×10^{10} 粒.

例 4　在等比数列 $\{a_n\}$ 中:

(1)已知 $a_1=3,q=-2$,求 a_6;

(2)已知 $a_3=12,a_4=18$,求 a_1 和 q.

解:(1)由等比数列的通项公式,得

$$a_6=3\times(-2)^{6-1}=-96;$$

(2)设等比数列的公比为 q,那么

$$\begin{cases} a_1q^2=12, \\ a_1q^3=18, \end{cases}$$

解得 $\begin{cases} q=\dfrac{3}{2}, \\ a_1=\dfrac{16}{3}. \end{cases}$

例 5　243 和 3 中间插入 3 个数,使这 5 个数成等比数列.

解:设插入的 3 个数为 a_1,a_2,a_3,由题意得 $243,a_1,a_2,a_3,3$ 成等比数列,设公比为 q,则

$$3=243q^{5-1}.$$

解得 $q=\pm\dfrac{1}{3}.$

因此,所求 3 个数为 $81,27,9$ 或 $-81,27,-9$.

习题演练

1. 判断下列数列是否为等比数列:

(1)$1,2,1,2,1$;

(2)$-2,-2,-2,-2$;

(3)$1,-\dfrac{1}{3},\dfrac{1}{9},-\dfrac{1}{27},\dfrac{1}{81}$;

(4)$2,1,\dfrac{1}{2},\dfrac{1}{4},0$.

2. 已知下列数列是等比数列,试在括号内填上适当的数:

(1)(　　),$3,27$;　　　　(2)$3,$(　　),5;

(3)$1,$(　　),(　　),$\dfrac{27}{8}$.

3. 下列数列哪些是等差数列,哪些是等比数列?

(1)$2,4,6,8,10$;　　　　(2)$2^2,2,1,2^{-1},2^{-2}$;

(3)$3,3,3,3,3$;

4. 求下列等比数列的公比、第 5 项和第 n 项:

(1)$2,6,18,54,\cdots$;

(2)$7, \frac{14}{9}, \frac{28}{9}, \frac{56}{27}, \cdots$;

(3)$0.3, -0.09, 0.027, -0.0081, \cdots$.

5. 已知等比数列的公比为 $\frac{2}{5}$，第 4 项是 $\frac{5}{2}$，求这个数列的前三项.

6. 由下列等比数列的通项公式，求首项和公比：

(1)$a_n = 2^n$;   (2)$a_n = \frac{1}{4} \cdot 10^n$.

7. (1)一个等比数列的第 9 项是 $\frac{4}{9}$，公比是 $-\frac{1}{3}$，求它的第 1 项；

   (2)一个等比数列的第 2 项是 10，第三项是 20，求它的第 1 项与第 4 项.

 **情境再现**

国际象棋(图 6—7)起源于古代印度，相传国王要奖赏国际象棋的发明者，问他想要什么，发明者说："请在棋盘的第 1 个格子里放上 1 颗麦粒，第 2 个格子里放上 2 颗麦粒，在第 3 个格子里放上 4 颗麦粒，在第 4 个格子里放上 8 颗麦粒，以此类推，每个格子里放的麦粒数都是前一个格子里放的麦粒数的 2 倍，直到第 64 个格子."国王觉得这并不是很难办到的事，就欣然同意了他的要求. 一般千粒麦子的质量约为 40g，据查目前世界年度小麦产量约 6 亿吨，根据以上数据，你认为国王有能力实现他的诺言吗？

图 6—7

 **知识链接**

让我们来分析一下，如果把各格所放的麦粒数看成一个数列，我们可以得到一个等比数列：它的首项为 1，公比为 2，求第 1 格到第 64 格的麦粒总数，就是求这个数列的前 64 项的和 $S_{64} = 1 + 2 + 2^2 + 2^3 + \cdots + 2^{63}$.

一般地，设有等比数列

$$a_1, a_2, a_3, \cdots a_n, \cdots$$

的前 n 项和是

$$S_n = a_1 + a_2 + a_3 + \cdots + a_n,$$

根据等比数列的通项公式，上式可以写成：

$$S_n = a_1 + a_1 q + a_1 q^2 + \cdots + a_1 q^{n-1}, \qquad ①$$

我们发现，用 q 乘①的两边，可得

$$q S_n = a_1 q + a_1 q^2 + \cdots + a_1 q^{n-1} + a_1 q^n, \qquad ②$$

①、②的右边有很多相同的项，①-②，得

$$(1-q)S_n = a_1 - a_1 q^n.$$

由此可以得到 $q \neq 1$ 时，等比数列 $\{a_n\}$ 的前 n 项和的公式为

$$S_n = \frac{a_1(1-q^n)}{1-q} \quad (q \neq 1).$$

因为
$$a_1 q^n = (a_1 q^{n-1})q = a_n q,$$

所以上面的公式还可以写成
$$S_n = \frac{a_1 - a_n q}{1 - q}(q \neq 1).$$

现在,我们来解决本节开头的问题,由 $a_1 = 1, q = 2, n = 64$ 可得
$$S_{64} = \frac{1(1 - 2^{64})}{1 - 2} = 2^{64} - 1,$$

$2^{64} - 1$ 这个数很大,超过了 1.84×10^{19},而千粒麦子的重量约为 $40\ \mathrm{g}$,那么麦粒的总重量超过了 $7\ 000$ 亿吨,因此国王难以实现他的诺言.

思考:若等比数列的公比 $q = 1$,那么怎样求 S_n?

例 1 求等比数列 $\frac{1}{2}, \frac{1}{4}, \frac{1}{8}, \cdots$ 的前 8 项和.

解:由 $a_1 = \frac{1}{2}, q = \frac{1}{4} \div \frac{1}{2} = \frac{1}{2}, n = 8$,得
$$S_8 = \frac{\frac{1}{2}\left[1 - \left(\frac{1}{2}\right)^8\right]}{1 - \frac{1}{2}} = \frac{255}{256}.$$

例 2 在等比数列 $\{a_n\}$ 中,已知 $a_1 = 1, a_k = 243, q = 3$,求 S_k.

解:根据等比数列的前 n 项和公式,得
$$S_k = \frac{1 - 243 \times 3}{1 - 3} = 364.$$

例 3 在等比数列 $\{a_n\}$ 中,已知 $S_3 = 7, S_6 = 63$,求 a_n.

解:显然 $q \neq 1$,根据等比数列的前 n 项和公式,得
$$S_3 = \frac{a_1(1 - q^3)}{1 - q} = 7,$$
$$S_6 = \frac{a_1(1 - q^6)}{1 - q} = 63.$$

将上面两个等式的两边分别相除,得 $1 + q^3 = 9$. 所以 $q = 2$,由此可得 $a = 1$. 因此
$$a_n = 1 \times a^{n-1} = a^{n-1}.$$

1. 求下列等比数列的各项和:

(1) $1, 3, 9, \cdots, 2\ 187$;   (2) $1, -\frac{1}{2}, \frac{1}{4}, -\frac{1}{8}, \cdots, -\frac{1}{512}$.

2. 根据下列条件,求等比数列$\{a_n\}$的前 n 项和 S_n:

(1)$a_1=3,q=2,n=6$;   (2)$a_1=-1,q=-\dfrac{1}{3},n=5$;

(3)$a_1=8,q=\dfrac{1}{2},a_n=\dfrac{1}{2}$;   (4)$a_2=3,a_4=27,n=5$.

3. 在等比数列$\{a_n\}$中:

(1)已知 $q=\dfrac{1}{2},S_5=3\dfrac{5}{8}$,求 a_1 与 a_5;

(2)已知 $a_1=2,S_3=26$,求 q 与 a_3;

(3)已知 $a_3=1\dfrac{1}{2},S_3=4\dfrac{1}{2}$,求 a_1 与 q.

4. 如果一个等比数列的前 5 项和等于 10,前 10 项和等于 50,那么它的前 15 项和等于多少?

5. 成等比数列的 3 个正数的和等于 15,并且这 3 个数分别加上 1,3,9 后又成等比数列.求这 3 个数.

6.4 数列的应用——找规律

例 1 写出数列$-1,4,-7,10,\cdots$的一个通项公式.

分析:数列$-1,4,-7,10,\cdots$可以看作数列 $1,4,7,10,\cdots$ 与数列$-1,1,-1,1,\cdots$对应项的积,数列 $1,4,7,10,\cdots$是等差数列,它的通项公式是 $a_n=3n-2$,数列$-1,1,-1,1,\cdots$的通项公式是 $a_n=(-1)^n$,从而可得所求通项公式:$a_n=(-1)^n(3n-2)$.

例 2 如图 $6-8$ 所示,在边长为 1 的等边三角形 ABC 中,连结各边中点得$\triangle A_1B_1C_1$,再连结$\triangle A_1B_1C_1$ 的各边中点,如此继续下去,求第 10 个三角形的边长.

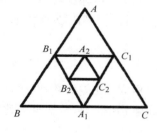

图 $6-8$

解:由题意知,从第 2 个三角形起,每一个三角形的边长均为上一个三角形边长的$\dfrac{1}{2}$,所以各三角形的边长构成一个首项为1,公比为$\dfrac{1}{2}$的等比数列,记为$\{a_n\}$,故

$$a_{10}=\left(\dfrac{1}{2}\right)^{10-1}=\left(\dfrac{1}{2}\right)^9=\dfrac{1}{512}.$$

1. 数列 $2,7,12,17,x,27,\cdots$ 中的 x 的值等于_____.

2. 数列$\sqrt{2},\sqrt{5},2\sqrt{2},\sqrt{11}$的一个通项公式是_____.

3. 根据图 6—9 的图形及相应的点数,在空格和括号中分别填上适当的形和数,并写出形数构成的数列的一个通项公式.

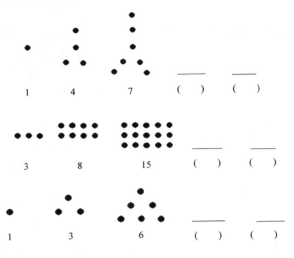

1　　4　　7　　( )　　( )

3　　8　　15　　( )　　( )

1　　3　　6　　( )　　( )

图 6—9

4. 一个剧场设置了 20 排座位,第一排有 38 个座位,往后每一排都比前一排多 2 个座位.这个剧场一共设置了_____个座位.

5. 为了参加幼师春季运动会的 5 000 m 长跑比赛,某同学给自己制订了 7 天的训练计划:第一天跑 5 000 m,以后每一天比前一天多跑 500 m,这个同学 7 天一共将跑多长的距离?

6. 诺沃尔(Knowall)在 1740 年发现了一颗彗星(图 6—10),并推出在 1823 年、1906 年、1989 年……人们都可以看到这颗彗星,即彗星每隔 83 年出现一次.

(1)从发现那次算起,彗星第 8 次出现是哪一年?

(2)你认为这颗彗星在 2500 年会出现吗?为什么?

图 6—10

7. 如图 6—11(1)所示是一个三角形,分别连结这个三角形三边中点,将原三角形剖分成 4 个三角形(图 6—10(2)),再分别连结图 6—11(2)中间的一个小三角形三边的中点,又可将原三角形剖分成 7 个三角形(图 6—11(3)).依此类推,第 n 个图中原三角形被剖分为 a_n 个三角形.

(1)求数列 $\{a_n\}$ 的通项公式;

(2)第 100 个图中原三角形被剖分为多少个三角形?

①(a)　　　　②(b)　　　　③(c)

图 6—11

8. 如图 6—12 所示,画一个边长为 2 cm 的正方形,再将这个正方形各边的中点相连得到第 2 个正方形,依此类推,这样一共画了 10 个正方形. 求:

(1)第 10 个正方形的面积;

(2)这 10 个正方形面积的和.

9. 如图 6—13 所示,一个球从 100 m 高处自由落下,每次着地后又跳回原高度的一半再落下,求:当它第 10 次着地时,经过的路程共是多少?

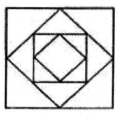

图 6—12

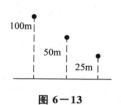

图 6—13

10. 有一种计算机病毒可以通过电子邮件进行传播,如果第一轮感染的计算机数是 8 台,并且从第二轮起,以后每一台计算机都可以感染下一轮的 10 台计算机,那么到第 5 轮,可以感染多少台计算机?

11. 观察:

$$1$$
$$1+2+1$$
$$1+2+3+2+1$$
$$1+2+3+4+3+2+1$$

(1)第 100 行是多少个数的和? 这个和是多少?

(2)计算第 n 行的值.

本 章 小 结

本章我们从一些有趣的数列模型引入了数列的概念,体会了用数列这一特殊的函数描述变量变化规律的基本思想. 通过实例经历了建立等差数列和等比数列这两个数学模型的过程,探索了它们的一些基本数量关系—通项公式和前 n 项和公式,并运用等差数列和等比数列解决了一些问题.

在本章学习中,要掌握等差数列和等比数列的定义、通项公式以及前 n 项和公式,会用函数的观点理解数列的概念,能通过相应的函数以及图像直观地认识数列的性质.

学会运用类比的方法认识等差数列和等比数列的联系,要善于运用等价转化的思想,将一些特殊的数列问题转化为等差数列或等比数列的相应问题.

复 习 题

1. 选择题.

(1)若直角三角形的三条边的长组成公差为 3 的等差数列,则三边的长分别为(　　).

　A. 5,8,11　　　　　B. 9,12,15　　　　　C. 10,13,16　　　　　D. 15,18,21

(2)由 $a_1=1,d=3$ 确定的等差数列 $\{a_n\}$,当 $a_n=298$ 时,序号 n 等于(　　).

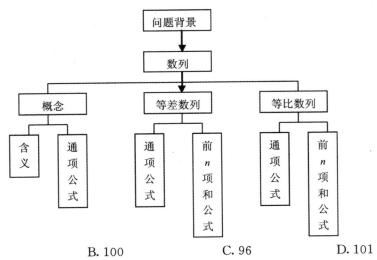

A. 99　　　　　　B. 100　　　　　　C. 96　　　　　　D. 101

2. 写出数列的一个通项公式,使它的前 4 项分别是下列各数:

(1) $\dfrac{1}{2}, \dfrac{3}{4}, \dfrac{5}{8}, \dfrac{7}{16}$;

(2) $1 + \dfrac{1}{2^2}, 1 - \dfrac{3}{4^2}, 1 + \dfrac{5}{6^2}, 1 - \dfrac{7}{8^2}$;

(3) $7, 77, 777, 7\,777$;

(4) $0, \sqrt{2}, 0, \sqrt{2}$.

3. a, b, c 三个数成等差数列,其中 $a = 5 + 2\sqrt{6}, c = 5 - 2\sqrt{6}$,那么 b 等于多少? 如果 a, b, c 成等比数列呢?

4. 已知等差数列中,$a_1 = 1, a_3 = 5$,则 $a_{10} = $ _____.

5. 已知等差数列 $\{a_n\}$ 中,$a_{12} = 10, a_{22} = 25$,则 $a_{32} = $ _____.

6. 在等差数列 $\{a_n\}$ 中:

(1) $a_1 = 20, a_n = 54, S_n = 999$,求 d 和 n;

(2) $d = \dfrac{1}{3}, S_{37} = 629$,求 a_1;

(3) $a_1 = \dfrac{5}{6}, d = -\dfrac{1}{6}, S_n = -5$,求 n 及 a_n;

(4) $d = 2, a_{15} = -10$,求 a_1 和 S_{20}.

7. 已知等比数列 $\{a_n\}$ 中,$a_3 = 9, a_9 = 3$,则 $a_6 = $ _____.

8. 设 a_1, a_2, a_3, a_4 成等比数列,其公比为 2,则 $\dfrac{2a_1 + a_2}{2a_3 + a_4}$ 的值为(　　)。

A. $\dfrac{1}{4}$　　　　　B. $\dfrac{1}{2}$　　　　　C. $\dfrac{1}{8}$　　　　　D. 1

9. 在等比数列 $\{a_n\}$:

(1) 已知 $a_4 = 27, q = -3$,求 a_7;

(2) 已知 $a_2 = 18, a_4 = 8$,求 a 与 q;

(3) 已知 $a_5 = 4, a_2 = 6$,求 a_9;

(4)已知 $a_5 - a_1 = 15, a_4 - a_2 = 6$，求 a_3.

10. 已知等比数列 $\{a_n\}$ 中，$a_3 = 7, S_3 = 21$，则公比 q 的值是（　）.

A. 1 　　　　　　B. $-\dfrac{1}{2}$ 　　　　　　C. 1 或 $-\dfrac{1}{2}$ 　　　　D. -1 或 $-\dfrac{1}{2}$

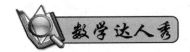

　　莱昂哈德·欧拉(1707—1783),瑞士数学家、自然科学家.欧拉的惊人成就并不是偶然的.他可以在任何不良的环境中工作,经常抱着孩子在膝上完成论文,也不顾较大的孩子在旁边喧哗.欧拉在 28 岁时,不幸一只眼睛失明,过了 30 年以后,他的另一只眼睛也失明了.在他双目失明以后,也没有停止过数学研究.他以惊人的毅力和坚忍不拔的精神继续工作着,在他双目失明至逝世的十七年间,还口述著作了几本书和 400 篇左右的论文.由于欧拉的著作甚多,出版欧拉全集是十分困难的事情,1909 年瑞士自然科学会就开始整理出版,直到现在还没有出完,计划是 72 卷.

　　欧拉在他的 886 种著作中,属于他生前发表的有 530 本书和论文,其中不少是教科书.他的著作文笔流畅、浅显、通俗易懂,读后引人入胜,十分令读者敬佩.尤其值得一提的是他编写的平面三角课本,采用的记号如 sin x,cos x,……直到现今还在用.

　　欧拉 1720 年秋天进入巴塞尔大学,由于异常勤奋和聪慧,受到约翰·伯努利的赏识,给以特别的指导.欧拉同约翰的两个儿子尼古拉·伯努力和丹尼尔·伯努利也结成了亲密的朋友.

　　欧拉 19 岁写了一篇关于船桅的论文,获得巴黎科学院的奖金,从此开始了创作生涯.以后陆续得奖多次.1725 年丹尼尔兄弟赴俄国,向沙皇喀德林一世推荐欧拉,于是欧拉于1727 年 5 月 17 日到了圣彼得堡,1733 年丹尼尔回到巴塞尔,欧拉接替他任圣彼得堡科学院数学教授,时年仅 26 岁.

　　1735 年,欧拉解决一个天文学的难题(计算彗星轨道).

　　这个问题几个著名数学家,几个月的努力才得以解决,欧拉却以自己发明的方法,三日而成.但过度的工作使他得了眼病,不幸右眼失明,这时才 28 岁.

　　1741—1766 年,欧拉应普鲁士腓特烈大帝的邀请,在柏林担任柏林科学院物理数学所所长;1766 年,在俄国沙皇喀德林二世的诚恳敦聘了重回圣彼得堡.不料没有多久,他左眼视力衰退,只能依稀看到前方物体,最后完全失明.这时欧拉已年近花甲.

　　不幸的事情接踵而来.1771 年圣彼得堡失火,殃及欧拉住宅,带病而失明的 64 岁的欧拉被围困在大火之中．紧急关头，为他做家务的一个工人冒着生命危险，冲进火中把欧拉抢救出来，欧拉的书库及大量研究成果全部化为灰烬．沉重的打击，仍然没有使欧拉倒下．他发誓要把损失夺回来．欧拉在完全失明之前，左眼还能朦胧地看见东西，他抓紧这最后的时刻，在一块大黑板上疾书他发现的公式，然后口述其内容，由他的学生和大儿子 A. 欧拉（1734—1800 年，也是数学家和物理学家）笔录．欧拉完全失明之后，仍然以惊人的毅力与黑暗搏斗，凭着记忆和心算进行研究，直到逝世．

欧拉的记忆和心算能力是罕见的，他能够复述青年时代笔记的内容，高等数学一样可以用心算去完成．有一次，欧拉的两个学生，分别把一个很复杂的收敛级数的 17 项加起来，算到第 50 位数字时，结果相差一个单位．欧拉为了确定究竟谁计算得对，用心算进行了全部运算，最后把错误找了出来．欧拉在失明的十七年中，还解决了使牛顿头痛的月离（月球运行）问题和很多复杂的分析问题．

欧拉的风格是很高的，拉格朗日是稍后于欧拉的大数学家．从 19 岁起和欧拉通信、讨论等周问题的一般解法，从而引起了变分法的诞生．等周问题是欧拉多年来苦心考虑的问题，拉格朗日的解法博得了欧拉的热烈赞扬，1759 年 10 月 2 日欧拉在回信中盛赞拉格朗日的成就，并谦恭地压下自己在这方面较不成熟的作品暂不发表，使年轻的拉格朗日的著作得以发表和流传，赢得巨大声誉．变分法一词，1766 年为欧拉所创，他对变分法推进的伟大功劳，也是不可埋没的．

1783 年 9 月 18 日下午，欧拉为了庆祝他计算气球上升定律的成功，请朋友们吃饭．那时天王星刚发现不久，欧拉写出计算天王星轨道的要领，还和他的孙子逗笑，喝茶后，突然疾病发作，烟斗从手中落下……欧拉就这样"停止了生命和计算"．

历史学家把欧拉和阿基米德、牛顿、高斯并列为有史以来贡献最大的四位数学家．他们有一个值得注意的共同点，就是在创建纯粹理论的同时，还应用这些数学工具去解决大量天文、物理、力学等方面的实际问题．他们的工作常常是跨学科的，他们不断地从实践中吸取丰富的营养，但又不满足于具体问题的解决，而力图探究宇宙的奥秘，揭示其内在的规律．

第7章 整式

在青藏铁路线上,在格尔木到拉萨之间有一段很长的冻土地段.列车在冻土地段的行驶速度是 100 千米/时,在非冻土地段的行驶速度可以达到 120 千米/时,请根据这些数据回答下列问题.

1)列车在冻土地段行驶时,2 小时能行驶多少千米?3 小时呢?t 小时呢?

2)在西宁到拉萨路段,列车通过非冻土地段所需时间是通过冻土地段所需时间的 2.1 倍,如果通过冻土地段需要 t 小时,能用含 t 的式子表示这段铁路的全长吗?

3)在格尔木到拉萨路段,列车通过冻土地段比通过非冻土地段多用 0.5 小时,如果通过冻土地段需要 u 小时,则这段铁路的全长可以怎样表示?冻土地段与非冻土地段相差多少千米?

本章,我们不仅可以用字母或含有字母的式子表示数和数量关系,而且还可以将这样的式子进行运算.这些内容将为方程打下基础.

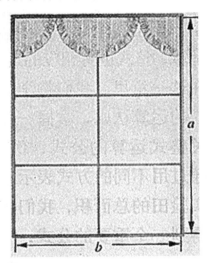

7.1 整 式

一、单项式、多项式的定义及它们的联系与区别

1. 单项式

我们看下面的一些代数式:

x 表示正方形的边长,则正方形的周长是 $4x$;

a,b 分别表示长方形的长和宽,则长方形的面积是 ab;

x 表示正方形的棱长,则正方体的体积是 x^3;

n 表示一个数,则它的相反数可以记为 $-n$.

看上面得到的代数式 $4x$,ab,x^3,$-n$,它们都是数与字母的积,这样的代数式叫作单项式. 单独一个数或一个字母也是单项式.

单项式中的数字因数叫作这个单项式的系数. 例如,单项式 $4x$,$-7xy^2$,$\dfrac{1}{3}a^2b^2$ 的系数分别是 4, -7, $\dfrac{1}{3}$.

如果一个单项式只含有字母因数,它的系数就是 1 或者 -1. 例如 ab 就是 $1 \cdot ab$,系数是 1;$-n$ 就是 $-1 \cdot n$,系数是 -1.

一个单项式中,所有字母的指数的和叫作这个单项式的次数. 例如:

在单项式 $4x$ 中,字母 x 的指数是 1,$4x$ 是一次单项式;

在单项式 x^3 中,字母 x 的指数是 3,x^3 是三次单项式;

在单项式 ab 中,字母 a 与 b 的指数和是 2,ab 是二次单项式;

在单项式 $-7xy^2$ 中,字母 x 与 y 的指数和是 3,$-7xy^2$ 是三次单项式;

在单项式 $\dfrac{1}{3}a^2b^2$ 中,字母 a 与 b 的指数和是 4,$\dfrac{1}{3}a^2b^2$ 是四次单项式.

2. 多项式

再来看下面的代数式:

$$4x-5, \quad 6x^2-2x+7, \quad a^2+ab+b^2.$$

这些式子中都含有加减运算,它们可以看成是由单项式的和组成的式子. 具体地说:

$4x-5$ 是单项式 $4x$ 与 -5 的和;

$6x^2-2x+7$ 是单项式 $6x^2$,$-2x$,7 的和;

a^2+ab+b^2 是单项式 a^2,ab,b^2 的和.

几个单项式的和叫作多项式. 在多项式中,每个单项式叫作多项式的项. 其中,不含字母的项叫作常数项. 例如:

多项式 $4x-5$ 中,$4x$,-5 是它的项,-5 是常数项;

多项式 $6x^2-2x+7$ 中,$6x^2$,$-2x$,7 是它的项,7 是常数项.

要特别注意项的符号,如 $4x-5$ 的常数项是 -5,不是 5;$6x^2-2x+7$ 的第二项是 $-2x$,不是 $2x$.

一个多项式含有几项,就叫几项式. 如 $4x-5$ 是二项式,$6x^2-2x+7$,a^2+ab+b^2 都是三项式.

多项式里,次数最高项的次数,就是这个多项式的次数. 例如:$4x-5$ 是一次二项式;$6x^2-2x+7$ 是二次三项式;a^2+ab+b^2 是二次三项式.

二、升幂排列与降幂排列

为便于多项式的运算,可以用加法交换律与结合律将多项式中各项的位置按其中某个字母的指数的大小顺序重新排列.

若按某个字母的指数从大到小的顺序排列,叫作这个多项式按这个字母降幂排列.

若按某个字母的指数从小到大的顺序排列,叫作这个多项式按这个字母升幂排列.

例如:多项式 $2a^3b - 3ab^3 + a^2b - \frac{1}{2}b^2a + a + b - 1$,按字母 a 升幂排列为

$$-1 + b + a - \frac{1}{2}b^2a - 3ab^3 + a^2b + 2a^3b.$$

【注意】1)重新排列多项式时,各项都要带着符号移动位置.

2)对含有两个以上字母的多项式,一般按其中的某一个字母的指数排列顺序.

3)某项前的符号是"+",在第一项位置时,正号"+"可省略,其他位置不能省略.

上面我们学习了单项式和多项式,单项式要注意它的系数和次数,多项式要注意它的项数和次数.

单项式和多项式统称整式.

1. 填空.

(1)矩形宽 $a$cm,长比宽多 2 cm,则周长为_____,面积为_____.

(2)圆的半径为 $r$cm,则半圆的面积为_____,半圆的周长为_____.

(3)一批服装原价每套 x 元,若按原价的 90%(九折)出售,则每套售价_____.

(4)一批运动衣按原价的 85%(八五折)出售,每套售价 y 元,则原价为_____.

2. 说出下列单项式的系数和次数:

$3x^3$, $-\frac{1}{5}x^2$, xyz , $32a^2b$, $0.12h$, $0.75ab^2c$, $-2.15ab^3$.

3. 说出下列多项式的项数和次数:

(1) $5a - 3a^2b + b^2a - 1$;   (2) $3xy^2 - 4x^3y + 12$.

4. 把下列多项式先按 x 的降幂排列,再按 y 的升幂排列:

(1) $2xy^2 - x^2y + x^3y^3 - 7$;   (2) $3x^2y - 5xy^2 + y^3 - 2x^3$.

5. 计算下列各式的值:

(1) $x^2 + 2xy + y^2$, 其中 $x = -2$, $y = 2$;

(2) $xy - 3 + y^2 - x^3$, 其中 $x = 3$, $y = -2$.

7.2　整式的加减

每本练习本 x 元,王强买 5 本,张华买 2 本,两人一共花多少钱? 王强比张华多花多少钱?

一、同类项与合并同类项

用代数式表示：两人一共花的钱是 $5x+2x$，王强比张华多花的钱是 $5x-2x$．$5x$ 是 x 的 5 倍，$2x$ 是 x 的 2 倍，$5x+2x$ 是 x 的 7 倍，即 $7x$，$5x-2x$ 是 x 的 3 倍，即 $3x$．

根据结合律也可以得到：

$$5x+2x=(5+2)x=7x，$$
$$5x-2x=(5-2)x=3x.$$

可以知道王强和张华买练习本一共花 $7x$ 元，王强比张华多花 $3x$ 元．

同样根据结合律有

$$-4ab^2+3ab^2=(-4+3)ab^2.$$

观察以上各式的项，在 $5x+2x$ 中，$5x$，$2x$ 都含有字母 x，并且 x 都是一次；在 $-4ab^2+3ab^2$ 中，$-4ab^2$，$3ab^2$ 都含字母 a，b，并且 a 都是一次，b 都是二次．像这样，所含字母相同，并且相同字母的次数也相同的项叫作同类项．另外，所有常数项都是同类项．

例如：$-m^2n$ 与 $3m^2n$ 是同类项；$-\dfrac{1}{2}x^2y^3$ 与 y^3x^2 是同类项．

【注意】判断同类项的标准是"两相同"，即所含字母相同，相同字母的指数也相同，二者缺一不可，而同类项与系数无关，与字母的排列顺序也无关．

在多项式中遇到同类项，可以运用交换律、结合律、分配律合并，如

$$4x^2+2y-3xy+7+3y-8x^2-2$$
$$=(4x^2-8x^2)+(2y+3y)-3xy+(7-2)$$
$$=(4-8)x^2+(2+3)y-3xy+(7-2)$$
$$=-4x^2+5y-3xy+5.$$

把多项式中的同类项合并成一项，叫作合并同类项．巧记方法："多项变一项"．

合并同类项的法则：在合并同类项时，同类项的系数相加，所得的结果作为系数，字母和字母的指数不变．

二、去括号与添括号

去括号法则：括号前是"＋"号，把括号和它前面的"＋"号去掉，括号里各项都不变符号；括号前是"－"号，把括号和它前面的"－"号去掉，括号里各项都改变符号．

例如：$+(a+b-c)=a+b-c$，$-(a+b-c)=-a-b+c$．

添括号法则：添括号后，括号前面是"＋"号，括到括号里的各项都不变符号；添括号后，括号前面是"－"号，括到括号里的各项都改变符号．

例如：$a-b-c=+(a-b-c)$，$\quad a-b-c=-(-a+b+c)$．

【注意】添括号与去括号正好相反，要想检查添括号是不是正确，可以用去括号法则检验．

三、整式的加减

去括号和合并同类项是整式加减的基础．

整式的加减实质上就是合并同类项，若有括号，就要用去括号法则去掉括号，然后再合

并同类项．只要算式中没有同类项，就是运算结果．

例 1　求 $3x^2 - 6x + 5$ 与 $4x^2 + 7x - 6$ 的和．

解：$(3x^2 - 6x + 5) + (4x^2 + 7x - 6)$

$= 3x^2 - 6x + 5 + 4x^2 + 7x - 6$

$= 7x^2 + x - 1.$

例 2　求 $2x^2 + xy + 3y^2$ 与 $x^2 - xy + 2y^2$ 的差．

解：$(2x^2 + xy + 3y^2) - (x^2 - xy + 2y^2)$

$= 2x^2 + xy + 3y^2 - x^2 + xy - 2y^2$

$= x^2 + 2xy + y^2.$

例 3　计算 $\dfrac{1}{3}a - (\dfrac{1}{2}a - 4b - 6c) + 3(-2c + 2b).$

解：$\dfrac{1}{3}a - (\dfrac{1}{2}a - 4b - 6c) + 3(-2c + 2b)$

$= \dfrac{1}{3}a - \dfrac{1}{2}a + 4b + 6c - 6c + 6b$

$= -\dfrac{1}{6}a + 10b.$

习题演练

1. 说出下列各题的两项是不是同类项？为什么？

(1) $0.2x^2 y$ 与 $0.2xy^2$；

(2) $4abc$ 与 $4ac$；

(3) mn 与 $-mn$；

(4) -125 与 12；

(5) $4xy^2 z$ 与 $4x^2 yz$；

(6) 6^2 与 x^2.

2. 下列各题合并同类项的结果对不对？不对的，指出错在哪里．

(1) $3a + 2b = 5ab$；

(2) $5y^2 - 2y^2 = 3$；

(5) $7ab - 7ba = 0$；

(6) $3x^2 + 2x^3 = 5x^5.$

3. 合并下列各式中的同类项．

(1) $x^2 y - 3x^2 y$；

(2) $10y^2 + 0.5y^2$；

(3) $-\dfrac{1}{2}a^2 bc + \dfrac{1}{2}bca^2$；

(4) $\dfrac{1}{4}mn - \dfrac{1}{3}mn + 7$；

(5) $7ab - 3a^2 b^2 + 7 + 8ab^2 + 3a^2 b^2 - 3 - 7ab$；

(6) $3x^3 - 3x^2 - y^2 + 5y + x^2 - 5y + y^2.$

4. 化简下列各式．

(1) $(4a^3 b - 10b^3) + (-3a^2 b^2 + 10b^3)$；

(2) $(4x^2 y - 5xy^2) - (3x^2 y^2 - 4xy^2)$；

(3) $5a^2 - [a^2 + (5a^2 - 2a) - 2(a^2 - 3a)]$；

(4) $15 + 3(1 - a) - (1 - a + a^2) + (1 - a + a^2 - a^3)$.

5. 在下列各式的括号里，填上适当的项：

(1) $2x + x^2 - y^2 = 2x + ($ 　　　　$)$；

(2) $4 - x^2 + 2xy - y^2 = 4 - ($ 　　　　$)$；

(3) $(a - 2b + c)(a + 2b - c) = [a - ($ 　　$)][a + ($ 　　$)]$；

(4) $x^2 - x + 6 = +($ 　　　　$) = -($ 　　　　$)$.

6. 计算：

(1) $(4a^2bc - 3ab) + (-5a^2bc + 2ab^2)$；

(2) $(6m^2 - 4mn - 3n^2) - (2m^2 - 4mn + n^2)$；

(3) $(2a^3 + 5a^2 + 2a - 1) - 4(3 - 8a + 2a^2 - 6a^3)$；

(4) $3x^2 - [5x - (\frac{1}{2}x - 3) + 2x^2]$.

7. 求下列各式的值：

(1) $(3x^2 - 4) - (2x^2 - 5x + 6) + (x^2 - 5x)$，　其中 $x = -1\frac{1}{2}$；

(2) $3x^2y - [2x^2y - (2xyz - x^2z) - 4x^2z] - xyz$，其中 $x = -2$，$y = -3$，$z = 1$.

7.3　幂的运算性质

知识链接

为了学习整式的乘法，我们先来研究幂的运算性质.

一、同底数幂的乘法

同底数幂的乘法法则：同底数幂相乘，底数不变，指数相加，即
$$a^m \cdot a^n = a^{m+n}（m、n 都是正整数）.$$

【注意】

1）这一运算性质可推广到三个或三个以上同底数幂相乘，如
$$a^m \cdot a^n \cdot a^p = a^{m+n+p}（m,n,p 都是正整数）.$$

2）运算性质可逆用，如 $a^{m+n} = a^m \cdot a^n$.

3）幂的底数 a 可以是单项式，也可以是多项式，如
$$a \cdot a^2 = a^{1+2} = a^3，\quad (x-y)^3 \cdot (y-x)^2 = (x-y)^3 \cdot (x-y)^2 = (x-y)^5.$$

4）当幂指数是 1 时，不要误以为指数为 0，如 $a \cdot a^3 = a^4$，　而不是 a^3.

例　计算：

(1) $x^2 \cdot x^5$；　　　　(2) $2^3 \times 2^4 \times 2^5$；　　　　(3) $-y^m \cdot y^{m+1}$.

解：(1) $x^2 \cdot x^5 = x^{2+5} = x^7$;

(2) $2^3 \times 2^4 \times 2^5 = 2^{3+4+5} = 2^{12}$;

(3) $-y^m \cdot y^{m+1} = -(y^m \cdot y^{m+1}) = -y^{m+(m+1)} = -y^{2m+1}$.

二、幂的乘方与积的乘方

1. 幂的乘方法则

幂的乘方，底数不变，指数相乘，即

$$(a^m)^n = a^{mn}(m，n \text{ 都是正整数})$$

【注意】

1）不要把幂的乘方性质与同底数幂的乘法性质混淆．幂的乘方运算，是转化为指数的乘法运算（底数不变）；同底数幂的乘法，是转化为指数的加法运算（底数不变）．

2）此性质可以逆用，即 $a^{mn} = (a^m)^n = (a^n)^m$ ， 如 $3^{15} = (3^5)^3 = (3^3)^5$.

2. 积的乘方法则

积的乘方，等于把积的每一个因式分别乘方，再把所得的幂相乘，即

$$(ab)^n = a^n b^n(n \text{ 为正整数}).$$

【注意】

1）三个或三个以上的因数（或因式）的积的乘方，也具备这一性质，如

$$(abc)^n = a^n \cdot b^n \cdot c^n(n \text{ 为正整数}).$$

2）此性质可逆用，即 $a^n \cdot b^n = (ab)^n$ ，如 $(\frac{9}{4})^2 \times 4^2 = (\frac{9}{4} \times 4)^2 = 81$.

案例分析

例 计算：

(1) $-(y^4)^3$ ； (2) $(a^m)^4$ ； (3) $(xy^2)^2$ ； (4) $(-2xy^3z^2)^4$.

解 (1) $-(y^4)^3 = -y^{4\times3} = -y^{12}$ ；

(2) $(a^m)^4 = a^{m\times4} = a^{4m}$ ；

(3) $(xy^2)^2 = x^2 \cdot (y^2)^2 = x^2y^4$ ；

(4) $(-2xy^3z^2)^4 = (-2)^4x^4(y^3)^4(z^2)^4 = 16x^4y^{12}z^8$.

三、同底数幂的除法法则

同底数幂的除法法则：同底数幂相除，底数不变，指数相减，即

$$a^m \div a^n = a^{m-n}(a \neq 0, m、n \text{ 为正整数，且 } m > n).$$

【注意】此性质可逆用，即 $a^{m-n} = a^m \div a^n$.

四、零指数幂与负整数指数幂

在 $a^m \div a^n = a^{m-n}$ 中，当 $m = n$ 时，规定

$$a^m \div a^n = a^0 = 1(a \neq 0).$$

当 $m < n$ 时，规定

$$a^m \div a^n = a^{-(n-m)} = \frac{1}{a^{n-m}}.$$

如 $10^3 \div 10^7 = 10^{3-7} = 10^{-4} = \frac{1}{10^4}$.

零指数幂的意义：任何不等于零的数的零次幂都等于 1，即 $a^0 = 1 (a \neq 0)$.

负整数指数幂的意义：任何不等于零的数的 $-n$（n 为正整数）次幂，等于这个数的 n 次幂的倒数，即

$$a^{-n} = \frac{1}{a^n} (a \neq 0, n \text{ 为正整数}).$$

【注意】

1）在这两个幂的意义中，底数 a 都不等于零，否则无意义.

2）学习零指数幂和负整数指数幂后，正整数指数幂的运算性质可推广到整数指数幂.

例如：① $a^2 \cdot a^{-3} = a^{2+(-3)} = a^{-1} = \frac{1}{a}$；② $(ab)^{-2} = a^{-2}b^{-2}$；③ $(a^{-3})^{-4} = a^{12}$；

④ $a^3 \div a^{-4} = a^{3-(-4)} = a^7$ 等.

五、科学记数法

我们已学过利用科学记数法表示绝对值较大的数，对于一些绝对值较小的数，我们可以仿照绝对值较大数的记法，用 10 的负整数次幂表示，而将原数写成 $a \times 10^{-n}$ 的形式，其中 n 为正整数，且 $1 \leqslant |a| < 10$，这也称为科学记数法.

【注意】 $|n|$ 为该数第一个非零数字前所有零的个数（包括小数点前的那个零），如

$$0.005\,8 = 5.8 \times 10^{-3}.$$

 习题演练

1. 计算.

(1) $10^5 \cdot 10^6$；　(2) $-a^7 \cdot (-a)^3$；　(3) $y^{12} \cdot y^6$；　　　(4) $-x^5 \cdot (-x)^6 \cdot x^3$；

(5) $x^5 \cdot x^5$；　　(6) $a^{10} \cdot a$；　　　　(7) $y^4 \cdot y^3 \cdot y^2 \cdot y$. (8) $x^{n+1} \cdot x^{n-1}$；

(9) $(-y) \cdot (-y)^2 \cdot (-y)^3 \cdot (-y)^4$；　　(10) $(-x) \cdot x^2 \cdot (-x)^4$.

2. 下面的计算对不对？ 如果不对，应怎样改正？

(1) $b^5 \cdot b^5 = 2b^5$；　　(2) $b^5 + b^5 = b^{10}$；　　(3) $x^5 \cdot x^5 = 2x^{10}$；

(4) $x^5 \cdot x^5 = x^{25}$；　　(5) $c \cdot c^3 = c^3$；　　(6) $m + m^3 = m^4$；

(7) $(ab^2)^3 = ab^6$；　　(8) $(-2a^2)^2 = -4a^4$；(9) $(3xy)^3 = 9x^3y^3$.

3. 计算.(1) $(a^2)^3 \cdot a^5$；　(2) $-(x^m)^5$；　(3) $(c^2)^n \cdot c^{n+1}$；　(4) $(-a^2b^3)^2$；

(5) $-(-2a^2b^4c^4)^3$；　(6) $(-x)^2 \cdot x^3 \cdot (-2y)^3 + (-2xy)^2 \cdot (-x)^3 y$；

(7) $3(a^2)^4 \cdot (a^3)^3 - (-a) \cdot (a^4)^4 + (-2a^4)^2 \cdot (-a)^3 \cdot (a^2)^3$.

4. 计算

(1) $(a^4)^2 \div a^2$；　　　　　　(2) $x^{10} \div (-x)^2 \div x^3$；

(3) $(a+b)^7 \div (-a-b)^4$；　(4) $\left(-\frac{1}{2}\right)^{-1} + (\pi - \sqrt{3})^0 + \sqrt{(-2)^2}$.

5. 用科学记数法表示下列各数：

0.008， −0.000 016， 0.000 000 012 5， 347 200 000，153.7，30.577 1.

7.4 整式的乘除法

一、单项式的乘法

单项式的乘法是整式乘法中的重要内容，它是以我们前面学过的幂的运算性质为基础，运用乘法交换律、结合律进行的．

单项式与单项式相乘的法则：单项式与单项式相乘，把它们的系数、相同字母分别相乘，对于只在一个单项式里含有的字母，则连同它的指数作为积的一个因式．

【注意】1)对于三个或三个以上的单项式相乘，法则仍然适用．

2)由法则可知，在用法则解题时，可按三步进行：①系数相乘——确定积的系数，相乘时注意符号；②相同字母相乘——底数不变，指数相加；③只在一个单项式中含有的字母——连同字母的指数写在积中，不要漏掉这个因式．

记忆口诀：系数乘系数，字母乘字母．

例 计算：

$(1)(-5a^2b^3)(-3a)$ ； $(2)\dfrac{2}{3}x^3y^2\cdot(-\dfrac{3}{2}xy^2)^2$.

解：$(1)(-5a^2b^3)(-3a)=[(-5)\cdot(-3)](a^2\cdot a)\cdot b^3=15a^3b^3$ ；

$(2)\dfrac{2}{3}x^3y^2\cdot(-\dfrac{3}{2}xy^2)^2=\dfrac{2}{3}x^3y^2\cdot\dfrac{9}{4}x^2y^4=(\dfrac{2}{3}\times\dfrac{9}{4})(x^3\cdot x^2)(y^2\cdot y^4)=\dfrac{3}{2}x^5y^6$.

二、单项式与多项式相乘

单项式与多项式相乘的法则：单项式与多项式相乘，就是根据分配律用单项式去乘多项式的每一项，再把所得的积相加．即 $m(a+b+c)=ma+mb+mc$.

【注意】

1)单项式与多项式相乘的计算方法，实质上是利用分配律将其转化为单项式乘单项式的问题．

2)单项式乘多项式，结果即是多项式，其项数与因式中多项式的项数相同．

3)计算结果中若有同类项时要合并，从而得出最简结果．

例 计算：$(-4x) \cdot (2x^2 + 3x - 1)$.

解：$(-4x) \cdot (2x^2 + 3x - 1) = (-4x) \cdot (2x^2) + (-4x) \cdot (3x) + (-4x) \cdot (-1)$
$$= -8x^3 - 12x^2 + 4x.$$

三、多项式的乘法

多项式与多项式相乘的法则：多项式与多项式相乘，先用一个多项式的每一项乘另一个多项式的每一项，再把所得的积相加．即

$$(a + b)(m + n) = am + bm + an + bn.$$

【注意】

1）要用一个多项式中的每一项分别乘另一个多项式的每一项，不要漏乘项．

2）注意多项式中的符号问题，多项式中的每一项都包括它前面的符号，计算时要细心．

例 计算：$(3x + y)(x - 2y)$.

解 $(3x + y)(x - 2y) = 3x^2 - 6xy + xy - 2y^2 = 3x^2 - 5xy - 2y^2$.

四、乘法公式

1. 平方差公式

（1）公式

$$(a + b)(a - b) = a^2 - b^2.$$

（2）意义

两个数的和与这两个数的差的积，等于这两个数的平方差．这个公式叫作乘法的平方差公式．

记忆口诀：和乘差，平方差．

（3）特征

1）左边是两个二项式相乘，这两项中有一项相同，另一项互为相反数．

2）右边是乘式中两项的平方差（相同项的平方减去相反项的平方）．

3）公式中的 a 和 b 可以是具体的数，也可以是含有字母的代数式．

（4）拓展（利用多项式乘法法则可从左边得到右边）

1）立方和公式：$(a + b)(a^2 - ab + b^2) = a^3 + b^3$.

2）立方差公式：$(a - b)(a^2 + ab + b^2) = a^3 - b^3$.

2. 完全平方公式（两数和或差的平方）

（1）公式

$$(a + b)^2 = a^2 + 2ab + b^2 \ ; \quad (a - b)^2 = a^2 - 2ab + b^2.$$

（2）意义

两数和(或差)的平方,等于它们的平方和加上(或减去)它们积的 2 倍.

(3)特征

1)左边是一个二项式的完全平方,右边是一个二次三项式,其中有两项是公式左边二项式中每一项的平方,另一项是左边二项式中两项乘积的 2 倍. 可简记为"首平方(a^2),尾平方(b^2),积的 2 倍($2ab$)在中央".

2)公式中的 a 、b 可以是单项式,也可以是多项式.

(4)推广(利用多项式乘法法则运算可从左边得到右边)

1) $(a+b+c)^2 = a^2+b^2+c^2+2ab+2bc+2ca$.

2) $(a+b)^3 = a^3+3a^2b+3ab^2+b^3$.

3) $(a-b)^3 = a^3-3a^2b+3ab^2-b^3$.

例　运用乘法公式计算 $(x+2y-\dfrac{3}{2})(x-2y+\dfrac{3}{2})$.

解：$(x+2y-\dfrac{3}{2})(x-2y+\dfrac{3}{2})$

$= [x+(2y-\dfrac{3}{2})][x-(2y-\dfrac{3}{2})]$

$= x^2-(2y-\dfrac{3}{2})^2 = x^2-(4y^2-6y+\dfrac{9}{4})$

$= x^2-4y^2+6y-\dfrac{9}{4}$.

五、特殊二项式乘法公式

利用多项式乘法法则运算可从左边得到右边,得

$$(x+a)(x+b) = x^2+(a+b)x+ab(a,b 是常数).$$

【注意】

1)相乘的两个因式都只含有一个相同的字母,都是一次二项式,并且一次项的系数为 1.

2)乘积是二次三项式,二次项系数是 1,一次项系数是两常数项之和,积的常数项等于两个因式中常数项之积.

六、单项式除以单项式的法则

单项式除以单项式,把系数、同底数幂分别相除,作为商的因式,对于只在被除式里含有的字母,则连同它的指数作为商的一个因式.

【注意】

1)两个单项式相除,只要将系数及同底数幂分别相除即可.

2)只在被除式里含有的字母不要漏掉. 如 $a^3 b^4 c^2 \div \dfrac{1}{2}ab^3 = (1\div\dfrac{1}{2})(a^3\div a)(b^4\div$

$b^3)c^2$.

3)在单项式除以单项式中只研究整除的情况,因此在除式中所出现的一切字母,在被除式中不仅也要出现,而且其指数都分别要不小于除式中同一字母的指数.单项式相除,可以按系数、相同字母、被除式单独有的字母这几部分进行.

例 计算:$-a^2 x^4 y^3 \div (-\frac{5}{6} axy^2)$.

解:$-a^2 x^4 y^3 \div (-\frac{5}{6} axy^2) = [(-1) \div (-\frac{5}{6})] a^{2-1} x^{4-1} y^{3-2} = \frac{6}{5} ax^3 y$.

七、多项式除以单项式法则

一般地,多项式除以单项式,先用这个多项式的每一项除以这个单项式,再把所得的商相加.如:$(am + bm + cm) \div m = am \div m + bm \div m + cm \div m$.

【注意】

1)这个法则的适用范围必须是多项式除以单项式,反之,单项式除以多项式是不能这样计算的.例如:

$$m \div (am + bm + cm) \neq m \div am + m \div bm + m \div cm.$$

2)符号问题,多项式的每一项都包括它前面的符号.

3)计算时不要漏项.

例 计算:$(36x^4 y^3 - 24x^3 y^2 + 3x^2 y^2) \div (-6x^2 y)$.

解:$(36x^4 y^3 - 24x^3 y^2 + 3x^2 y^2) \div (-6x^2 y) = -6x^2 y^2 + 4xy - \frac{1}{2} y$.

八、整式的混合运算

整式混合运算的关键是注意运算性质,先乘方,再乘除,后加减,有括号时,先做括号里的;去括号时,先去小括号,再去中括号,最后去大括号.

1. 计算:

(1) $6ab^n \cdot (-5a^{n+1} b^2)$; (2) $8x^n y^{n+1} \cdot \frac{3}{2} x^2 y$; (3) $(-3x)^2 \cdot (2xy^2)^2$;

(4) $(-4x^2 y) \cdot (-x^2 y^2) \cdot \frac{1}{2} y^3$; (5) $(-2xy^2)^3 \cdot (3x^2 y)^2 + 4x^3 y^2 \cdot 18x^4 y^6$.

2. 化简:

(1) $-2a^2 \cdot (\frac{1}{2}ab + b^2) - 5a \cdot (a^2b - ab^2)$;

(2) $x(x^2 + 3) + x^2(x - 3) - 3x(x^2 - x - 1)$;

(3) $3xy[6xy - 3(xy - \frac{1}{2}x^2y)]$.

3. 解下列方程:

(1) $3x(x + 2) - 2(x^2 + 5) = (x - 2)(x + 3)$;

(2) $2x(x - 3) - (x - 3)(x + 6) = x^2 + 12$.

4. 计算:

(1) $(x - 2y)(x + 2y) - (x + 2y)^2$;　　　　(2) $(3x - y)^2 - (2x + y)^2 + 5y^2$;

(3) $3(m + 1)^2 - 5(m + 1)(m - 1) + 2(m - 1)^2$.

5. 一个正方形的边长增加 3cm,它的面积就增加 39cm^2. 求这个正方形的边长.

6. 计算:

(1) $-21x^2y^4 \div (-3x^2y^3)$;　　　　(2) $(-0.5a^2bx^2) \div (-\frac{2}{5}ax^2)$;

(3) $(2ax)^2 \cdot (-\frac{2}{5}a^4x^3y^3) \div (-\frac{1}{2}a^5xy^2)$;

(4) $(0.25a^3b^2 - \frac{1}{2}a^4b^5 - \frac{1}{6}a^5b^3) \div (-0.5a^3b^2)$.

7. 化简:

(1) $[(2x + y)^2 - y(y + 4x) - 8x] \div 2x$;

(2) $[(x + y)(x - y) - (x - y)^2 + 2y(x - y)] \div 4y$;

(3) $(x + y - z)(x - y + z) - (x + y + z)(x - y - z)$;

(4) $(a + b + c)^2 + (a - b)^2 + (b - c)^2 + (c - a)^2$.

7.5　因式分解

一、因式分解的意义

　　把一个多项式化为几个整式积的形式,这种变形叫作把这个多项式因式分解,也叫作把这个多项式分解因式,即多项式 $\xrightarrow{\text{化为}}$ 几个整式的积.

　　因式分解是对多项式进行的一种恒等变形,是整式乘法的逆过程. 要求把每个因式都分解到不能再分解为止,否则就是不完全的因式分解,怎样才算不能再分解呢? 这要看题目的要求,若没有明确指出在什么范围内因式分解,应是指在有理数范围内因式分解.

　　例如 $x^4 - 4 = (x^2 + 2)(x^2 - 2)$ 就符合要求,若指出在实数范围内因式分解,则

$$x^4 - 4 = (x^2 + 2)(x^2 - 2) = (x^2 + 2)(x + \sqrt{2})(x - \sqrt{2}).$$

【注意】

1）因式分解时应注意以下几点：①结果一定是积的形式，分解的对象是多项式；②每个因式必须是整式，且每个因式的次数都必须低于或等于原多项式的次数；③分解因式必须分解到不能再分解为止．

2）因式分解与整式乘法的关系是两种不同的变形过程，即互逆关系．

二、公因式的定义

多项式的各项都含有的相同的因式，叫作公因式．如 $ab+ac+ad$ 中，各项中都含有因式 a，故 a 叫公因式．公因式可以是一个数或一个字母，也可以是含有字母的代数式，如 $a(x+2)-b(x+2)$ 中，公因式是 $x+2$.

公因式的构成如下：

1）系数——取各项系数的最大公约数；

2）字母——取各项都含有的字母；

3）指数——取相同字母的最低次幂．

三、因式分解的方法

1. 提公因式法

（1）定义

如果多项式的各项有公因式，可以把这个公因式提到括号外面，将多项式写成因式乘积的形式，如 $ma+mb+mc=m(a+b+c)$，这个变形就是提公因式法分解因式．这里的 m 可以表示单项式，也可以表示多项式，m 称为公因式．

（2）提公因式法的步骤

第一步：找出公因式；

第二步：提公因式并确定另一个因式，提公因式时，可用原多项式除以公因式，所得商即是提公因式后剩下的另一个因式．

【总结】找公因式的方法：一看系数，二看相同字母或因式．提取公因式后，对另一个因式要注意整理或化简，务必使因式的形式最简．

案例分析

例 1 把下列各式分解因式：

(1) $8a^3b^2-12ab^3c$；　　(2) $18b(a-b)^2-12(a-b)^3$.

解：(1) $8a^3b^2-12ab^3c=4ab^2(2a^2-3abc)$；

(2) $18b(a-b)^2-12(a-b)^3$

$\quad=6(a-b)^2\cdot 3b-6(a-b)^2\cdot 2(a-b)$

$\quad=6(a-b)^2[3b-2(a-b)]$

$\quad=6(a-b)^2(3b-2a+2b)$

$\quad=6(a-b)^2(5b-2a).$

2. 运用公式法

如果把乘法公式反过来用,就可以用来把某些多项式分解因式,这种分解因式的方法叫作运用公式法.

1)逆用平方差公式:$a^2 - b^2 = (a+b)(a-b)$.

2)逆用完全平方公式:$a^2 \pm 2ab + b^2 = (a \pm b)^2$.

3)逆用立方和与立方差公式:$a^3 \pm b^3 = (a \pm b)(a^2 \mp ab + b^2)$(拓展).

【注意】

1)公式中的字母 a,b 可代表一个单项式或一个多项式.

2)选择使用公式的方法:主要从项数上看,若多项式是二项式应考虑平方差或立方和(差)公式;若多项式是三项式,可考虑用完全平方公式.然后观察各项系数、次数是否符合公式特征.运用公式的关键是将多项式改写成符合公式的形式.

例　把 $3ax^2 + 6axy + 3ay^2$ 分解因式.

解:$3ax^2 + 6axy + 3ay^2 = 3a(x^2 + 2xy + y^2) = 3a(x+y)^2$.

3. 分组分解法

1)利用分组来分解因式的方法叫作分组分解法.

2)分组的标准是:将多项式的项适当分组后,组与组之间能提公因式或运用公式分解.

3)适当分组的方法.

四项以上的多项式的因式分解一般要分组,分组的方法有:三、一分组和二、二分组.能三、一分组的其特征是其中三项(或提取"一"后)是完全平方公式,另一项也是某整式的平方,可以用平方差公式继续分解.先观察能否用三、一分组,若不能,则进行二、二分组.对于二、二分组要注意公式的应用和分组方法的不唯一.

例　把下列各式分解因式:

(1) $3ax + 4by + 4ay + 3bx$;　　　　(2) $a^2 - 2ab + b^2 - c^2$.

解:(1) $3ax + 4by + 4ay + 3bx = 3ax + 4ay + 3bx + 4by$

$$= (3ax + 4by) + (3bx + 4by)$$

$$= a(3x + 4y) + b(3x + 4y)$$

$$= (3x + 4y)(a + b).$$

(2) $a^2 - 2ab + b^2 - c^2 = (a^2 - 2ab + b^2) - c^2 = (a-b)^2 - c^2$

$$= [(a-b)+c][(a-b)-c] = (a-b+c)(a-b-c).$$

4. 其他方法(拓展)

(1)关于 $x^2 + (a+b)x + ab$ 型式子的因式分解

$x^2 + (a+b)x + ab = (x+a)(x+b)$ 如 $x^2 - 4x + 3 = (x-3)(x-1)$;　 $x^2 - 7x - 8 = (x-8)(x+1)$.

（2）求根公式法因式分解

若 $ax^2 + bx + c = 0(a \neq 0)$ 的两根是 x_1 和 x_2，则 $ax^2 + bx + c = a(x - x_1)(x - x_2)$.

四、因式分解的一般步骤及注意问题

因式分解的步骤概括为"一提""二套""三分组""四检查". 一提：若多项式各项有公因式时，应先提公因式. 二套：多项式各项没有公因式时，如果是二项式就考虑是否符合平方差公式，如果是三项式就考虑是否符合完全平方公式或二次三项式的因式分解；三分组：若是四项式或四项以上的多项式，通常采用分组分解法. 四检查：分解因式必须进行到每一个多项式都不能再分解为止. 因式分解的结果必须是几个整式的积. 例如：$a + \dfrac{1}{a} = \dfrac{1}{a}(a^2 + 1)$，虽然这里的右边是乘积的形式，但 $\dfrac{1}{a}$ 不是整式，所以不是因式分解.

五、利用因式分解解决相关问题

如整除问题，化简复杂计算，分式通分、约分，求一些无法直接求解的代数式的值以及与几何中三角形三边关系结合解决一些综合性问题等，应用广泛，要注意积累、总结.

习题演练

1. 把下列各式因式分解：

（1）$8m^2 n + 2mn$；

（2）$3a^2 y - 3ay + 6y$；

（3）$-24x^2 y - 12xy^2 + 28y^3$；

（4）$56x^3 yz + 14x^2 y^2 z - 21xy^2 z^2$；

（5）$5(x - y)^3 + 10(y - x)^2$；

（6）$4a^2(x + 7) - 3a^2(x + 7)$.

2. 把下列各式因式分解：

（1）$4a^2 - (b + c)^2$；

（2）$(3m + 2n)^2 - (m - n)^2$；

（3）$x^2 - 12xy + 36y^2$；

（4）$16a^4 + 24a^2 b^2 + 9b^4$；

（5）$(x + y)^2 + 6(x + y) + 9$；

（6）$(m + n)^2 + 4m(m + n) + 4m^2$；

（7）$-x^2 - 4y^2 + 4xy$；

（8）$4xy^2 - 4x^2 y - y^3$.

3. 把下列各式因式分解：

（1）$x^3 - x^2 y - xy^2 + y^3$；

（2）$m^2 + 5n - mn - 5m$；

（3）$x^2 - y^2 + ax + ay$；

（4）$y^2 - 7y + 12$；

（5）$m^2 + 7m - 18$；

（6）$(z^2 - x^2 - y^2)^2 - 4x^2 y^2$.

4. 先化简，再求值：

（1）$(x^2 - xy + y^2)^2 (x^2 + xy + y^2)^2 (x - y)^2 (x + y)^2$，其中 $x = 2, y = 1$；

（2）$(a + b)(a^4 + b^4)(a - b)(a^2 + b^2)$，其中 $a = 1, b = -2$.

本 章 小 结

本章主要内容有单项式、多项式、整式的有关概念和整式的加减运算。整式是代数式中

最基本的式子,也是今后学习的基础。整式又可分为单项式、多项式,而多项式是单项式的和。

对单项式进行比较,建立了同类项概念。合并同类项是整式加减的基础,合并同类项有两个要点,一是字母和字母的指数不变,二是系数相加。在整式中经常遇到括号,对整式进行加减运算首先要去括号,去括号也是整式加减的基础。

整式的乘除法包括幂的运算性质、单项式乘(或除以)单项式、多项式乘(或除以)单项式。幂的运算性质是整式乘除法的基础。整式乘除法中,单项式乘除是关键计算,这种计算熟练了,就能保证正确迅速地进行较为复杂的整式乘除法计算。有些特殊形式得到多项式乘法,由于应用广泛,把它们写成公式可以直接写成公式,常用的公式有:

$$(a+b)(a-b) = a^2 - b^2,$$
$$(a \pm b)^2 = a^2 \pm 2ab + b^2.$$

整式相乘的结果还是整式。

因式分解的意义和把多项式因式分解的三种方法:提取公因式法、运用公式法、分组分解法。整式的乘法是把几个整式相乘化为一个多项式;而因式分解是把一个多项式化为几个因式相乘。分解因式时,要灵活运用上述方法,并且要把每一个多项因式都分解到不能再分解为止。

理解整式、单项式、多项式的概念。能回答出单项式的系数、次数,多项式的项数、次数,会把一个多项式按某一个字母降幂或升幂排序。掌握合并同类项的要点,或熟练的合并同类项。会熟练的进行数与整式相乘的运算以及整式的加减运算。能熟练地运用幂运算的性质、整式的乘除法法则、乘法公式进行计算。

能说出因式分解的意义,因式分解和整式乘法的区别和联系。学会提取公因式法、运用公式法和分组分解法这三种分解因式的基本方法,能运用它们进行分解。

复 习 题

1. 填空

(1)如果字母 a 表示一个正数,那么 $-a$ 表示( ),$|a|$ 表示( );

(2)如果字母 a 表示一个负数,那么 $-a$ 表示( ),$|a|$ 表示( );

(3)如果字母 a 表示 0,那么 $-a$ 表示( ),$|a|$ 表示( );

2. 根据所给 a,b 的值,求代数式 $a^2 + b^2$ 和 $(a+b)^2$ 的值.

(1) $a = 3, b = -2$;

(2) $a = -3, b = 2$;

(3) $a = 0.5, b = -0.5$;

(4) $a = 8, b = -7\frac{1}{2}$.

3. 化简下列各式:

(1) $(4a^3b - 10b^3) + (-3a^2b^2 + 10b^3)$;

(2) $(4x^2y - 5xy^2) + (-3x^2y^2 - 4xy^2)$;

(3) $5a^2 - [a^2 + (5a^2 - 2a) - 2(a^2 - 3a)]$;

(4) $15 + 3(1-a) - (1 - a + a^2) + (1 - a + a^2 - a^3)$.

4. 计算：

(1) $(4a^2bc - 3ab) + (-5a^2bc + 2ab^2)$；

(2) $(6m^2 - 4mn - 3n^2) - (2m^2 - 4mn + n^2)$；

(3) $(2a^3 + 5a^2 + 2a - 1) - 4(3 - 8a + 2a^2 - 6a^3)$；

(4) $3x^2 - [5x - (\frac{1}{2}x - 3) + 2x^2]$.

5. 求下列各式的值：

(1) $(3x^2 - 4) - (2x^2 - 5x + 6) + (x^2 - 5x)$，其中 $x = -1\frac{1}{2}$；

(2) $3x^2y - [2x^2y - (2xyz - x^2z) - 4x^2z] - xyz$，其中 $x = -2, y = -3, z = 1$.

6. 三角形的第一边是 $a + 2b$，第二边比第一边大 $(b-2)$，第三边比第二边小 5，计算三角形的周长.

7. 长方形的一边等于 $2a + 3b$，另一边比它小 $b - a$，计算长方形的周长.

8. 计算：

(1) $2a^2b(3ab^2c - 2bc)$；

(2) $(0.3a^2 - 0.2a + 0.1) \times 0.2$；

(3) $(-\frac{2}{3}a)(\frac{1}{2}a^2 + \frac{1}{6}a - \frac{1}{4})$；

(4) $(\frac{6}{5}a^3x^4 - 0.9ax^3) \div \frac{3}{5}ax^3$；

(5) $(4\pi r^2h - 2\pi rh) \div 6\pi rh$；

(6) $(7x^2y^3z + 8x^3y^2z) \div 8x^2y^2$.

9. 计算：

(1) $(2a - b)(b + 2a)$；

(2) $5x^2(x + 3)(x - 3)$；

(3) $(\frac{1}{3}a - \frac{1}{4}b)(-\frac{1}{4}b - \frac{1}{3}a)$；

(4) $(2x + 0.5y)^2$；

(5) $(0.1a - 0.3b)^2$；

(6) $(\frac{7}{3}x + \frac{3}{2}y)^2$.

10. 先化简再求值：

(1) $(1 - 4y)(1 + 4y) + (1 + 4y)^2$，其中 $y = \frac{2}{5}$；

(2) $8m^2 - 5m(-m + 3n) + 4m(-4m - \frac{5}{2}n)$，其中 $m = 2, n = -1$；

(3) $x(y - z) - y(z - x) + z(x - y)$，其中 $x = \frac{1}{2}, y = 1, z = -\frac{1}{2}$.

11. 已知甲数为 $2a$，乙数比甲数的 2 倍多 3，丙数比甲数的 2 倍少 3，求甲、乙、丙三数的积，当 $a = -2.5$ 时，积是多少？

12. 解下列方程组：

(1) $(x-5)(x+5)-(x+1)(x+5)=24$;

(2) $(2x+3)(x-4)=(x-2)(2x+5)$.

13. 地球到太阳的距离约是 1.5×10^8 千米,光的速度是 3.0×10^5 千米/秒,求太阳光从太阳射到地球的时间?

14. 化简:

(1) $(x-1)(x+4)-\{(x+2)(x-5)-[(x+3)(x-4)-(x-1)(x+6)]\}$;

(2) $(2x^2-6x+5)^2-(2x^2-6x+4)^2-(2x+3)^2$.

15. 把下列各式因式分解:

(1) x^2-64;

(2) $4x^2-64$;

(3) x^3-64x;

(4) x^4-64x^2;

(5) $(a-b)(x-y)-(b-a)(x+y)$;

(6) $x(p-q)-y(p-q)+z(q-p)$;

(7) $25(x+y)^2-16(x-y)^2$;

(8) $p^2(p+q)^2-q^2(p-q)^2$;

(9) $(a+b+c)^2-(a-b-c)^2$;

(10) $4-(3a+2b)^2$;

(11) $(x^2+4)^2-16x^2$;

(12) $(3a-4b)(7a-8b)+(11a-12b)(7a-8b)$;

(13) $x^3z-4x^2yz+4xy^2z$.

16. 因式分解:

(1) x^2-4y^2+x+2y;

(2) $x^2-6x+9-y^2$;

(3) $a^2x^2-c^2x^2-a^2y^2+c^2y^2$;

(4) $x^6-x^4+x^2-1$;

(5) $10a^2x+21xy^2-14ax^2-15ay^2$;

(6) a^2-5a+4;

(7) x^3-x^2-12x;

(8) $(x+y)^2-14(x+y)+49$;

(9) $(a+b)^2-6c(a+b)+9c^2$;

(10) $ab(c^2+d^2)+cd(a^2+b^2)$;

(11) $(ax+by)^2+(bx-ay)^2$.

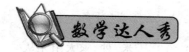

程大位,字汝思,号宾渠,安徽省休宁县人. 从二十多岁起他便在长江下游一带经商,平时对数学发生了浓厚的兴趣. 他搜罗了谁多书籍,遍访名师,经过十年的努力,在公元 1592 年他六十岁的时候写成了《直指算法统宗》一书.《直指算法统宗》是一部应用数学书,它以珠算为主要的计算工具,全书共 595 个问题,绝大多数的问题都是由其他数学著作如刘仕隆所著《九章通明算法》(公元 1424 年)和吴敬的《九章算法比类大全》(公元 1450 年)等书中摘取出来的.

《直指算法统宗》一书总的编排,仍旧是按照《九章算术》的形式,全书共 17 卷.

在中国古代数学的整个发展过程中,《直指算法统宗》是一部十分重要的著作. 从流传的长久、广泛和深入来讲,那是任何其他数学著作不能与它相比的. 公元 1716 年(清康熙五十五年),程家的后代子孙在《直指算法统宗》新刻本的序言中写道:自《直指算法统宗》一书于明万历壬辰(公元 1592 年)问世以后,"风行宇内,近今盖己百有数十余年. 海内握算持筹之士,莫不家藏一编,若业制举者(考科举的人)之于四子书、五经义,翕然奉以为宗."这并不是故作吹嘘之辞.

《直指算法统宗》的编成及其广泛流传,标志着由筹算到珠算这一转变的完成. 从这时起,珠算就成了主要的计算工具,古代的筹算就逐渐被人遗忘以至失传了. 到后来,一般人只知有珠算,而不知有筹算,也不知道是由筹算演变而来的,这种情况一直继续到公元 18 世纪中叶,在清朝学者们对古代数学深入研究之后,才开始了解到古代筹算演变为珠算的经过.

第8章 方程

　　方程是含有未知数的等式. 它是应用广泛的数学工具,它把问题中未知数与已知数的联系用等式形式表示出来. 在研究许多问题时,人们经常要分析数量关系,用字母表示未知数,列出方程,然后求出未知数.

　　怎样根据问题中的数量关系列出方程? 怎样解方程? 这是本章研究的主要问题. 通过本章的问题,你将感受到方程的作用.

8.1　一元一次方程

一、等式及其性质

1. 等式定义

用等号"＝"来表示相等关系的式子叫等式.

2. 等式的基本性质

1)等式两边都加上(或减去)同一个数或同一个整式,所得的结果仍是等式,即如果

$a = b$,那么 $a \pm c = b \pm c$.

2)等式的两边都乘以(或除以)同一个数(除数不能是 0),所得的结果仍是等式,即如果 $a = b$,那么 $ac = bc$;如果 $a = b, c \neq 0$,那么 $\dfrac{a}{c} = \dfrac{b}{c}$.

二、有关方程的概念

1. 方程

含有未知数的等式叫作方程.

【注意】

1)方程与等式的区别与联系:方程一定是等式,并且是含有未知数的等式;等式不一定是方程,因为等式不一定含有未知数. 简单地说,方程是特殊的等式,不是等式,一定不是方程.

2)判断一个式子是方程,要看两个条件:一是等式,二是含有未知数,二者缺一不可.

2. 方程的解

使方程左、右两边相等的未知数的值,叫作方程的解(只含有一个未知数的方程的解,也叫方程的根).

3. 解方程

求方程的解的过程,叫作解方程.

三、一元一次方程的概念及其解法

1. 一元一次方程的概念

只含有一个未知数,并且未知数的最高次数是 1 的整式方程,叫作一元一次方程. 方程 $ax + b = 0$(其中 x 是未知数,a, b 是已知数,并且 $a \neq 0$)叫作一元一次方程的标准形式.

2. 一元一次方程的特点

一元一次方程具有两个特点:

1)未知数所在的式子是整式,即分母中不含未知数;

2)含有一个未知数,未知数的最高次数为 1.

不满足其中任何一个,就不是一元一次方程.

3. 移项法则

方程中的任何一项都可以改变符号后从方程的一边移到另一边,这种变形叫作移项. 这个法则叫作移项法则,移项的根据是等式的基本性质(1).

4. 解一元一次方程的一般步骤

解一元二次方程的步骤如表 8—1 所示.

表 8—1

变形名称	具体做法	变形依据
去分母	在方程的两边同乘各分母的最小公倍数	等式基本性质(2)
去括号	先去小括号,再去中括号,最后去大括号	去括号法则、分配律
移项	把含有未知数的项移到方程的一边,其他各项都移到方程的另一边(移项要变号)	等式基本性质(1)

(续)

变形名称	具体做法	变形依据
并合同类项	把方程化为 $ax = b(a \neq 0)$ 的形式	合并同类项法则
系数化为 1	在方程的两边都除以未知数的系数 a，得到方程的解 $x = \dfrac{b}{a}$	等式基本性质(2)

例 1 解方程 $2(x-2) - 3(4x-1) = 9(1-x)$.

分析：方程中带有括号，先设法去掉括号.

解：去括号，得

$$2x - 4 - 12x + 3 = 9 - 9x.$$

移项，得

$$2x - 12x + 9x = 9 + 4 - 3.$$

合并同类项，得

$$-x = 10.$$

系数化为 1，得

$$x = -10.$$

例 2 解方程 $\dfrac{2x-1}{3} - \dfrac{10x+1}{6} = \dfrac{2x+1}{4} - 1$.

分析：本题中各分母 $3, 6, 4$ 的最小公倍数是 12.

解：去分母，得

$$4(2x-1) - 2(10x+1) = 3(2x+1) - 12.$$

去括号，得

$$8x - 4 - 20x - 2 = 6x + 3 - 12.$$

移项，得

$$8x - 20x - 6x = 3 - 12 + 4 + 2.$$

合并同类项，得

$$-18x = -3.$$

系数化为 1，得

$$x = \frac{1}{6}.$$

四、含有字母系数的一元一次方程的解法

1) 含有字母系数的一元一次方程的解法与数字系数的一元一次方程的解法类似，即包括去分母、去括号、移项、合并同类项、系数化为 1 等基本步骤.

2) 方程的解是分式形式时，一般要化成最简分式或整式.

如解 $(a+b)x = a^2 - b^2 (a+b \neq 0)$，得 $x = \dfrac{a^2 - b^2}{a+b}$，不能以此作为最终结果. 此方程

的解应为 $x = \dfrac{(a+b)(a-b)}{a+b} = a - b.$

3)将方程化简到 $ax = b$ 的形式时,要对 a 的取值特别注意,若已给出条件,则可用已知条件,再求解;若没有给出条件,则要对未知数的系数进行讨论.

如:方程 $ax = b.$

当 $a \neq 0$ 时,方程的解为 $x = \dfrac{b}{a}$;

当 $a = 0, b = 0$ 时,方程 $ax = b$ 有无数多个解;

当 $a = 0, b \neq 0$ 时,方程 $ax = b$ 无解.

例　解关于 x 的方程:$\dfrac{ax}{b} + b = \dfrac{bx}{a} + a (a^2 \neq b^2).$

解:去分母,得

$$a^2 x + ab^2 = b^2 x + a^2 b.$$

移项,得

$$a^2 x - b^2 x = a^2 b - ab^2 ,$$

合并同类项,得

$$(a^2 - b^2) x = a^2 b - ab^2.$$

因为 $a^2 \neq b^2$,所以 $a^2 - b^2 \neq 0$,$x = \dfrac{ab}{a+b}.$

1. 解下列方程.

(1) $2x + 3 = 11 - 6x$;

(2) $\dfrac{x}{3} - \dfrac{5}{3} = 4$;

(3) $2x - 1 = 5x - 7$;

(4) $\dfrac{1}{2} - \dfrac{3x}{2} = 8.$

(5) $3(y + 4) = 12$;

(6) $\dfrac{3}{4} x - 1 = 7$;

(7) $2 - (1 - x) = -2$;

(8) $-5(x + 1) = \dfrac{1}{2}.$

(9) $5(x + 8) - 5 = 6(2x - 7)$;

(10) $2(3x - 4) + 7(4 - x) = 4x$;

(11) $4x - 3(20 - x) = 6x - 7(9 - x)$;

(12) $4(2x + 3) = 8(1 - x) - 5(x - 2).$

(13) $\dfrac{5 - 3x}{2} = \dfrac{3 - 5x}{3}$;

(14) $x - \dfrac{x - 1}{2} = 2 - \dfrac{x + 2}{5}$;

(15) $\dfrac{x + 2}{4} - \dfrac{2x - 3}{6} = 1$;

(16) $\dfrac{x - 2}{5} - \dfrac{x + 3}{10} - \dfrac{2x - 5}{3} + 3 = 0.$

(17) $2\dfrac{1}{2} = \dfrac{x + 3}{4} - \dfrac{2 - 3x}{8}$;

(18) $\dfrac{5x + 1}{6} = \dfrac{9x + 1}{8} - \dfrac{1 - x}{3}$;

(19) $\dfrac{2(x + 3)}{5} = \dfrac{3}{2} x - \dfrac{2(x - 7)}{3}$;

(20) $\dfrac{x - 9}{11} - \dfrac{x + 2}{3} = (x - 1) - \dfrac{x - 2}{2}.$

2. 下列方程的解法对不对？如果不对，错在哪里？应怎样改正？

(1)解方程 $\dfrac{2x-1}{3} = \dfrac{x+2}{3} - 1$.

解：由 $2x-1 = x+2-1$，所以 $x = 2$.

(2)解方程 $\dfrac{x-1}{3} - \dfrac{x+2}{6} = \dfrac{4-x}{2}$.

解：$2x-2-x+2 = 12-3x$，$4x = 12$，所以 $x = 3$.

8.2　一元一次方程与实际问题

一、列方程解应用题的一般思路

实际问题→审题→找出等量关系→设未知数(分直接设法和间接设法)→列方程→解方程→检验解的合理性.

解一元一次方程的步骤：

1)审清题意和题目中的已知数、未知数，用字母表示题目中的一个未知数；

2)找出能够表示应用题含义的一个相等关系；

3)根据这个相等关系设出需要的未知数，从而列出方程；

4)解这个方程，求出未知数的值；

5)检验解的合理性并写出答案(包括单位名称).

【注意】

1)要分析题目中的关键性词语，分清哪些量没有变化，哪些量发生了变化，从而找出相等关系.

2)要注意统一单位.

二、应用题常见的题型及数量关系归纳

应用题常见的题型及数量关系如表8-2所示.

表 8-2

类型 \ 内容	题中涉及的数量关系及公式	等量关系	注意事项
和、差、倍、分问题	增长量＝原有量×增长率 现有量＝原有量＋增长量 现有量＝原有量－降低量	由题可知	弄清"倍数"关系及"多、少"关系等
等积变形问题	长方体体积＝长×宽×高 圆柱体体积＝$\pi r^2 h$ (h—高, r—底面圆半径)	变形前后体积相等	要分清半径、直径

（续）

内容　类型		题中涉及的数量关系及公式	等量关系	注意事项
行程问题	相遇问题	路程＝速度×时间 时间＝路程÷速度 速度＝路程÷时间	快车行驶路程＋慢车行驶路程＝原距离	相反而行，注意出发时间、地点
	追击问题		快车行驶距离－慢车行驶距离＝原距离	同向而行，注意出发时间、地点
调配问题			从调配后的数量关系中找等量关系	调配对象流动的方向和数量
比例分配问题			全部数量＝各种成分的数量之和	把一份数设为 x
工程问题		工作量＝工作效率×工作时间 工作效率＝工作量÷工作时间 工作时间＝工作量÷工作效率	两个或几个工作效率不同的对象所完成的工作量的和等于总工作量	一般情况下，把总工作量设为 1
利润率问题		商品的利润率＝$\dfrac{商品利润}{商品进价}$×100% 商品利润＝商品售价－商品进价（成本价）	找出利润、利润率、售价、进价之间的关系	打几折就是按原售价的十分之几出售
数字问题（包括日历中的数字规律）		设 a,b 分别为一个两位数的个位、十位上的数字，则这个两位数可表示为 $10b+a$	由题可知	①对于日历中的数字问题要弄清日历中的数字规律 ②设间接未知数
储蓄问题		本金、利息、利率之间的关系式： 利息＝本金×利率×期数； 本息和＝本金＋利息＝本金×（1＋利率×期数）	由题可知	分清利息和本息和

 案例分析

例 1　某面粉仓库存放的面粉运出 15% 后，还剩余 42 500 千克，这个仓库原来有多少面粉？

解：设原来有 x 千克面粉，那么运出了 15% x 千克，根据题意，得

$$x - 15\% \cdot x = 42\,500,$$

即

$$x - \frac{15}{100}x = 42\,500.$$

解这个方程

$$\frac{85}{100}x = 42\,500,$$

$$x = 50\,000.$$

答:原来有 50 000 千克面粉.

例 2 一个蓄水池,装有甲、乙两个进水管和一个出水管丙,如果单独开放甲管,45 分钟可注满水池;如果单独开放乙管,90 分钟可注满水池;如果单独开放丙管,60 分钟可把满池水放完.问:三个水管一起开放,多少分钟可以注满水池?

解:设三个水管一起开放,x 分钟可以注满水池,由题意,得

$$\left(\frac{1}{45} + \frac{1}{90} - \frac{1}{60}\right)x = 1.$$

解方程得 $x = 60$.

答:三个水管一起开放,60 分钟可以注满水池.

【说明】

1)工程问题通常把总工作量看作 1;

2)工作效率×工作时间＝工作量;

3)各部分工作量之和＝1.

例 3 一个两位数,数字之和为 11,如果原数加 45 得到的数和原数的两个数字交换位置后得到的数恰好相等.问:原数是多少?

解:设这个两位数的个位数字为 x,则它的十位数字是 $11-x$,依题意列方程,得

$$[10(11-x)+x] + 45 = 10x + (11-x),$$

解得 $x = 8$,则十位上的数字为 $11 - 8 = 3$.

答:原数为 38.

1. 某商场对一家电商品进行调价,按原价的 8 折出售,仍可获利 10%,此商品的原价是 2 200 元,问商品的进价是多少?

2. 甲、乙两站间的路程为 450 km,一列慢车从甲站开出,每小时行驶 65 km;一列快车从乙站开出,每小时行驶 85 km.

(1)两车同时开出,相向而行,多少小时后相遇?

(2)快车先开 30 分钟,两车相向而行,慢车行驶多少小时后两车相遇?

3. 将内径为 200 毫米的圆柱形水桶中的满桶水倒入一个内部长、宽、高分别为 300 毫米、300 毫米、80 毫米的长方形铁盒,正好倒满,求圆柱形水桶的水高(精确到 1 毫米).

4. 把 100 元钱按照 1 年定期储蓄存入银行,如果到期可以得到本息共 102.25 元,那么这种储蓄的年息是存款的百分之几?月息是存款的百分之几?

5. 某中学甲、乙两班学生在开学时共有 90 人,为了需要,从甲班转入乙班 4 人,结果甲班的学生人数是乙班的 80%.问:开学时两班各有学生多少人?

6. 某机关有 A、B、C 三个部门,三个部门的公务员人数依次为 84、56、60.如果每个部门按相同比例裁员,使这个机关仅留下公务员 150 人,那么 C 部门留下的公务员是多少?

7. 甲、乙两人都从 A 地去 B 地.甲步行,每小时走 5 千米,先走 1.5 小时;乙骑自行车,乙走了 50 分钟,两人同时到达目的地.乙每小时骑多少千米?

8.3 二元一次方程组

一、二元一次方程与二元一次方程组的有关概念

二元一次方程与二元一次方程组的有关概念如表8—3所示.

表8—3

项目	二元一次方程	二元一次方程组
条件	1. 含有两个未知数； 2. 含未知数的项的次数都是1； 3. 整式方程	1. 含有两个未知数； 2. 含未知数的项的次数都是1； 3. 整式方程组(可以含有两个以上方程)
一般形式	$ax+by=c$ (a,b,c 都是常数且 $a\neq 0$, $b\neq 0$)	$\begin{cases} a_1x+b_1y=c_1, \\ a_2x+b_2y=c_2 \end{cases}$
解的情况	无数组解	当 $\dfrac{a_1}{a_2}\neq\dfrac{b_1}{b_2}$ 时,有唯一一组解； 当 $\dfrac{a_1}{a_2}=\dfrac{b_1}{b_2}\neq\dfrac{c_1}{c_2}$ 时,无解； 当 $\dfrac{a_1}{a_2}=\dfrac{b_1}{b_2}=\dfrac{c_1}{c_2}$ 时,有无数组解
解的定义	适合二元一次方程的每一对未知数的值,叫作这个二元一次方程的一个解	二元一次方程组中各个方程的公共解叫作这个二元一次方程组的解

二、二元一次方程组的解法

1. 用代入法解二元一次方程组.

1)从方程中选一个系数比较简单的方程进行变形,即将这个方程中的一个未知数用含另一个未知数的代数式表示出来.

2)代入消元,即将变形后的关系式代入另一个方程,消去一个未知数,得到一个一元一次方程.

3)解这个一元一次方程,求出未知数的值.

4)回代求解,即将求得的未知数的值代入变形后的关系式中,求出另一个未知数的值.

5)把求得的未知数的值联立写成 $\begin{cases} x=a, \\ y=b \end{cases}$ 的形式.

例 解方程组

$$\begin{cases} 2x - 7y = 8, & ① \\ 3x - 8y - 10 = 0. & ② \end{cases}$$

分析:这里两个方程中未知数的系数都不是 1,方程①中 x 的系数是 2,比较简单,可以将方程①中的 x 用含 y 的代数式表示出来.

解:由①,得

$$x = \frac{8 + 7y}{2}. \qquad ③$$

把③代入②,得

$$\frac{3(8 + 7y)}{2} - 8y - 10 = 0,$$

$$24 + 21y - 16y - 20 = 0,$$

$$5y = -4,$$

所以 $y = -\dfrac{4}{5}$.

把 $y = -\dfrac{4}{5}$ 代入③,得

$$x = \frac{8 + 7 \times \left(-\dfrac{4}{5}\right)}{2},$$

所以

$$x = \frac{6}{5}.$$

方程组的解为

$$\begin{cases} x = \dfrac{6}{5}, \\ y = -\dfrac{4}{5}. \end{cases}$$

2. 用加减法解二元一次方程组

1)方程组的两个方程中,如果同一个未知数的系数既不互为相反数又不相等,就用适当的数去乘方程的两边,使其中一个未知数的系数互为相反数或相等.

2)把两个方程的两边分别相加或相减,消去一个未知数,得到一个一元一次方程.

3)解这个一元一次方程,求得一个未知数.

4)将求出的未知数的值代入原方程组的任意一个方程中(选择系数较简单的方程计算简便),求出另一个未知数,从而得到方程组的解.

5)把求得的未知数的值联立写成 $\begin{cases} x = a, \\ y = b \end{cases}$ 的形式.

 案例分析

例　解方程组

$$\begin{cases} 3x + 4y = 16, & ① \\ 5x - 6y = 33. & ② \end{cases}$$

解 ①×3,得

$$9x + 12y = 48. \qquad\qquad ③$$

②×2,得

$$10x - 12y = 66. \qquad\qquad ④$$

③+④,得

$$19x = 114,$$

所以 $x = 6$.

把 $x = 6$ 代入①,得

$$3 \times 6 + 4y = 16,$$

所以 $y = -\dfrac{1}{2}$.

方程组的解为
$$\begin{cases} x = 6, \\ y = -\dfrac{1}{2}. \end{cases}$$

三、三元一次方程组及其解法

方程组有三个未知数,每个方程含未知数的项的次数都是 1,并且有三个整式方程,像这样的方程组叫作三元一次方程组.

解三元一次方程组的方法与解二元一次方程组类似,只是多用一次消元,它的基本思路是:

三元一次方程组 $\xrightarrow{\text{消元}}$ 二元一次方程组 $\xrightarrow{\text{消元}}$ 一元一次方程

解三元一次方程组的一般步骤如下.

1)把方程组中的一个方程分别与另外两个方程组成两组,用代入法或加减法消去这两组中的同一个未知数,得到一个含有另外两个未知数的二元一次方程组.

2)解这个二元一次方程组.

3)将求得的两个未知数的值代入原方程组中含有第三个未知数的方程中,求得第三个未知数的值,从而求出原方程组的解.

【注意】

1)要根据方程组的特点决定先消去哪个未知数.

2)原方程组的每个方程在求解过程中至少要用到一次.

案例分析

例 解方程组

$$\begin{cases} 3x + 2y + z = 13, \\ x + y + 2z = 7, \\ 2x + 3y - z = 12. \end{cases}$$

解:①+③,得

$$5x + 5y = 25. \qquad\qquad ④$$

②+③×2,得

$$5x + 7y = 31. \qquad ⑤$$

④与⑤组成

$$\begin{cases} 5x + 5y = 25, \\ 5x + 7y = 31. \end{cases}$$

解这个方程组,得

$$\begin{cases} x = 2, \\ y = 3. \end{cases}$$

把 $x = 2$, $y = 3$ 代入①,得

$$3 \times 2 + 2 \times 3 + z = 13,$$

所以 $z = 1.$

方程组的解为

$$\begin{cases} x = 2, \\ y = 3, \\ z = 1. \end{cases}$$

1. 解下列方程组:

(1) $\begin{cases} 3x - 5z = 6, \\ x + 4z = -15; \end{cases}$

(2) $\begin{cases} 3m - 4n = 7, \\ 9m - 10n + 25 = 0; \end{cases}$

(3) $\begin{cases} 4x - 15y - 17 = 0, \\ 6x - 25y - 23 = 0; \end{cases}$

(4) $\begin{cases} 3x - 7y = 1, \\ 5x - 4y = 17; \end{cases}$

(5) $\begin{cases} 3(x-1) = y+5, \\ 5(y-1) = 3(x+5); \end{cases}$

(6) $\begin{cases} 5(m-1) = 2(n+3), \\ 2(m+1) = 3(n-3); \end{cases}$

(7) $\begin{cases} \dfrac{x+1}{3} - \dfrac{y+2}{4} = 0, \\ \dfrac{x-3}{4} - \dfrac{y-3}{3} = \dfrac{1}{12}; \end{cases}$

(8) $\begin{cases} \dfrac{2u}{3} + \dfrac{3v}{4} = \dfrac{1}{2}, \\ \dfrac{4u}{5} + \dfrac{5v}{6} = \dfrac{7}{15}. \end{cases}$

2. 解下列方程组.

(1) $\begin{cases} 3x - y + 2z = 3, \\ 2x + y - 3z = 11, \\ x + y + z = 12; \end{cases}$

(2) $\begin{cases} 2x + 4y + 3z = 9, \\ 3x - 2y + 5z = 11, \\ 5x - 6y + 7z = 13. \end{cases}$

8.4　二元一次方程组与实际问题

在实际生活中,我们常常会遇到所求的未知量不止一个的问题,这时设两个或多个未知数往往容易列出方程组,从而把问题转化为解一个方程组.本节我们将讨论可以通过列出

一次方程组求解的一些问题.

列方程组解应用题的分析方法和解题步骤与列一元一次方程解应用题类似,具体步骤如下.

1)审题,弄清题目中所给出的相等关系及已知量、未知量.

2)设未知数,其方法通常有两种:①直接设未知数,②间接设未知数,并用含未知数的代数式表示涉及的量.

3)找出能够包含未知数的等量关系,一般情况下,设几个未知数,就需找几个等量关系.

4)列方程组,根据给定的相等关系建立方程组.

5)解方程组.

6)检验并作答,所求方程组的解在正确的基础上还要符合实际意义,并写清单位名称.

【注意】列二(三)元一次方程组解应用题要比列一元一次方程解应用题复杂,而且要求正确地分析出题目中所给的两个(或三个)条件,列出两个(或三个)方程.

案例分析

例1　小军买了80分与2元的邮票共16枚,花了18元8角.问:80分与2元的邮票各买了多少枚?

解:设小军共买 x 枚80分邮票,y 枚2元邮票,根据题意,得

$$\begin{cases} x+y=16, & ① \\ 80x+200y=1880. & ② \end{cases}$$

由②,得

$$2x+5y=47, \qquad ③$$

由①,得

$$x=16-y, \qquad ④$$

把④代入③,得

$$y=5.$$

把 $y=5$ 代入④,得

$$x=11.$$

所以

$$\begin{cases} x=11, \\ y=5. \end{cases}$$

答:80分邮票买了11枚,2元邮票买了5枚.

例2　两个两位数的和是68,在较大的两位数的右边接着写较小的两位数,得到一个四位数;在较大的两位数的左边写较小的两位数,也得到一个四位数.已知前一个四位数比后一个四位数大2 178,求这两个两位数.

分析:用列表法.

原两位数	较大者 x	较小者 y	两数的和 68
新的四位数	把 y 放在 x 右边 $100x+y$	把 y 放在 x 左边 $100y+x$	两数取差 2 178

解:设较大的两位数为 x,较小的两位数为 y,则

$$\begin{cases} x+y=68, \\ (100x+y)-(100y+x)=2\ 178, \end{cases}$$

化简,得

$$\begin{cases} x+y=68, \\ 99x-99y=2\ 178, \end{cases}$$

即

$$\begin{cases} x+y=68, \\ x-y=22, \end{cases}$$

解得

$$\begin{cases} x=45, \\ y=23. \end{cases}$$

答:这两个两位数分别是 45 和 23.

例 3　甲、乙两人相距 6 km,二人同时出发,同向而行,甲 3 小时可以追上乙;相向而行,1 小时相遇.问:两人的平均速度各是多少?

分析:这里有两个未知数——甲、乙各自的平均速度.且有两个相等关系:

(1)同向而行时,甲的行程=乙的行程+6 km;

(2)相向而行时,甲、乙的行程和=6 km.

解:设甲的平均速度是每小时行 $x$km,乙的平均速度是每小时行 $y$km,根据题意,得

$$\begin{cases} 3x=3y+6, \\ x+y=6. \end{cases}$$

解方程组,得

$$\begin{cases} x=4, \\ y=2. \end{cases}$$

答:平均每小时甲行 4 km,乙行 2 km.

例 4　学校的篮球数比排球数的 2 倍少 3 个,足球数与排球数的比是 2∶3,三种球共 41 个.求三种球各有多少?

分析:这里共有三个未知数,就是三种球数.可以找出三个等量关系:

(1)篮球数=2×排球数-3;

(2)足球数∶排球数=2∶3,也就是 2×排球数=3×足球数;

(3)三种球数的和=总球数.

解:设篮球有 x 个,排球有 y 个,足球有 z 个,根据题意,得

$$\begin{cases} x=2y-3, \\ 2y=3z, \\ x+y+z=41. \end{cases}$$

用代入法解得

$$\begin{cases} x = 21, \\ y = 12, \\ z = 8. \end{cases}$$

答:篮球有 21 个,排球有 12 个,足球有 8 个.

 习题演练

1. 小兰在玩具厂劳动,做 4 个小狗、7 个小汽车用去 3 小时 42 分,做 5 个小狗、6 个小汽车用去 3 小时 37 分.求平均做 1 个小狗与 1 个小汽车各用多少时间。

2. 班上买了 35 张戏票,共用 250 元,其中甲种票每张 8 元,乙种票每张 6 元.求:甲、乙两种票各买了多少张?

3. 运往某地一批化肥.第一批 360 吨,需用 6 节火车皮加上 15 辆汽车;第二批 440 吨,需用 8 节火车皮加上 10 辆汽车.求:每节火车皮与每辆汽车平均各装多少吨.

4. 某市现有 42 万人口,计划一年后城镇人口增加 0.8%,农村人口增加 1.1%,这样全市人口将增加 1%.求这个市现有的城镇人口与农村人口.

5. 甲、乙两车相距 150 km,两车同时出发.同向而行,乙车 4 小时可追上甲车;相向而行,两车 1.5 小时相遇.求甲、乙两车的平均速度(结果保留两位有效数字).

6. 一辆汽车从 A 地出发,向东行驶,途中要过一座桥.使用相同的时间,如果车速是每小时行 60 km,就能越过桥 2 km;如果车速是每小时行 50 km,就差 3 km 才到桥.求 A 地与桥相距多远.

7. 甲、乙两仓库共存粮食 450 吨,现从甲仓库运出存粮的 60%,从乙仓库运出存粮的 40%,结果乙仓库所余的粮食比甲仓库所余的粮食多 30 吨.求甲、乙两个仓库原来各存粮多少吨.

8. 某足球联赛一个赛季共进行 26 轮比赛(即每队均需赛 26 场),其中胜一场得 3 分,平一场得 1 分,负一场得 0 分.某队在这个赛季中平局的场数比负的场数多 7 场,结果共得 34 分.求这个队在这一赛季中胜、平、负各多少场.

9. 甲、乙、丙三个数的和是 35,甲数的 2 倍比乙数大 5,乙数的 $\frac{1}{3}$ 等于丙数的 $\frac{1}{2}$.求这三个数.

8.5 一元二次方程

 知识链接

一、一元二次方程的有关概念

1. 一元二次方程的定义及一般形式

定义:只含有一个未知数,并且未知数的最高次数是 2 的整式方程叫作一元二次方程.

【说明】对定义的理解抓住三个条件："一元""二次""整式方程",缺一不可,同时强调二次项的系数不为 0.

一元二次方程的一般形式是:

$$ax^2 + bx + c = 0(a \neq 0),$$

其中 ax^2 叫作二次项, a 叫作二次项的系数, bx 叫作一次项, b 叫作一次项系数, c 叫作常数项.

2. 一元二次方程解的定义

能使一元二次方程左右两边相等的未知数的值叫作一元二次方程的解(或根).

二、一元二次方程的四种解法

解一元二次方程常用的方法有直接开平方法、配方法、公式法和因式分解法.其中直接开平方法和因式分解法是特殊解法,而配方法和由配方法推导出来的公式法是一般方法,一般方法对任何一元二次方程都适用.

1. 直接开平方法

利用平方根的定义直接开平方求一元二次方程的解的方法叫作直接开平方法.

把方程变为形如 $(x+a)^2 = b(b \geqslant 0)$ 的方程可用直接开平方法求解.两边直接开平方得 $x + a = \sqrt{b}$ 或 $x + a = -\sqrt{b}$,所以 $x_1 = -a + \sqrt{b}$, $x_2 = -a - \sqrt{b}$.

【注意】1)直接开平方的理论根据是平方根的定义,故只有在 $b \geqslant 0$ 条件下方程才有实数根.若 $b < 0$, 则方程 $(x+a)^2 = b$ 无实数根.

2)在实际问题中,要联系实际情况确定方程的解.

例　解方程 $2(x+3)^2 - 4 = 0$.

解:由 $2(x+3)^2 - 4 = 0$ 得 $(x+3)^2 = 2$.

因为 $x+3$ 是 2 的平方根,所以开平方得

$$x + 3 = \pm\sqrt{2},$$

即

$$x + 3 = \sqrt{2}, \text{或} x + 3 = -\sqrt{2}.$$

所以 $x_1 = -3 + \sqrt{2}$, $x_2 = -3 - \sqrt{2}$.

2. 因式分解法

如果一元二次方程经过因式分解能化成 $a \cdot b = 0$ 的形式,且 a 与 b 都是含有未知数的一次式,那么它就可以化为两个一元一次方程 $a = 0$ 或 $b = 0$,根据这种思想解一元二次方程的方法,就是因式分解法.

因式分解法的理论根据是两个因式的积等于零,那么这两个因式至少有一个等于零,即 $a \cdot b = 0$,则 $a = 0$ 或 $b = 0$.

如 $(y-3)(y+5) = 0$,则一定有 $y - 3 = 0$ 或 $y + 5 = 0$,所以 $y = 3$,或 $y = -5$.

因式分解法体现了将一元二次方程"降次"转化为一元一次方程来解的思想,运用这种

方法的步骤：

1）将已知方程化为一般式，使方程右端为 0；

2）将左端的二次三项式分解为两个一次因式的积；

3）分别使方程左边的两个因式为 0，得到两个一次方程，它们的解就是原方程的解．

若是解应用题，这两个根虽然都满足所列的二次方程，但未必符合实际问题的要求，所以一定要检查这些根是否是实际问题的解．

例 解下列方程：

(1) $x^2 - 3x - 10 = 0$；　　　　(2) $3x(x+2) = 5(x+2)$．

解：(1) 原方程可变形为

$$(x-5)(x+2) = 0,$$
$$x-5 = 0 \text{ 或 } x+2 = 0,$$

所以

$$x_1 = 5, x_2 = -2.$$

(2) 原方程可变形为

$$3x(x+2) - 5(x+2) = 0,$$
$$(x+2)(3x-5) = 0,$$
$$x+2 = 0 \text{ 或 } 3x-5 = 0,$$

所以

$$x_1 = -2, \quad x_2 = \frac{5}{3}.$$

3．配方法

通过配方把一元二次方程 $ax^2 + bx + c = 0(a \neq 0)$ 变形为 $\left(x + \frac{b}{2a}\right)^2 = \frac{b^2 - 4ac}{4a^2}$ 的形式，再利用直接开平方法求解，这就是配方法．

用配方法解一元二次方程的一般步骤如下．

1）化二次项系数为 1：可在方程两边都除以二次项系数．

2）移项：使方程左边是二次项和一次项，右边为常数项（移项时注意变号）．

3）配方：方程的两边都加上一次项系数一半的平方，使左边配成一个完全平方式，把方程化为 $(x+m)^2 = n(n \geqslant 0)$ 的形式．

4）如果方程右边的幂数为非负数，用直接开平方法解变形后的方程．

【注意】

1）"将二次项的系数化为 1" 是配方的前提条件，配方是关键点也是难点．

2）配方法是一种重要的数学方法，它不仅表现在一元二次方程的解法中，在今后学习二次函数以及二次曲线时还会经常用到，应予以重视．

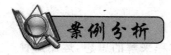

例 解方程 $2x^2 + 3 = 7x$.

解:移项,得

$$2x^2 - 7x + 3 = 0.$$

把方程的各项都除以 2,得

$$x^2 - \frac{7}{2}x + \frac{3}{2} = 0,$$

即

$$x^2 - \frac{7}{2}x = -\frac{3}{2}.$$

配方,得

$$x^2 - \frac{7}{2}x + \left(-\frac{7}{4}\right)^2 = -\frac{3}{2} + \left(-\frac{7}{4}\right)^2,$$

$$\left(x - \frac{7}{4}\right)^2 = \frac{25}{16}.$$

解这个方程,得

$$x - \frac{7}{4} = \pm\sqrt{\frac{25}{16}},$$

$$x - \frac{7}{4} = \pm\frac{5}{4},$$

即

$$x_1 = 3, \quad x_2 = \frac{1}{2}.$$

4. 公式法

公式法就是利用求根公式求出一元二次方程解的方法,它是解一元二次方程式的一般方法,具有通用性.

应用配方法可导出一元二次方程 $ax^2 + bx + c = 0 (a \neq 0)$ 的求根公式 $x = \frac{-b \pm \sqrt{b^2 - 4ac}}{2a} (b^2 - 4ac \geq 0)$. 用公式法解一元二次方程的一般步骤如下.

1)化方程为一般形式,即 $ax^2 + bx + c = 0 (a \neq 0)$.

2)确定 a, b, c 的值(注意符号),并计算 $b^2 - 4ac$ 的值.

3)当 $b^2 - 4ac \geq 0$ 时,将 a, b, c 及 $b^2 - 4ac$ 的值代入求根公式,得出方程的根 $x = \frac{-b \pm \sqrt{b^2 - 4ac}}{2a}$;当 $b^2 - 4ac < 0$ 时,原方程无实数解.

 案例分析

例 解方程 $2x^2 + 7x = 4$.

解:移项,得

$$2x^2 + 7x - 4 = 0.$$

因为

$$a = 2 , \quad b = 7 , \quad c = -4 ,$$

$$b^2 - 4ac = 7^2 - 4 \times 2 \times (-4) = 81 > 0 ,$$

所以

$$x = \frac{-7 \pm \sqrt{81}}{2 \times 2} = \frac{-7 \pm 9}{4}.$$

所以

$$x_1 = \frac{1}{2} , \quad x_2 = -4.$$

 习题演练

1. 用直接开平方法解下列方程：

(1) $2x^2 = 128$ ；　　　　　　(2) $3x^2 = \frac{4}{3}$ ；

(3) $(2x - 3)^2 = 5$ ；　　　　(4) $(x + 6)^2 = 100$.

2. 用因式分解法解下列方程：

(1) $(x + 3)(x - 1) = 5$ ；　　(2) $(3x + 1)^2 - 5 = 0$ ；

(3) $5x^2 + 4x = 0$ ；　　　　(4) $x^2 - 6x - 40 = 0$ ；

(5) $x^2 - 12x - 28 = 0$ ；　　(6) $x^2 - 17x + 30 = 0$ ；

(7) $(2x + 1)^2 + 3(2x + 1) = 0$ ；　　(8) $9(2x + 3)^2 - 4(2x - 5)^2 = 0$.

3. 用配方法解下列方程：

(1) $x^2 - 4x - 3 = 0$ ；　　　(2) $x^2 - 6x + 4 = 0$ ；

(3) $2x^2 - 7x - 4 = 0$ ；　　(4) $3x^2 - 1 = 6x$ ；

(5) $x^2 - 8x + 15 = 0$ ；　　(6) $x^2 - 2x - 99 = 0$.

4. 用公式法解下列方程：

(1) $x^2 - 2\sqrt{2}x + 2 = 0$ ；　　(2) $2x^2 + 5x - 3 = 0$ ；

(3) $6x^2 - 13x - 5 = 0$ ；　　(4) $x^2 - 2.4x - 13 = 0$ ；

(5) $2x^2 - 3x + \frac{1}{8} = 0$ ；　　(6) $\frac{3}{2}x^2 + 4x = 1$.

5. 用适当方法解下列方程：

(1) $x^2 - 3x - 2 = 0$ ；　　　(2) $x^2 + 12x + 27 = 0$ ；

(3) $(x - 1)(x + 2) = 70$ ；　　(4) $(3 - x)^2 + x^2 = 9$ ；

(5) $(2x + 3)^2 = 3(4x + 3)$ ；　　(6) $(2x - 1)(x + 3) = 4$.

8.6　一元二次方程与实际问题

 知识链接

一、列一元二次方程解应用题的方法步骤

列一元二次方程解应用题是列一元一次方程解应用题的拓展,解题方法是相同的.但由于一元二次方程有两个解,要注意检验方程的解是否符合实际意义.

其步骤如下.

1)审:指读懂题目,弄清题意,明确哪些是已知量、哪些是未知量以及它们之间的等量关系.

2)设:即适当设未知数(直接设未知数,间接设未知数),不要漏写单位,会用含未知数的代数式表示题目中涉及的量.

3)列:先根据题意找出能够表达应用题全部含义的一个相等关系,然后列出代数式表示相等关系中的各个量,就得到含未知数的等式.注意等号两边量的单位必须一致.

4)解:解所列方程,求出未知数的值.

5)验:一是检验是否为方程的解,二是检验方程的解是否符合题意.

6)答:怎么问就怎么答,注意不要漏写单位.

二、主要题型

列一元二次方程解应用题的类型很多,在日常生活、生产、科技等方面有广泛的应用,主要有增长率(降低率)问题、利息问题、数字问题、利润问题、动点问题等.

例 1 一商店 1 月份的利润是 2 500 元,3 月份的利润达到 3 000 元,这两个月的利润平均月增长的百分率是多少(精确到 0.1%)?

分析:如果设利润平均月增长率为 x,那么 2 月份的利润是 $2\,500(1+x)$(元),3 月份的利润是 $2\,500(1+x)^2$(元).

由此,就可以列出方程了.

解:设利润平均月增长率为 x,根据题意,得

$$2\,500(1+x)^2 = 3\,000,$$
$$(1+x)^2 = 1.2,$$
$$1+x \approx \pm 1.095.$$

所以 $x_1 \approx 0.095, x_2 \approx -2.095$(负值舍去).

答:利润平均月增长率约为 9.5%.

例 2 某年,小明将 1 000 元压岁钱以一年定期存入银行,一年后取出 500 元购买学习用品,剩下的 500 元和应得的利息又全部按一年定期存入,若存款的年利率保持不变,到期后共取出 660 元,求年利率.(不计利息税)

分析:本题属于"本息和问题".

第一年:本金为 1 000 元,利率为 x,本息和为 $1\,000(1+x)$ 元.

第二年:本金为 $[1\,000(1+x)-500]$ 元,利率为 x,本息和为 $[1\,000(1+x)-500](1+x)=660$(元).

解:设存款年利率为 x ,由题意,得

$$[1\ 000(1+x)-500](1+x)=660,$$

整理得

$$50x^2+75x-8=0.$$

解得

$$x_1=\frac{1}{10}=10\% ,x_2=-\frac{8}{5}(不合题意,舍去).$$

答:存款的年利率为 10%.

例 3 一个两位数等于它个位上的数字的平方,个位上的数字比十位上的数字大 3,求这个两位数.

解:设个位数字为 x ,十位数字为 $x-3$,由题意,得

$$10(x-3)+x=x^2,$$

即

$$x^2-11x+30=0,$$

解得

$$x_1=5,\qquad x_2=6.$$

当 $x=5$ 时, $x-3=5-3=2$,两位数是 25.

当 $x=6$ 时, $x-3=6-3=3$,两位数是 36.

答:这个两位数是 25 或 36.

例 4 用 22 cm 长的铁丝,折成一个面积为 30 cm² 的矩形.求这个矩形的长与宽.

解:设这个矩形的长为 x cm,则宽为 $\left(\frac{22}{2}-x\right)$ cm. 根据题意,得

$$x\left(\frac{22}{2}-x\right)=30.$$

整理后,得 $\qquad x^2-11x+30=0.$

解这个方程,得

$$x_1=5,x_2=6.$$

由 $x=5$,得 $\frac{22}{2}-x=6$ (与题设不符,舍去).

由 $x=6$,得 $\frac{22}{2}-x=5.$

答:这个矩形的长是 6 cm,宽是 5 cm.

习题演练

1. 两个连续整数的积是 210,求这两个整数.

2. 已知两个数的和等于 12,积等于 32,求这两个数.

3. 要做一个容积是 750 cm³,高是 6 cm,底面的长比宽多 5 cm 的长方形匣子,底面的长及宽应该各是多少(精确到 0.1 cm)?

4. 从一块长 300 cm、宽 200 cm 的铁片中间截去一个小长方形,使剩下的长方形四周的

宽度一样,并且小长方形的面积是原来铁片面积的一半,求这个宽度(精确到 1 cm).

5. 某农场的粮食产量在两年内从 3 000 吨增加到 3 630 吨,平均每年增产的百分率是多少?

6. 一种药品经两次降价,由每盒 60 元调至 52 元,平均每次降价的百分率是多少(精确到 0.1%)?

7. 商场销售一批名牌衬衫,平均每天可售出 20 件,每件赢利 40 元. 为了扩大销售,增加赢利,尽快减少库存,商场决定采取适当的降价措施,经调查发现,如果每件衬衫每降低 1 元,商场平均每天可多售出 2 件. 若商场平均每天要赢利 1 200 元,每件衬衫应降价多少元?

本 章 小 结

本章的主要内容是一元一次方程的解法和它的应用。只含有一个未知数,并且未知数的次数是 1,系数不等于 0 的方程叫作一元一次方程。它的标准形式是 $ax + b = 0$,其中 x 是未知数,$a \neq 0$。它有一个解。

解一元一次方程的一般步骤是去分母、去括号、移项、合并同类项和系数化为 1。

列出一元一次方程解应用题的一般步骤是:

1)弄清题意和题目中的已知数、未知数,用字母表示题目中的一个未知数;

2)找出能够表示应用题全部含义的一个相等关系;

3)根据这个相等关系列出需要的代数等式,从而列出方程;

4)解这个方程,求出未知数的值,写出答案(包括单位名称)。

二元一次方程组的解法及其应用、简单的三元一次方程组的解法及其应用举例。

解一次方程组可以通过逐步"消元",变"多元"为"一元",从而达到求解的目的。本章介绍了两种解一次方程组的方法:代入法、加减法。

列出一次方程组解应用题,与列一元一次方程解应用题的基本思路是一致的。一般可根据所要求解的问题直接设未知数。关键是分析题中的各种数量之间的联系,找出相等关系。设几个未知数,就要找出几个相等关系,然后列出相应的方程。

一元二次方程的解法及其应用中介绍了一元二次方程的四种解法——直接开平方法、配方法、公式法和因式分解法. 一般地,公式法对于解任何一元二次方程都适用,是解一元二次方程的主要方法。但在解题时,应具体分析方程的特点,选择适当的方法。

通过本章的学习,能正确运用等式性质和移项法则,熟练地解一元一次方程。会找出简单应用题中的已知数、未知数和表示应用题全部含义的一个相等关系,并会根据相等关系列出需要的代数式、方程,从而求得应用题的解。

能说出什么是二元一次方程、二元一次方程组其的解,会检验一对数值是不是某个二元方程组的解。能灵活应用代入法、加减法解二元一次方程组,并能解简单的三元一次方程组。会根据给出的比较简单的应用题,列出所需要的二元一次或三元一次方程组,从而求出问题的解,并能检查结果是否正确、合理。

了解一元二次方程的概念,掌握一元二次方程的公式解法和其他解法。能够根据方程的特征,灵活运用一元二次方程的解法求方程的根。理解一元二次方程的根的判别式,会应用它解决一些简单的问题。会列出一元二次方程解应用题。

复 习 题

1. 下列方程解法对不对？如果不对，错在哪里？应该怎样改正？

(1)解方程 $2x+1=4x+1$.

解：由 $2x+4x=0$ 得 $6x=0$，所以 $x=0$.

(2)解方程 $\dfrac{x}{2}=x+6$.

解：由 $\dfrac{x}{2}-x=6$ 得 $-\dfrac{x}{2}=6$，所以 $x=12$.

(3)解方程 $\dfrac{x+1}{2}=\dfrac{3x-1}{2}-1$；

解：由 $x+1=3x-1-1$ 得 $2x=3$；所以 $x=\dfrac{3}{2}$.

(4)解方程 $\dfrac{x+1}{3}-\dfrac{x+1}{6}=2$.

解：由 $4x+2-x+1=12$ 得 $3x=9$，所以 $x=3$.

2. 解下列方程.

(1) $\dfrac{4}{3}-8x=3-\dfrac{11}{2}x$；

(2) $0.5x-0.7=6.5-1.3x$；

(3) $\dfrac{1}{6}(3x-6)=\dfrac{2}{5}x-3$；

(4) $\dfrac{1}{3}(1-2x)=\dfrac{2}{7}(3x+1)$.

3. 解下列方程.

(1) $3(8x-1)-2(5x+1)=6(2x+3)+5(5x-2)$；

(2) $3(x-7)-2[9-4(2-x)]=22$；

(3) $\dfrac{x+4}{5}-x+5=\dfrac{x+3}{3}-\dfrac{x-2}{2}$；

(4) $\dfrac{1}{2}(y+1)+\dfrac{1}{3}(y+2)=3-\dfrac{1}{4}(y+3)$.

4. 两数的和为 25，其中一个数比另一个数的 2 倍大 4，求这两个数？

5. 好马每天走 240 里，劣马每天走 150 里，劣马先走 12 天，好马几天可以追上劣马？

6. 运动场上跑道一圈长 400 m，甲练习骑自行车，平均每分钟骑 490 m；乙练习跑步，平均每分钟跑 250 m。两人从同一处同时同向出发，经过多长时间首次相遇？

7. 要加工 200 个零件，甲首先加工 5 小时，然后又与乙一块加工了 4 小时，完成了任务。已知甲每小时比乙多加工 2 个零件，求甲、乙每小时各加工多少个零件。

8. 班上组织同学们看电影，共购买了甲、乙两种影票 45 张，甲种票每张 5 元，乙种票每张 3 元，共用去 175 元．求甲、乙两种票各买了多少张？

9. 解下列方程组：

(1) $\begin{cases} 2.4x-5.1y=-21, \\ 3x+2y=24; \end{cases}$

(2) $\begin{cases} 0.8x - 0.9y = 2, \\ 6x - 3y = 2.5; \end{cases}$

(3) $\begin{cases} \dfrac{x}{4} + \dfrac{y}{3} = 7, \\ \dfrac{x}{3} + \dfrac{y}{2} = 8; \end{cases}$

(4) $\begin{cases} \dfrac{x}{3} - \dfrac{y}{15} = 1\dfrac{1}{3}, \\ \dfrac{x}{4} - \dfrac{y}{10} = \dfrac{2}{3}; \end{cases}$

(5) $\begin{cases} 4(x - y - 1) = 3(1 - y) - 2, \\ \dfrac{x}{2} + \dfrac{y}{3} = 2; \end{cases}$

(6) $\begin{cases} \dfrac{2(x - y)}{3} = \dfrac{x + y}{4} - 1, \\ 6(x + y) = 4(2x - y) + 16. \end{cases}$

10. 解下列方程组:

(1) $\begin{cases} x + y = 1, \\ y + z = 6, \\ z + x = 3; \end{cases}$

(2) $\begin{cases} 3x - 2y = 1, \\ 5x + 3z = 8, \\ 3y - 6z = -3; \end{cases}$

(3) $\begin{cases} x - y - z = 0, \\ x + y - 3z = 4, \\ 2x + 3y - 5z = 14; \end{cases}$

(4) $\begin{cases} x + y - z = 11, \\ y + z - x = 5, \\ z + x - y = 1. \end{cases}$

11. 有一个两位数,个位上的数比十位上的数大 5,如果把这两个数的位置对换,那么所得的新数与原数的和是 143,求这个两位数.

12. 解下列方程:

(1) $x^2 + 4x - 2 = 0$;

(2) $x^2 + 18x + 81 = 0$;

(3) $3x^2 - 8x + 4 = 0$;

(4) $6x^2 - 11x - 10 = 0$;

(5) $2x^2 + 21x - 11 = 0$;

(6) $3x^2 - 11x + 9 = 0$.

13. 一个容器盛满纯药液 63 升,第一次倒出一部分纯药液后用水加满,第二次又倒出同样多的药液再用水加满,这时容器内剩下的纯药液是 28 升. 求每次倒出的液体是多少升？

14. 银行一年期存款的年利率有 3.8%，经过两次降息，调到 2.6%，平均每次降息的百分比是多少？（保留三位有效数字）

15. 赵强同学借了一本书，共 280 页，要在两周借期内读完，当他读了一半时，发现平均每天要多读 21 页才能在借期内读完，他读前一半时平均每天读多少页？

一元二次方程的根与系数的关系,常常也称作韦达定理,这是因为该定理是 16 世纪法国最杰出的数学家韦达发现的.

弗朗索瓦·韦达 1540 年出生在法国东部的普瓦图的韦特奈.他早年学习法律,曾以律师身份在法国议会里工作,韦达不是专职数学家,但他非常喜欢在政治生涯的间隙和工作闲暇时研究数学,并做出了很多重要贡献,成为那个时代最伟大的数学家.韦达是第一个有意识地和系统地使用字母表示数的人,并且对数学符号进行了很多改进.他在 1591 年所写的《分析术引论》是最早的符号代数著作.是他确定了符号代数的原理与方法,使当时的代数学系统化并且把代数学作为解析的方法使用.因此,他获得了"代数学之父"之称.他还写下了《数学典则》(1579 年)、《应用于三角形的数学定律》(1579 年)等不少数学论著.韦达的著作,以独特形式包含了文艺复兴时期的全部数学内容.只可惜韦达著作的文字比较晦涩难懂,在当时不能得到广泛传播.在他逝世后,才由别人汇集整理并编成《韦达文集》于 1646 年出版.韦达 1603 年卒于巴黎,享年 63 岁.下面是关于韦达的两则趣事.

比利时的数学家罗门曾提出一个 45 次方程的问题向各国数学家挑战.法国国王便把该问题交给了韦达,韦达当时就得出一解,回家后一鼓作气,很快又得出了 22 解.答案公布,震惊了数学界.韦达又回敬了罗门一个问题.罗门苦思冥想数日方才解出,而韦达却轻而易举地作了出来,为祖国争得了荣誉,他的数学造诣由此可见一斑.

在法国和西班牙的战争中,法国人对于西班牙的军事动态总是了如指掌,在军事上总能先发制人,因而不到两年工夫就打败了西班牙.西班牙的国王对法国人在战争中的"未卜先知"十分恼火又无法理解,认为是法国人使用了"魔法".原来,是韦达利用自己精湛的数学方法,成功地破译了西班牙的军事密码,为他的祖国赢得了战争的主动权.另外,韦达还设计并改进了历法.所有这些都体现了韦达作为大数学家的深厚功底.

第9章 函数

　　函数是数学中最重要的工具.17世纪伽利略在《两门新科学》一书中,几乎全部包含函数或称为变量关系的这一概念,用文字和比例的语言表达函数的关系.1637年前后笛卡儿在他的解析几何中,已注意到一个变量对另一个变量的依赖关系,但因当时尚未意识到要提炼函数概念,因此直到17世纪后期牛顿、莱布尼茨建立微积分时还没有人明确函数的一般意义,大部分函数是被当作曲线来研究的.

　　1673年,莱布尼茨首次使用函数表示"幂",后来他用该词表示曲线上点的横坐标、纵坐标、切线长等曲线上点的有关几何量. 与此同时,牛顿在微积分的讨论中,使用"流量"来表示变量间的关系.

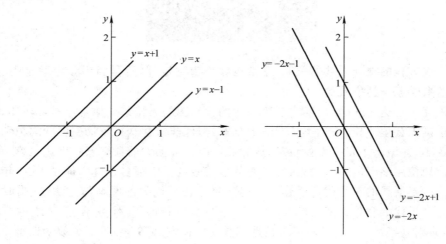

9.1　比与比例

一、比与比例的意义和性质

　　1. 比的意义和性质

　　两个数相除又叫作两个数的比. 例如长方形的长和宽的比是3比2,记作3∶2,其中3是前项,2是后项,"∶"是比号,并且后项不能等于零.

　　2. 比、分数与除法的联系和区别

　　根据分数和除法的关系,两个数的比也可以写成分数形式.

两个数的比能写成分数形式（3∶2 可以写成 $\frac{3}{2}$，仍读作 3 比 2.）.

两个数的比能求出它们的值（比的前项除以后项所得的商，叫作比值，例如 3∶2＝1.5）.

联系	区别
3∶2＝1.5	
｜ ｜ ｜｜｜	表示两个数的关系
前比后 比	
项号项 值	
3÷2＝1.5	
｜ ｜ ｜ ｜	是一种运算
被除除 商	
除号数	
数	
分 子…3	
分数线…—＝1.5	是一种数
分 母…2 ｜	
分	
数	
值	

3．比的基本性质

比的前项和后项同时乘上或者除以相同的数（0 除外），比值不变.

比的基本性质的用处：可以把比化成最简单的整数比.

表示两个比相等的式子叫作比例．例如 5∶6＝20∶24，其中 5 与 24 叫外项，6 与 20 叫内项.

比例的基本性质：在比例里，两个外项的积等于两个内项的积．例如 5∶6＝20∶24，5×24＝6×20.

利用比例的基本性质，可以解比例式.

4．比和比例的联系与区别

（1）联系

比是比例的一部分；而比例是由至少两个比值相等的比组合而成的.

表示两个比相等的式子叫作比例，是比的意义.

比例有 4 项，前项、后项各 2 个.

在比例里，两个外项的积等于两个内项的积，这叫作比例的基本性质.

比表示两个数相除，只有两个项，即比的前项和后项．比例是一个等式，表示两个比相等；有四个项，即两个外项和两个内项.

（2）区别

意义、项数、各部分名称不同.

2）比的基本性质和比例的基本性质意义不同、应用不同．比的性质：比的前项和后项都乘或除以一个不为零的数，比值不变．比例的性质：在比例里，两个外项的乘积等于两个内项的乘积,比例的性质用于解比例.

 案例分析

例 1 选择填空.

(1) $4:6=x:\frac{1}{6}$,则 $x=$( ).

A. $\frac{1}{4}$ B. 4   C. $\frac{1}{9}$ D. 144

(2) $a\times2=b\div3$,$a:b=$( ).

A. 2:3   B. 3:2   C. 1:6   D. 6:1

【说明】$a\times2=b\div3$ 转化为 $a\times2=b\times\frac{1}{3}$,根据比例的基本性质(内项的乘积等于外项的乘积),可以把 a 和 2 看作外项,b 和 $\frac{1}{3}$ 看作内项,比例是 $a:b=\frac{1}{3}:2$,即 $a:b=1:6$.

(3)北京到天津的实际距离大约是 120 千米,在一幅地图上量得两地间的距离是 6 厘米,求这幅地图的比例尺,列式正确的有( ).

A. 6:120   B. 6:(120×100 000)

C. (120×100 000):6   D. (6÷100 000):120

【说明】在图上距离与实际距离相比时,首先要统一单位。B 选项是将单位统一为厘米(常用),D 选项是将单位统一为千米. 在做题时,一般先换算单位,再求比例尺.

(4)大正方体棱长 3 厘米,小正方体棱长 2 厘米,大、小两个正方体的棱长之和的比是_____;大、小两个正方体的底面积的比是_____;大、小两个正方体的表面积的比是_____;大、小两个正方体的体积的比是_____.

A. 27:8   B. 9:4   C. 3:2

【说明】

	大正方体:小正方体	化简
棱长	3:2	3:2
棱长和	(3×12):(2×12)	3:2
底面积	(3×3):(2×2)	9:4
表面积	(3×3×6):(2×2×6)	9:4
体积	(3×3×3):(2×2×2)	27:8

比较一下,看看有什么规律.

面积比是棱长平方的比,体积比是棱长立方的比.

(5)六一班和六二班建校劳动,六一班 37 人,六二班 38 人,共运送 1 500 块砖. 平均每班搬运____;如果按每班人数分配,六一班应搬运____,六二班应搬运____.

A. 740 块   B. 750 块   C. 760 块

【说明】第一问平均每班搬运多少块,实际上是把 1 500 块砖按班级(1:1)进行分配;第二问是把 1 500 块砖按每班人数(37:38)分配.

例2 应用题.

(1)小圆的周长是 12.56 厘米,大圆的周长是 18.84 厘米,大圆与小圆的直径比是多少?大圆与小圆的半径比是多少? 大圆与小圆的面积比是多少?

【说明】大圆与小圆的面积比是大圆与小圆半径平方的比.

(2)一条长 480 千米的高速公路在一比例尺为 $\dfrac{1}{30\,000\,000}$ 的地图上长多少厘米?

(3)一个长方形操场,周长 150 米,它的长宽的比是 3∶2,这个操场的面积是多少平方米?

(4)甲有 130 本书,乙有 70 本书,乙给甲多少本后甲与乙的本数比是 4∶1?

【说明】虽然甲、乙两人书的数量发生变化,但他们书的总量没有变化,要抓住不变量解题.

例3 思考题:在 2,4,10 的基础上再配上一个数组成比例,可以配____.

A. 0.8   B. 5   C. 8   D. 16   E. 20

【说明】根据比例性质可以列出以下方程:

$2 \times x = 4 \times 10$ 这时配上的数最大,$x = 20$;

$10 \times x = 2 \times 4$ 这时配上的数最小,$x = 0.8$;

$4 \times x = 2 \times 10\ x = 5$。

习题演练

1. 比的前项缩小为原来的 1/3,后项扩大 3 倍,那么它们的比值就缩小为原来的多少?

分析:一个比的前项缩小为原来的 1/3,如果后项不变,那么这个比的比值就缩小为原来的 1/3;一个比的前项不变,如果它的后项扩大 3 倍,那么这个比的比值也一定要缩小为原来的 1/3.

解:$3 \times 3 = 9$.

答:它们的比值就缩小为原来的 1/9.

2. 一个三角形的内角度数的比是 4∶3∶2,这个三角形的三个内角度数分别是多少?

分析:已知三角形三个内角度数的比是 4∶3∶2,又知三角形的内角和是 $180°$。在 $180°$ 中三个角的度数分别占 4 份、3 份和 2 份,一共是 9 份.三个角每个角的度数分别占三角形内角和 $180°$ 的 $\dfrac{4}{9}$、$\dfrac{3}{9}$ 和 $\dfrac{2}{9}$.

解:$4 + 3 + 2 = 9$,$180 \times \dfrac{4}{9} = 80°$,$180 \times \dfrac{3}{9} = 60°$,$180 \times \dfrac{2}{9} = 40°$.

答:这个三角形的三个内角分别是 $80°$、$60°$ 和 $40°$.

3. 甲、乙二人各有钱若干元,若甲拿出他所有钱的 20% 给乙,则两人所有的钱数正好相等,原来甲、乙二人所有钱数的最简整数比是多少?

分析:把甲的钱数看作"1",甲拿出他所有钱数的 20%,那么甲就剩下他所有钱的 80%,这时甲、乙二人所有的钱数正好相等,那么乙原有的钱数就相当于甲原有钱数的 $80\% - 20\% = 60\%$.

解:甲、乙二人原来所有钱数的比则是:

$1 \div (1 - 20\% \times 2) = 5∶3$.

答：甲、乙二人所有钱数的整数比是 5∶8.

4. 有一个比的比值是 2,这个比的前项、后项与比值的和是 11. 这个比是多少?

分析:比的前项、后项与比值的和是 11,所以 11−2=9 就是比的前项与后项的和,根据题意可知比的前项是后项的 2 倍,所以前项与后项的和一定是后项的 2+1=3 倍,因此可得下面的解.

解:(11−2)÷(2+1)=3,3×2=6.

答:这个比是 6∶3.

5. 甲数除以乙数的商是 1.2,丙数除以乙数的商是 1.5,求甲、乙、丙三个数的最简整数比是多少?

分析:先把题目中的两个商化成分数,这两个分数实际就是两个最简整数比,然后把这两个比化成连比即可.

解:$1.2=\dfrac{12}{10}=\dfrac{6}{5}=6∶5$, $1.5=\dfrac{15}{10}=\dfrac{3}{2}=3∶2$,5 和 2 的最小公倍数是 5×2=10

$$(6×2)∶(5×2)=12∶10.$$ 则

$$(2×5)∶(3×5)=10∶15.$$

答:甲、乙、丙三个数的最简整数比是 12∶10∶15.

6. 有两袋米,第一袋重量的 $\dfrac{1}{5}$ 相当于第二袋重量的 $\dfrac{1}{4}$,写出第一袋与第二袋米的重量比与比值.

分析:根据第一袋米重量的 $\dfrac{1}{5}$ 相当于第二袋米重量的 $\dfrac{1}{4}$,可知第一袋的重量是相等重量的 $1÷\dfrac{1}{5}$,第二袋米的重量是相等重量的 $1÷\dfrac{1}{4}$,由此可求出比和比值.

解:$1÷\dfrac{1}{5}=5$, $1÷\dfrac{1}{4}=4$,$5∶4=1\dfrac{1}{4}$.

答:第一袋米与第二袋米的重量比是 5∶4,比值是 $1\dfrac{1}{4}$。

7. 求比值.

45∶72　$\dfrac{1}{2}∶8$.

8. 化简比.

$\dfrac{1}{3}∶\dfrac{2}{3}$　0.7∶0.25

9.2　正比例函数

1996 年,鸟类研究者在芬兰给一只燕鸥套上标志环.4 个月零 1 周后人们在 2.56 万千米外的澳大利亚发现了它.

1)这只百余克重的小鸟大约平均每天飞行多少千米(精确到 10 千米)?

2)这只燕鸥的行程 y（千米）与飞行时间 x（天）之间有什么关系？

3)这只燕鸥飞行 1 个半月的行程大约是多少千米？

一个月按 30 天计算,这只燕鸥平均每天飞行的路程不少于：

$$25\,600 \div (30 \times 4 + 7) \approx 202 \text{ km}.$$

若设这只燕鸥每天飞行的路程为 202 km,那么它的行程 y（千米）就是飞行时间 x（天）的函数．函数解析式为

$$y = 202x\,(0 \leqslant x \leqslant 127).$$

这只燕鸥飞行 1 个半月的行程,大约是 $x = 45$ 时函数 $y = 202x$ 的值．即

$$y = 202 \times 45 = 9\,090 \text{ km}.$$

以上我们用 $y = 202x$ 对燕鸥在 4 个月零 1 周的飞行路程问题进行了刻画．尽管这只是近似的,但它可以作为反映燕鸥的行程与时间的对应规律的一个模型．

类似于 $y = 202x$ 这种形式的函数在现实世界中还有很多．它们都具备什么样的特征呢？我们这节课就来学习．

以下变量之间的对应规律可用怎样的函数来表示？这些函数有什么共同特点？

1)圆的周长 L 随半径 r 的大小变化而变化．

2)铁的密度为 7.8 g/cm^3,铁块的质量 m(g)随它的体积 V(cm^3)的大小变化而变化．

3)每个练习本的厚度为 0.5 cm,一些练习本摞在一些的总厚度 h(cm)随这些练习本的本数 n 的变化而变化．

4)冷冻一个 0 ℃的物体,使它每分钟下降 2 ℃,物体的温度 T(℃)随冷冻时间 t(分)的变化而变化．

1)根据圆的周长公式可得：$L = 2\pi r$.

2)根据题意可得：$m = 7.8V$.

3)据题意可知：$h = 0.5n$.

4)据题意可知：$T = -2t$.

我们观察这些函数关系式,不难发现这些函数都是常数与自变量乘积的形式,与 $y = 202x$ 的形式一样．

1. 正比例函数的定义

一般地,形如 $y = kx$(k 是常数,$k \neq 0$)的函数,叫作正比例函数,其中 k 叫作比例系数．

2. 正比例函数的图像

画出 $y = zx$ 和 $y = -zx$ 两个正比例函数的图像,并进行比较,寻找两个函数图像的相同点与不同点,考虑两个函数的变化规律．

共同点：都是经过原点的直线．

不同点：函数 $y = 2x$ 的图像从左向右呈上升状态,即随着 x 的增大 y 也增大,经过第一、三象限；函数 $y = -2x$ 的图像从左向右呈下降状态,即随着 x 的增大 y 反而减小,经过第二、四象限．

在同一坐标系中,画出 $y = x$ 和 $y = -x$ 函数的图像,并对它们进行比较．

3. 正比例函数解析式与图像特征之间的规律

正比例函数 $y=kx$（k 是常数，$k\neq0$）的图像是一条经过原点的直线. 当 $k>0$ 时，图像经过第三、一象限，从左向右上升，即随 x 的增大 y 也增大；当 $k<0$ 时，图像经过第二、四象限，从左向右下降，即随着 x 的增大 y 反而减小.

正是由于正比例函数 $y=kx$（k 是常数，$k\neq0$）的图像是一条直线，我们可以称它为直线 $y=kx$.

画正比例函数图像时，只需在原点外再确定一个点，即找出一组满足函数关系式的对应数值即可，如 $(1,k)$. 因为两点可以确定一条直线.

1. 在函数 $y=x/3$，$y=-3/x$，$y=2x$，$y=-1/2x+1$，$y=x^2+1$，$y=(a^2+1)x-2$ 中，哪些是正比例函数？

2. 已知 $y=-3x^{2m-3}$ 是正比例函数，求 m 的值.

3. 判断下列 4 个函数哪些是正比例函数？

(1) $y=3$； (2) $y=2x$； (3) $y=\dfrac{1}{x}$； (4) $y=x^2$.

4. (1) 如果正比例函数 $y=kx$（$k\neq0$）的图像过第二、四象限，则 k ____ 0，y 随 x 增大而 ____ .

(2) 如果函数 $y=kx-(2-3k)$ 的图像过原点，那么 $k=$ _____ .

(3) 已知函数 $y=(m-3)x^{m^2-4m+4}$，当 $m=$ ____ 时，这个函数是正比例函数，图像在 ____ 象限，从左到右 ____，y 随 x 增大而 ____。它的图像大致是 _____ .

(4) 已知函数 $y=(2a-3)x^2+2(a-3)x$ 是关于 x 的正比例函数，求正比例函数的解析式并画出它的图像.

(5) 汽车以 40 千米/时的速度行驶，行驶路程 y（千米）与行驶时间 x（小时）之间的函数解析式为 _____ . y 是 x 的 _____ 函数.

(6) 函数 $y=kx$（$k\neq0$）的图像过 $P(-3,3)$，则 $k=$ ____，图像过 ____ 象限.

(7) $y=3x$，$y=x/4$，$y=3x+9$，$y=2x^2$ 中，正比例函数是 _____ .

(8) 在函数 $y=2x$ 的自变量中任意取两个点 x_1，x_2，若 $x_1<x_2$，则对应的函数值 y_1 与 y_2 的大小关系是 y_1 ____ y_2.

(9) 若 y 与 $x-1$ 成正比例，$x=8$ 时，$y=6$. 写出 x 与 y 之间的函数关系式，并分别求出 $x=4$ 和 $x=-3$ 时的值.

9.3 一次函数

问题：某登山队大本营所在地的气温为 15 ℃，海拔每升高 1 km 气温下降 6 ℃. 登山队员由大本营向上登高 $x$km 时，他们所处位置的气温是 y℃. 试用解析式表示 y 与 x 的关

系.

【分析】：从大本营向上当海拔每升高 1 km 时，气温就下降 6 ℃，那么海拔增加 x km 时，气温就下降 $6x$ ℃. 因此 y 与 x 的函数关系式为

$$y = 15 - 6x \quad (x \geqslant 0).$$

当然，这个函数也可表示为

$$y = -6x + 15 \quad (x \geqslant 0).$$

当登山队员由大本营向上登高 0.5 km 时，他们所在位置气温就是 $x = 0.5$ 时函数 $y = -6x + 15$ 的值，即 $y = -6 \times 0.5 + 15 = 12$ ℃.

这个函数与我们上节所学的正比例函数有何不同？它的图像又具备什么特征？我们这节课将学习这些问题.

1. 定义

下列变量间的对应关系可用怎样的函数表示？它们又有什么共同特点？

(1)有人发现，在 20～25 ℃ 时蟋蟀每分钟鸣叫次数 C 与温度 t(℃)有关，即 C 的值约是 t 的 7 倍与 35 的差.

(2)一种计算成年人标准体重 G(kg)的方法是，以厘米为单位量出身高值 h 减常数 105，所得差是 G 的值.

(3)某城市的市内电话的月收费额 y(元)包括月租费 22 元，拨打电话 x 分钟的计时费(按 0.01 元/分收取).

(4)把一个长 10 cm、宽 5 cm 的矩形的长减少 x cm，宽不变，矩形面积 y(cm²)随 x 的值而变化.

这些问题的函数解析式分别为：

(1)$C = 7t - 35$；　　(2)$G = h - 105$；

(3)$y = 0.01x + 22$；　(4)$y = -5x + 50$.

它们的形式与 $y = -6x + 15$ 一样，函数的形式都是自变量 x 的 k 倍与一个常数的和.

一般地，形如 $y = kx + b$(k，b 是常数，$k \neq 0$)的函数，叫作一次函数. 当 $b = 0$ 时，$y = kx + b$ 即 $y = kx$. 所以说正比例函数是一种特殊的一次函数.

案例分析

例 1　下列函数中哪些是一次函数，哪些又是正比例函数？

(1)$y = -8x$；　　　　(2)$y = 2$；

(3)$y = 5x^2 + 6$；　　(3)$y = -0.5x - 1$.

解　(1)(4)是一次函数；(1)又是正比例函数.

例 2　一个小球由静止开始在一个斜坡向下滚动，其速度每秒增加 2 米.

(1)小球速度 v 随时间 t 变化的函数关系，它是一次函数吗？

(2)求第 2.5 秒时小球的速度.

解　(1)$v=2t$,是一次函数.

(2)当$t=2.5$时,$v=2\times2.5=5$,

所以第 2.5 秒时小球速度为 5 米/秒.

例3　汽车油箱中原有油 50 升,如果行驶中每小时用油 5 升,求油箱中的油量 y(升)随行驶时间 x(时)变化的函数关系式,并写出自变量 x 的取值范围. y 是 x 的一次函数吗?

解答:

解　函数解析式:$y=50-5x$.

自变量取值范围 $0\leqslant x\leqslant10$.

y 是 x 的一次函数.

2. 图像

1)画出函数 $y=-6x$ 与 $y=-6x+5$ 的图像.

2)画出函数 $y=2x-1$ 与 $y=-0.5x+1$ 的图像.

3)画出函数 $y=x+1$, $y=-x+1$, $y=2x+1$, $y=-2x+1$ 的图像. 由它们联想:一次函数解析式 $y=kx+b(k,b$ 是常数, $k\neq0)$中, k 的正负对函数图像有什么影响?

4)规律:当 $k>0$ 时,直线 $y=kx+b$ 由左至右上升;当 $k<0$ 时,直线 $y=kx+b$ 由左至右下降.

5)性质:当 $k>0$ 时,y 随 x 增大而增大;当 $k<0$ 时,y 随 x 增大而减小.

6)一次函数 $y=kx+b$ 的图像的画法. 根据几何知识,经过两点能画出一条直线,并且只能画出一条直线,即两点确定一条直线,所以画一次函数的图像时,只要先描出两点,再连成直线即可. 一般情况下是先选取它与两坐标轴的交点 $(0,b)$, $\left(-\dfrac{b}{k},0\right)$,即横坐标或纵坐标为 0 的点.

7)正比例函数与一次函数图像. 一次函数 $y=kx+b$ 的图像是一条直线,它可以看作是由直线 $y=kx$ 平移 $|b|$ 个单位长度而得到(当 $b>0$ 时,向上平移;当 $b<0$ 时,向下平移).

8)直线 $y=kx+b$ 的图像和性质与 k,b 的关系如 9—1 表所示.

表 9—1

	$b>0$	$b<0$	$b=0$
	经过第一、二、三象限	经过第一、三、四象限	经过第一、三象限
$k>0$			
	图像从左到右上升,y 随 x 的增大而增大		

（续）

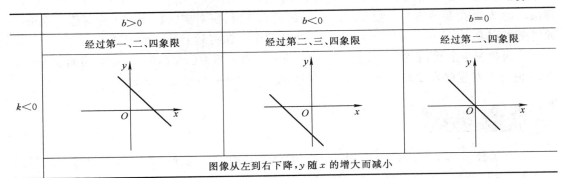

	$b>0$	$b<0$	$b=0$
	经过第一、二、四象限	经过第二、三、四象限	经过第二、四象限
$k<0$			
	图像从左到右下降，y 随 x 的增大而减小		

习题演练

1. 直线 $y=2x-3$ 与 x 轴交点坐标为_____，与 y 轴交点坐标为_____，图像经过第_____象限，y 随 x 增大而_____．

2. 分别说出满足下列条件的一次函数的图像过哪几个象限？

(1) $k>0,b>0$;　　　(2) $k>0,b<0$;

(3) $k<0,b>0$;　　　(4) $k<0,b<0$.

3. 若函数 $y=mx-(4m-4)$ 的图像过原点，则 $m=$_____，此时函数是_____函数．若函数 $y=mx-(4m-4)$ 的图像经过 $(1,3)$ 点，则 $m=$_____，此时函数是_____函数．

4. 若一次函数 $y=(1-2m)x+3$ 图像经过 $A(x_1、y_1)$、$B(x_2、y_2)$ 两点．当 $x_1<x_2$ 时，$y_1>y_2$，则 m 的取值范围是什么？

5. 函数 $y=-7x-6$ 的图像中：(1) 随着 x 的增大，y 将_____（填"增大"或"减小"）；

(2) 它的图像从左到右_____（填"上升"或"下降"）；

(3) 图像与 x 轴的交点坐标是_____，与 y 轴的交点坐标是_____；

(4) 计算 $x=$_____时，$y=2$；当 $x=1$ 时，$y=$_____．

6. 已知函数 $y=2x-4$.

(1) 做出它的图像．

(2) 求出图像与 x 轴、y 轴的交点坐标，并在图中标出．

9.4　用函数观点看方程（组）与不等式

情境再现

我们来看下面两个问题：

1) 解方程 $2x+20=0$；

2) 当自变量 x 为何值时，函数 $y=2x+20$ 的值为 0？

这两个问题之间有什么联系吗？

我们这节课就来研究这个问题，并学习利用这种关系解决相关问题的方法．

我们首先来思考上面提出的两个问题．在问题 1)中,解方程 $2x+20=0$,得 $x=-10$. 解决问题 2)就是要考虑当函数 $y=2x+20$ 的值为 0 时,所对应的自变量 x 为何值．这可以通过解方程 $2x+20=0$,得出 $x=-10$. 因此这两个问题实际上是一个问题．

从函数图像上看,直线 $y=2x+20$ 与 x 轴交点的坐标为$(-10,0)$,这也说明函数 $y=2x+20$ 值为 0 对应的自变量 x 为 -10,即方程 $2x+20=0$ 的解是 $x=-10$.

一次函数 $y=kx+b$ 与一元一次方程有着密切的联系。任何一个一元一次方程都可以转化为 $y=kx+b(k,b$ 为常数,$k\neq0)$的形式。因此,解一元一次方程也就可以转化为当某一个一次函数值为 0 时,求相应的自变量的值．从一次函数的图像看,这相当于已知直线 $y=kx+b$,确定它与 x 轴交点的横坐标的值。也就是说,一次函数 $y=kx+b$ 与 x 轴交点的横坐标就是方程 $y=kx+b$ 的解。

在一次函数 $y=kx+b$ 中,y 如果等于某一个确定值,求自变量 x 的值就是要解一元一次方程。

由于任何一元一次方程都可转化为 $kx+b=0(k,b$ 为常数,$k\neq0)$的形式,所以解一元一次方程可以转化为当一次函数值为 0 时,求相应的自变量的值．从图像上看,这相当于已知直线 $y=kx+b$,确定它与 x 轴交点的横坐标值。

例 1　一个物体现在的速度是 5 m/s,其速度每秒增加 2 m/s,再过几秒它的速度为 17 m/s?

（用三种方法求解）

解法一:设再过 x 秒物体速度为 17 m/s. 由题意可知
$$2x+5=17,$$
解得 $x=6$.

解法二:速度 y(m/s)是时间 x(s)的函数,关系式为
$$y=2x+5.$$
当函数值为 17 时,对应的自变量 x 值可通过解方程 $2x+5=17$ 得到 $x=6$.

解法三:由 $2x+5=17$ 可变形得到
$$2x-12=0.$$
从图像上看,直线 $y=2x-12$ 与 x 轴的交点为$(6,0)$,得 $x=6$.

例 2　利用图像求方程 $6x-3=x+2$ 的解,并笔算检验

解法一:由图可知直线 $y=5x-5$ 与 x 轴交点为$(1,0)$,故可得 $x=1$.

我们可以把方程 $6x-3=x+2$ 看作函数 $y=6x-3$ 与 $y=x+2$ 在何时两函数值相等,即可从两个函数图像上看出,直线 $y=6x-3$ 与 $y=x+2$ 的交点,交点的横坐标即是方程的解．

解法二:由图像可以看出直线 $y=6x-3$ 与 $y=x+2$ 交于点$(1,3)$,所以 $x=1$.

1. 已知方程 $2x+1=-x+4$ 的解是 $x=1$，则直线 $y=2x+1$ 与 $y=-x+4$ 的交点是（　　）．

    A. $(1,0)$　　B. $(1,3)$　　C. $(-1,-1)$　　D. $(-1,5)$

2. 已知直线 $y=ax+b$ 经过点 $(1,2)$ 和 $(2,3)$，则 $a=$ _____，$b=$ _____．

3. 已知函数 $y=mx-(4m-3)$ 的图像过原点，则 m 应取值为 _____．

9.5　反比例函数

函数 $t=\dfrac{s}{v}$ 的图像不是直线．那么它是怎么样的曲线呢？

1）画出函数 $y=\dfrac{6}{x}$ 的图像．

解：（1）列表：这个函数中自变量 x 的取值范围是不等于零的一切实数，列出 x 与 y 的对应值如下．

x	…	-6	-3	-2	-1	…	1	2	3	6	…
y	…	-1	-2	-3	-6	…	6	3	2	1	…

（2）描点：用表里各组对应值作为点的坐标，在直角坐标系中描出在各点，如 $(-6,-1)$、$(-3,-2)$、$(-2,-3)$ 等．

（3）连线：用平滑的曲线将第一象限各点依次连起来，得到图像的第一个分支；用平滑的曲线将第三象限各点依次连起来，得到图像的另一个分支．这两个分支合起来，就是反比例函数的图像，如图 9—1 所示．

上述图像，通常称为双曲线．

这两条曲线会与 x 轴、y 轴相交吗？为什么？

2）画出反比例函数 $y=-\dfrac{6}{x}$ 的图像．

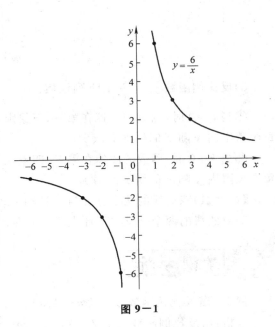

图 9—1

问题：

1）这个函数的图像在哪两个象限？和函数 $y = \dfrac{6}{x}$ 的图像有什么不同？

2）反比例函数 $y = \dfrac{k}{x}$ $(k \neq 0)$ 的图像在哪两个象限内？由什么确定？

3）联系一次函数的性质，你能否总结出反比例函数中随着自变量 x 的增加，函数 y 将怎样变化？有什么规律？

反比例函数 $y = -\dfrac{6}{x}$ 的图像如图 9-2 所示．

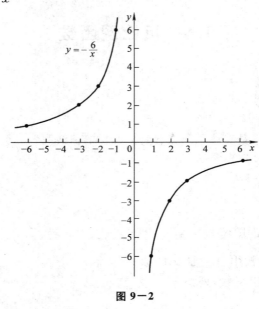

图 9-2

3）反比例函数 $y = \dfrac{k}{x}$ 有下列性质：

①当 $k > 0$ 时，函数的图像在第一、三象限，在每个象限内，曲线从左向右下降，也就是在每个象限内 y 随 x 的增加而减少；

②当 $k < 0$ 时，函数的图像在第二、四象限，在每个象限内，曲线从左向右上升，也就是在每个象限内 y 随 x 的增加而增加．

【注意】1）双曲线的两个分支与 x 轴和 y 轴没有交点．

2）双曲线的两个分支关于原点成中心对称．

例 1　若反比例函数 $y = (m+1)x^{2-m^2}$ 的图像在第二、四象限，求 m 的值．

分析：由反比例函数的定义可知，$2 - m^2 = -1$，又由于图像在第二、四象限，所以 $m+1 < 0$，由这两个条件可解出 m 的值．

解：由题意，得 $\begin{cases} 2 - m^2 = -1, \\ m+1 < 0, \end{cases}$　解得 $m = -\sqrt{3}$．

例 2　已知反比例函数 $y=\dfrac{k}{x}(k\neq 0)$，当 $x>0$ 时，y 随着 x 的增大而增大，求一次函数 $y=kx-k$ 的图像经过的象限．

分析：由于反比例函数 $y=\dfrac{k}{x}(k\neq 0)$，当 $x>0$ 时，y 随着 x 的增大而增大，因此 $k<0$，而一次函数 $y=kx-k$ 中，$k<0$，可知图像过第二、四象限，又 $-k>0$，所以直线与 y 轴的交点在 x 轴的上方．

解：因为反比例函数 $y=\dfrac{k}{x}(k\neq 0)$，当 $x>0$ 时，y 随着 x 的增大而增大，所以 $k<0$，则一次函数 $y=kx-k$ 的图像经过第一、二、四象限．

例 3　已知反比例函数的图像过点 $(1,-2)$．

(1) 求这个函数的解析式，并画出图像．

(2) 若点 $A(-5,m)$ 在图像上，则点 A 关于两坐标轴和原点的对称点是否还在图像上？

解：(1) 设反比例函数的解析式为 $y=\dfrac{k}{x}(k\neq 0)$．

而反比例函数的图像过点 $(1,-2)$，即当 $x=1$ 时，$y=-2$．

所以 $-2=\dfrac{k}{1}$，$k=-2$．

即反比例函数的解析式为 $y=-\dfrac{2}{x}$．

x	$\cdots$	-4	-2	-1	-5	$\cdots$	4	2	-1	-0.5	$\cdots$
y	$\cdots$	0.5	1	2	4	$\cdots$	-0.5	-1	2	4	$\cdots$

其图像如图 9−3 所示．

(2) 点 $A(-5,m)$ 在反比例函数 $y=-\dfrac{2}{x}$ 图像上，所以 $m=-\dfrac{2}{-5}=\dfrac{2}{5}$，

点 A 的坐标为 $\left(-5,\dfrac{2}{5}\right)$．

点 A 关于 x 轴的对称点 $\left(-5,-\dfrac{2}{5}\right)$ 不在这个图像上；

点 A 关于 y 轴的对称点 $\left(5,\dfrac{2}{5}\right)$ 不在这个图像上；

点 A 关于原点的对称点 $\left(5,-\dfrac{2}{5}\right)$ 在这个图像上．

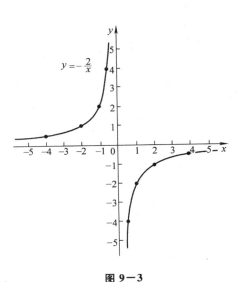

图 9−3

例 4　已知函数 $y=(m-2)x^{3-m^2}$ 为反比例函数．

(1) 求 m 的值；

(2)它的图像在第几象限内？在各象限内，y 随 x 的增大如何变化？

(3)当 $-3 \leqslant x \leqslant -\dfrac{1}{2}$ 时，求此函数的最大值和最小值．

解：(1)由反比例函数的定义可知 $\begin{cases} 3-m^2 = -1, \\ m-2 \neq 0, \end{cases}$ 解得 $m=-2$．

(2)因为 $-2<0$，所以反比例函数的图像在第二、四象限内，在各象限内，y 随 x 的增大而增大．

(3)因为在第二象限内，y 随 x 的增大而增大，所以

当 $x=-\dfrac{1}{2}$ 时，$y_{最大值} = -\dfrac{4}{-\dfrac{1}{2}} = 8$；

当 $x=-3$ 时，$y_{最小值} = -\dfrac{4}{-3} = \dfrac{4}{3}$．

所以当 $-3 \leqslant x \leqslant -\dfrac{1}{2}$ 时，此函数的最大值为 8，最小值为 $\dfrac{4}{3}$．

本节学习了画反比例函数的图像和探讨了反比例函数的性质．

1)反比例函数的图像是双曲线．

2)反比例函数有如下性质：

①当 $k>0$ 时，函数的图像在第一、三象限，在每个象限内，曲线从左向右下降，也就是在每个象限内 y 随 x 的增加而减少；

②当 $k<0$ 时，函数的图像在第二、四象限，在每个象限内，曲线从左向右上升，也就是在每个象限内 y 随 x 的增加而增加．

1．在同一直角坐标系中画出下列函数的图像：

(1) $y = \dfrac{1}{x}$；　　　　(2) $y = -\dfrac{3}{x}$．

2．已知 y 是 x 的反比例函数，且当 $x=3$ 时，$y=8$，求：

(1)y 和 x 的函数关系式；

(2)当 $x = 2\dfrac{2}{3}$ 时，y 的值；

(3)当 x 取何值时，$y = \dfrac{3}{2}$？

3．若反比例函数 $y = (3n-9)x^{n^2-13}$ 的图像在所在象限内 y 随 x 的增大而增大，求 n 的值．

4．已知反比例函数 $y = \dfrac{m+3}{x}$ 经过点 $A(2,-m)$ 和 $B(n,2n)$，求：

(1)m 和 n 的值;

(2)若图像上有两点 $P_1(x_1,y_1)$ 和 $P_2(x_2,y_2)$,且 $x_1<0<x_2$,试比较 y_1 和 y_2 的大小.

本 章 小 结

　　函数概念的产生,本身就标志着数学思想方法的重大转折——由常量数学到变量数学.而函数的应用,更使得数学的面貌,从对象到理论,方法,结构,发生了根本的变化.就中学数学而言,函数的重要性是不容置疑的,它已经成为中学数学中的纽带.

　　本章内容包括比、正比例函数、反比例函数、一次函数、二次函数.它们是常见的简单函数,反映了现实世界中常见的数量关系和变化规律的数学模型.要求学生在掌握必要的基础知识与基本技能的同时,体会数学来源于生活,并应用于生活.发展学生应用数学知识的意识和能力.

复 习 题

　　1. 已知一次函数 $y=(3a-2)x+(1-b)$,求字母 a,b 的取值范围,使得:

　　(1)y 随 x 的增大而增大;

　　(2)函数图像与 y 轴的交点在 x 轴的下方;

　　(3)函数的图像过第 1、2、4 象限.

　　2. 在平面直角坐标系中,点 A 的坐标是 $(4,0)$,点 P 是第一象限内的直线 $y=6-x$ 上的点,O 是坐标原点:

　　(1)P 点坐标设为 (x,y),写出 $\triangle OPA$ 的面积 S 的关系式;

　　(2)S 与 y 具有怎样的函数关系,写出函数中自变量 y 的取值范围;

　　(3)S 与 x 具有怎样的函数关系,写出自变量 x 的取值范围;

　　(4)如果把 x 看作 S 的函数时,求这个函数解析式,并写出这函数中自变量取值范围;

　　(5)当 $S=10$ 时,求 P 的坐标;

　　(6)在直线 $y=6-x$ 上,求一点 P,使 $\triangle POA$ 是以 OA 为底的等腰三角形.

　　3. 二次函数 $y=2x^2+ax+b$ 的图像经过 $(2,3)$ 点,并且其顶点在直线 $y=3x-2$ 上,求 a 和 b.

德国有一位被世人誉为"万能大师"的通才,他就是莱布尼茨,他在数学、逻辑学、文学、史学和法学等方面都很有建树.

莱布尼茨生于莱比锡,6岁时丧父,但作为大学伦理学教授的父亲给他留下了丰富的藏书,引起了他广泛的学习兴趣.他11岁时自学了拉丁语和希腊语;15岁时因不满足对古典文学和史学的研究,进入莱比锡大学学习法律,同时对逻辑学和哲学很感兴趣.莱布尼茨思想活跃,不盲从,有主见,在20岁时就写出了《论组合的技巧》的论文,创立了关于"普遍特征"的"通用代数",即数理逻辑的新思想.莱布尼茨还与英国数学家、大物理学家牛顿分别独立地创立了微积分学.莱布尼茨是从哲学的角度来研究数学的,他终生奋斗的主要目标是寻求一种可以获得知识和创造发明的普遍方法,他的许多数学发现就是在这种目的的驱使下获得的.牛顿建立微积分学主要是从物理学、运动学的观点出发,而莱布尼茨则从哲学、几何学的角度去考虑.今天的积分号$\int$(拉长的字母S)、微分号d都是莱布尼茨首先使用的.值得一提的是,他发明了能做乘法、除法的机械式计算机(十进制),并首先系统研究了二进制记数方法,这对于现代计算机的发明至关重要.1716年11月14日,莱布尼茨卒于汉诺威.

17世纪伽利略在《两门新科学》一书中,几乎全部包含函数或称为变量关系的这一概念,用文字和比例的语言表达函数的关系.1673年前后笛卡儿在他的解析几何中,已注意到一个变量对另一个变量的依赖关系,但因当时尚未意识到要提炼函数概念,因此直到17世纪后期牛顿、莱布尼茨建立微积分时还没有明确函数的一般意义,大部分函数是被当作曲线来研究的.1673年,莱布尼茨首次使用"function"(函数)表示"幂",后来他用该词表示曲线上点的横坐标、纵坐标、切线长等曲线上点的有关几何量.

第 10 章　不等式

数量有大小之分,它们之间有相等关系,也有不等关系. 人们常常把要比较的对象数量化,再考虑它们的大小,这就是研究不等关系. 例如,要比较全班同学的身高、体重、肺活量,可以测得相关数据,通过这些数据可以判断哪个同学最高,哪个同学最重,哪个同学肺活量最大.

如同等式和方程是研究相等关系的数学工具一样,不等式是研究不等关系的数学工具. 在研究许多问题时,人们经常要分析其中的不等关系,列出相应的不等式,并利用不等式求出某些数量的取值范围.

10.1　不等式的概念

小明一家 10 点 10 分离家赶 11 点整的火车去某地旅游,他们家离火车站 10 千米. 他们先以 3 千米/时的速度走了 5 分钟到达汽车站,然后乘公共汽车去火车站. 公共汽车每小时至少走多少千米他们才能不误当次火车?

一、概念

用不等号可以将两个解析式连接起来所成的式子.

在一个式子中的数的关系,不全是等号,含不等符号的式子,就是一个不等式. 例如 $2x+2y \geqslant 2xy$,$\sin x \leqslant 1$,$\mathrm{e}^x > 0$,$2x < 3$,$5x \neq 5$ 等. 根据解析式的分类也可对不等式分类,不等号两边的解析式都是代数式的不等式,称为代数不等式;不等式也分一次或多次不等式. 只要有一边是超越式,就称为超越不等式. 例如 $\lg(1+x) > x$ 是超越不等式.

二、分类

1. 严格不等式与非严格不等式

一般地,用纯粹的大于号、小于号">"" <"连接的不等式称为严格不等式,用不小于号"≥"(大于等于符号)"≤"(小于等于符号)连接的不等式称为非严格不等式,或称广义不等式.

【注意】关于"≥"和"≤"的含义.

1)不等式≤是指"'<'和'='中有一个成立即可",等价于"≤",即若<和=中有一个成立,则≤成立.

2)不等式≥是指">和=中有一个成立即可",等价于"≥",即若>和=中有一个成立,则≥成立.

2. 同向不等式和异向不等式

1)对于两个不等式,如果每一个的左边都大于右边,或每一个的左边都小于右边,这样的两个不等式叫同向不等式. 如"5>3"与"8>4"是同向不等式,"2<5"与"5<7"是同向不等式.

2)对于两个不等式,如果一个不等式的左边大于右边,而另一个不等式的左边小于右边,这样的两个不等式叫异向不等式. 如"5>3"与"2<5"是异向不等式.

三、不等式的性质

不等式性质 1

①如果 $x>y$,那么 $y<x$;如果 $y<x$,那么 $x>y$.(对称性)

②如果 $x>y,y>z$,那么 $x>z$.(传递性)

③如果 $x>y$,而 z 为任意实数或整式,那么 $x+z>y+z$.(加法原则)

不等式性质 2

①不等式的两边都加上(或减去)同一个数(或式子)(0 除外),不等号的方向不变. 即

如果 $a>b$,那么 $a±c>b±c$).

②不等式的两边都乘以(或除以)同一个正数,不等号的方向不变. 即

如果 $a>b,c>0$,那么 $ac>bc$(或 $a/c>b/c$).

③不等式的两边都乘以(或除以)同一个负数,不等号的方向改变. 即

如果 $a>b,c<0$,那么 $ac<bc$(或 $a/c<b/c$).

④不等式的两边都乘以 0,不等号变等号. 即

如果 $a>b(a<b),c=0$,那么 $ac=bc$.

3. 数字语言简洁表达不等式的性质

案例分析

例 1 用不等式表示下列语句:

(1)x 的一半小于 -1;   (2)y 与 4 的和大于 0.5;

(3)a 是负数;   (4)b 是非负数.

解 $(1)\dfrac{1}{2}x<-1$;$(2)y+4>0.5$;$(3)a<0$;$(4)b\geqslant0$.

例 2 判断下列命题的真假,并说明理由.

解 (1)若 $a>b,c=d$,则 $ac>bd$;(假,因为 c,d 符号不定)

(2)若 $a+c>c+b$,则 $a>b$;(真)

(3)若 $a>b$ 且 $ab<0$,则 $a<0$;(假)

(4)若 $-a<-b$,则 $a>b$.(真)

设公共汽车速度为 x 千米/时,根据题意得

$$3\times\dfrac{5}{60}+\dfrac{45}{60}x\geqslant10$$

解得:$x\geqslant13$,所以公共汽车每小时至少行 13 千米.

1. 用不等式表示:

$(1)x$ 的 3 倍大于 5; $(2)y$ 与 2 的差小于 -1.

$(3)x$ 的 2 倍大于 x; $(4)y$ 的 $\dfrac{1}{2}$ 与 3 的差是负数.

$(5)a$ 是正数; $(6)b$ 不是正数.

2. 用"<"或">"号填空:

$(1)7+3$ _____ $4+3$; $(2)7+(-1)$ _____ $4+(-1)$;

$(3)7\times3$ _____ 4×3; $(4)7\times(-3)$ _____ $4\times(-3)$.

3. 下列各数中,哪些是不等式 $x+2>5$ 的解?哪些不是?

$-3,-2,-1,0,1.5,2.5,3,3.5,5,7.$

4. 用不等式表示:

$(1)x$ 的 $\dfrac{1}{2}$ 与 3 的差大于 2; $(2)2x$ 与 1 的和小于零;

$(3)a$ 的 2 倍与 4 的差是正数; $(4)b$ 的 $\dfrac{1}{2}$ 与 c 的和是负数;

$(5)a$ 与 b 的差是非负数; $(6)x$ 的绝对值与 1 的和不小于 1.

5. 若 $2-x<0$,x _____ 2.

6. 若 $\dfrac{y}{x}>0$,则 xy _____ 0.

7. 不等式 $13-3x>0$ 的正整数解是 _____.

10.2 一元一次不等式

1. 定义

用不等号连接的,含有一个未知数,并且未知数的次数都是 1,系数不为 0,左右两边为整式的式子叫作一元一次不等式.

2. 解一元一次不等式的一般顺序

1)去分母(运用不等式性质 2、3).

2)去括号.

3)移项(运用不等式性质 1).

4)合并同类项.

5)将未知数的系数化为 1(运用不等式性质 2、3).

6)有些时候需要在数轴上表示不等式的解集.

3. 不等式的解集

一个有未知数的不等式的所有解,组成这个不等式的解集. 例如,不等式 $x-5 \leqslant -1$ 的解集为 $x \leqslant 4$;不等式 $x > 0$ 的解集是所有非零实数. 求不等式解集的过程叫作解不等式。也叫作解不等式.

4. 不等式解集的表示方法

1)用不等式表示:一般地,一个含未知数的不等式有无数个解,其解集是一个范围,这个范围可用最简单的不等式表达出来,例如 $x-1 \leqslant 2$ 的解集是 $x \leqslant 3$.

2)用数轴表示:不等式的解集可以在数轴上直观地表示出来,形象地说明不等式有无限多个解,用数轴表示不等式的解集要注意两点:一是定边界线;二是定方向.

不等式 $x+2 > 5$ 的解集,可以表示成 $x > 3$,它也可以在数轴上直观地表示出来,如图 10-1 所示.

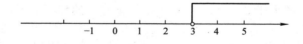

图 10-1

同样,如果某个不等式的解集为 $x \leqslant -2$,也可以在数轴上直观地表示出来,如图 10-2 所示.

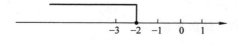

图 10-2

5. 一元一次不等式的解集

将不等式化为 $ax > b$ 的形式:

1)若 $a>0$,则解集为 $x>b/a$;

2)若 $a<0$,则解集为 $x<b/a$.

6. 解一元一次不等式应用题的一般步骤

1)审题,找不等关系.

2)设未知数,用未知数表示有关代数式.

3)列不等式.

4)解不等式.

5)根据实际情况写出答案.

 案例分析

例 1　求不等式 $\frac{1}{2}(3x+4)-3\leqslant 7$ 的最大整数解.

解:$\frac{1}{2}(3x+4)-3\leqslant 7$

$3x+4-6\leqslant 14$.

移项:$3x\leqslant 14-4+6$.

合并同类项:$3x\leqslant 16$.

系数化为 1:$x\leqslant 16/3$.

所以 $x\leqslant 16/3$ 的最大整数解为 $x=5$.

例 2　当 k 取何值时,方程 $\frac{1}{2}x-2k=3(x-k)+1$ 的解为负数.

分析:应先解关于 x 的字母系数方程,即找到 x 的表达式,再解带有附加条件的不等式.

解:解关于 x 的方程:$\frac{1}{2}x-2k=3(x-k)+1$.

$x-4k=6(x-k)+2$.

去括号:$x-4k=6x-6k+2$.

移项:$x-6x=-6k+2+4k$.

合并同类项:$-5x=2-2k$.

系数化为 1:$x=\dfrac{2k-2}{5}$.

要使 x 为负数,即 $x=\dfrac{2k-2}{5}<0$.

由于分母 >0,所以 $2k-2<0$,所以 $k<1$.

所以当 $k<1$ 时,方程 $\frac{1}{2}x-2k=3(x-k)+1$ 的解是负数.

例 3　把一些书分给几个学生,如果每人分 3 本,那么余 8 本;如果前面的每个学生分 5 本,那么最后一人就分不到 3 本。问这些书有多少本? 学生有多少人?

解:设学生有 x 人,由题意,得

$$3x+8-5(x-1)\geqslant 0,$$

$$3x+8-5(x-1)<3.$$

解得

$$5<x\leqslant 6.$$

因为 x 只能取整数，所以 $x=6$.

所以书本有 $3\times 6+8=26$(本).

1. 根据"当 x 为任何正数时，都能使不等式 $x+3>2$ 成立"，能不能说"不等式 $x+3>2$ 的解集是 $x>0$"？为什么？

2. 两个不等式的解集分别为 $x<2$ 和 $x\leqslant 2$，它们有什么不同？在数轴上怎样表示它们的区别？

3. 两个不等式的解集分别为 $x<1$ 和 $x\geqslant 1$，分别在数轴上将它们表示出来.

4. 下列不等式中，是一元一次不等式的有（   ）.

    A. $3(x+5)>3*2+7$ B. $x^2\geqslant 0$

    C. $xy-2<3$ D. $x+y>5$

5. 下列说法正确的是（   ）.

    A. $x=2$ 是不等式 $3x>5$ 的一个解

    B. $x=2$ 是不等式 $3x>5$ 的解

    C. $x=2$ 是不等式 $3x>5$ 的唯一解

    D. $x=2$ 不是不等式 $3x>5$ 的解

6. 下列不等式中，是一元一次不等式的是（   ）.

    A. $\dfrac{1}{x}+1>2$ B. $x^2>9$ C. $2x+y\leqslant 5$ D. $(x-3)<0$

7. 不等式 $3(x-2)\leqslant x+4$ 的非负整数解有（   ）个.

    A. 4   B. 5   C. 6   D. 无数个

8. 不等式 $4x-\dfrac{1}{4}<x+\dfrac{11}{4}$ 的最大的整数解为（   ）.

    A. 1   B. 0   C. -1 D. 不存在

9. 与 $2x<6$ 不同解的不等式是（   ）.

    A. $2x+1<7$ B. $4x<12$ C. $-4x>-12$ D. $-2x<-6$

10. 当 k _____ 时，关于 x 的方程 $2x-3=3k$ 的解为正数.

11. 在数轴上表示出下列各式：

(1) $x\geqslant 2$；   (2) $x<-2$；   (3) $x>1$；   (4) $x\leqslant -1$.

12. 解下列不等式，并把它们的解集分别表示在数轴上：

(1) $5x<200$；   (2) $x-4\geqslant 2(x+2)$.

13. 一本英语书 98 页，孟涛读了 7 天(一周)还没读完，而张浩不到一周就读完了，张浩平均每天比孟涛多读 3 页，问孟涛每天读多少页？

10.3　一元一次不等式组

情境再现

夏天到了,同学们都想有一套夏季校服,作为家长肯定希望所买的校服价廉物美。假设妈妈要求校服的价格不能超过 60 元,而同学们又不喜欢太便宜的,他们对家长的要求是所买的校服价格不能少于 40 元．如果你是售货员,你会拿什么价格的校服让同学们选择呢?如果商店里的校服从每套 25 元到 120 元各价格都有,且每套校服之间都是按逐渐提高 5 元的价格进行呈列的,你能确同学们的选择有几种吗?

显然要使校服让家长和学生都满意,可让他们从每套 40 元到 60 元的校服中选,由于有 40 元、45 元、50 元、55 元、60 元共五种,故售货员只需把这五种价格的校服取出供同学们挑选,才能让同学们和他们的妈妈都满意。这里我们所用的数学知识就是:如何确定不等式组的公共解集,今天我们就来共同探讨不等式组吧!

知识链接

1)由几个含有同一个未知数的一元一次不等式组成的不等式组,叫作一元一次不等式组。不等式组中所有不等式的解集的公共部分叫作这个不等式组的解集．求不等式组的解集的过程叫作解不等式组．

2)不等式组的解集就是不等式组中所有不等式解集的公共部分,解不等式组就是分别求出各个不等式的解集,再求出这个公共部分．

3)利用"一元一次不等式解集的数轴表示方法"求不等式组的解集．

在数轴上表示不等式的解集时应注意:大于向右画,小于向左画;有等号的画实心圆点,无等号的画空心圆圈．

4)几种常见的不等式组的解集($b>a$).

①关于不等式组 $\{x>a\}\{x>b\}$ 的解集是:$x>b$.

②关于不等式组 $\{x<a\}\{x<b\}$ 的解集是:$x<a$.

③关于不等式组 $\{x>a\}\{x<b\}$ 的解集是:$a<x<b$.

④关于不等式组 $\{x<a\}\{x>b\}$ 的解集是空集.

5)几种特殊的不等式组的解集:

①关于不等式(组)$\{x\geqslant a\}\{x\leqslant a\}$ 的解集为 $x=a$;

②关于不等式(组)$\{x>a\}\{x<a\}$ 的解集是空集．

案例分析

例 1　解不等式组:

$$\begin{cases} 3x-1>2x+1, & ① \\ 2x>8. & ② \end{cases}$$

解:解不等式①,得 $x>2$;

　　解不等式②,得 $x>4$.

在数轴上表示不等式①、②的解集,如图 10－3 所示,可知所求不等式组的解集是

$$x>4$$

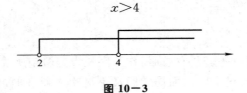

图 10－3

1. 填空题.

(1)不等式组 $\begin{cases} -3-4x<0, \\ 3+2x<0 \end{cases}$ 的解集是_____.

(2)①不等式 $2x<\dfrac{1}{3}$ 的解集是_____;

②不等式 $3x-2<7$ 的非负整数解是_____;

③不等式组 $\begin{cases} 2x-1>5, \\ 2-x<7 \end{cases}$ 的解集是_____;

④根据图 $10-4$,用不等式表示公共部分 x 的范围 _____.

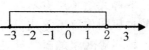

图 10－4

(3)不等式组 $\begin{cases} x+1>0, \\ x-5>0 \end{cases}$ 的解集为_____;不等式组 $\begin{cases} x-3<0, \\ x-5>0 \end{cases}$ 的解集为_____.

(4)不等式组 $\begin{cases} 2x>0, \\ 5-x>0 \end{cases}$ 的解集为_____;不等式组 $\begin{cases} \dfrac{1}{2}x<1, \\ 6-2x>0 \end{cases}$ 的解集为_____.

2. 选择题.

(1)"x 大于 -6 且小于 6"表示为(　　).

　　A. $-6<x<6$　　　　B. $x>-6,x\leqslant 6$　　　　C. $-6\leqslant x\leqslant 6$　　　　D. $-6<x\leqslant 6$

(2)不等式组 $\begin{cases} x-2\leqslant 0 \\ x+1>0 \end{cases}$ 的解是(　　).

　　A. $x\leqslant 2$　　　　B. $x\geqslant 2$　　　　C. $-1<x\leqslant 2$　　　　D. $x>-1$

(3)不等式组 $\begin{cases} 2x-4<0, \\ x+1\geqslant 0 \end{cases}$ 的解集在数轴上表示正确的是(　　).

(4)下列不等式组无解的是(　　).

A. $\begin{cases} x-2<0 \\ x+1<0 \end{cases}$　　B. $\begin{cases} x-1<0 \\ x+2>0 \end{cases}$　　C. $\begin{cases} x+1>0 \\ x-2>0 \end{cases}$　　D. $\begin{cases} x+1<0 \\ x-2>0 \end{cases}$

(5)不等式组 $\begin{cases} -2x<0, \\ 3-x\geqslant 0 \end{cases}$ 的正整数解的个数是(　　).

A. 1 个　　　B. 2 个　　　C. 3 个　　　D. 4 个

2. 解答题.

(1)解不等式(组),并在数轴上表示它们的解集:

(1) $\dfrac{x}{3}-\dfrac{1}{2}(x-1)\geqslant 1$;　　　　(2) $2-\dfrac{x+2}{3}>x+\dfrac{x-1}{2}$;

(3) $\begin{cases} 2x+7>3x-1, \\ \dfrac{x-2}{5}; \end{cases}$　　　　(4) $\begin{cases} \dfrac{1+2x}{3}>x-1, \\ 4(x-1)<3x-4. \end{cases}$

(2)解不等式(组),并在数轴上表示它们的解集;

(1) $\dfrac{1}{2}(x-1)<\dfrac{1}{3}-2x$;　　　　(2) $\begin{cases} 5x-3\geqslant 2x, \\ \dfrac{3x-1}{2}<4. \end{cases}$

10.4　含有绝对值的不等式的解法

正数的绝对值是什么? 负数的绝对值是什么? 零的绝对值是什么? 举例说明?

$$|a|=\begin{cases} a & (a>0), \\ 0 & (a=0), \\ -a & (a<0). \end{cases}$$

1. **绝对值的几何意义**

$|x|$ 是指数轴上点 x 到原点的距离; $|x-a|$ 是指数轴上 x、a 两点间的距离.

2. 的绝对值等于几? -2 的绝对值等于几? 绝对值等于 2 的数是谁? 在数轴上表示出来.

2. **绝对值方程**

求绝对值等于 2 的数可以用方程 $|x|=2$ 来表示,这样的方程叫作绝对值方程. 显然, 它的解有两个,一个是 2,另一个是 -2.

3. 绝对值不等式

设问:解绝对值不等式 $|x|<2$,由绝对值的意义你能在数轴上画出它的解吗?这个绝对值不等式的解集怎样表示?

讲述:根据绝对值的意义,由右面的数轴可以看出,不等式 $|x|<2$ 的解集就是表示数轴上到原点的距离小于 2 的点的集合.

设问:解绝对值不等式 $|x|>2$,由绝对值的意义你能在数轴上画出它的解吗?这个绝对值不等式的解集怎样表示?

质疑:$|x|>2$ 的解集有几部分?为什么 $x<-2$ 也是它的解集?

讲述:$x<-2$ 这个集合中的数都比 -2 小,从数轴上可以明显看出它们的绝对值都比 2 大,所以 $x<-2$ 是 $|x|>2$ 解集的一部分. 在解 $|x|>2$ 时容易出现只求出 $x>2$ 这部分解集,而丢掉 $x<-2$ 这部分解集的错误.

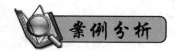 案例分析

解下列不等式:

(1) $|x-500|<2$;   (2) $|3x-8|>2$

解:(1)设问:如果在 $|x|<2$ 中的 x 是 $x-500$,也就是 $|x-500|<2$ 怎样解?

点拨:可以把 $x-500$ 看成一个整体,也就是把 $x-500$ 看成 x,按照 $|x|<2$ 的解法来解.

$$|x-500|<2,$$
$$-2<x-500<2,$$
$$498<x<502.$$

所以,原不等式的解集是

$$\{x|498<x<502\}.$$

(2)设问:如果 $|x|>2$ 中的 x 是 $3x-8$,也就是 $|3x-8|>2$ 怎样解?

点拨:可以把 $3x-8$ 看成一个整体,也就是把 $3x-8$ 看成 x,按照 $|x|>2$ 的解法来解.

$$|3x-8|>2,$$
$$3x-8>2,\text{或 } 3x-8<-2,$$

由 $|3x-8|>2$,得 $x>\dfrac{10}{3}$;

由 $3x-8<-2$,得 $x<2$.

所以,原不等式的解集是

$$\{x|x>\dfrac{10}{3},\text{或 } x<2\}.$$

【归纳】

1)$|x|<a(a>0)$ 的解集是 $\{x|-a<x<a\}$;$|x|>a(a>0)$ 的解集是 $\{x|x>a,\text{或 } x<-a\}$.

2)解 $|x|>a(a>0)$ 绝对值不等式注意不要丢掉 $x<-a$ 这部分解集.

3)$|ax+b|<c$ 或 $|ax+b|>c(c>0)$ 型的绝对值不等式,若把 $ax+b$ 看成一个整体,就可以归结为 $|x|<a$ 或 $|x|>a$ 型绝对值不等式的解法.

解下列不等式:

(1)$\frac{1}{3}|4x-1|\leqslant 5$;　　(2)$|2x+5|>7$.

10.5　一元二次不等式

一、一元二次不等式的定义

只含有一个未知数,并且未知数的最高次数是 2 的不等式,称为一元二次不等式,如 $x^2-5x<0$. 任意的一元二次不等式,总可以化为一般形式:$ax^2+bx+c>0(\geqslant 0)$ 或 $ax^2+bx+c<0(\leqslant 0)$,其中 $a\neq 0$.

二、一元二次不等式的解法

1. 问题起步. 依次出示如下问题

求不等式 $2x-7>0$ 的解集;

求不等式 $2x-7<0$ 的解集;

求方程 $2x-7=0$ 的解.

【注意】表面上看这些问题似乎都过于简单. 学生也不知道老师是什么意思. 当这些问题被学生快速解决以后,教师再提出新的问题:这里是两个不等式和一个方程,观察它们的解有什么特点? 能否把这两个不等式和一个方程三者统一起来? 从而引出一次函数 $y=2x-7$ 值与自变量 x 的取值范围的关系.

$$\left.\begin{aligned}2x-7>0 &\Rightarrow x>3.5\\2x-7=0 &\Rightarrow x=3.5\\2x-7<0 &\Rightarrow x<3.5\end{aligned}\right\}\rightarrow y=2x-7 \text{ 在什么情况下函数值为正、零、负}.$$

从而把不等式和方程问题统一为函数问题. 然后师生共同建立直角坐标系,用两点(不必要像教材那样去列对应值表再去描点的方法)画出一次函数 $y=2x-7$ 的图像(图 10-5),并要求学生根据图像回答问题.

2. 结论推广,特殊到一般性

上述问题解决后,进而推广到一般情形(图 10-6 和图 10-7)把 $ax+b>0$ 和 $ax+b<0$ 的解集对应写出来,$a>0$ 时

$$\left\{\begin{aligned}&ax+b>0 \text{ 的解集为 } \left\{x\mid x>-\frac{b}{a}\right\},\\&ax+b<0 \text{ 的解集为 } \left\{x\mid x<-\frac{b}{a}\right\}.\end{aligned}\right.$$

$$a < 0 \text{ 时} \begin{cases} ax+b > 0 \text{ 的解集为} \left\{ x \mid x < -\dfrac{b}{a} \right\}, \\ ax+b < 0 \text{ 的解集为} \left\{ x \mid x > -\dfrac{b}{a} \right\}. \end{cases}$$

（〔注〕：达到在遵循直观性原则的基础上渗透数形结合的数学思想方法的目的。）

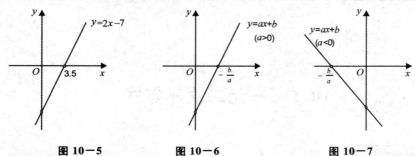

图 10−5　　　　　图 10−6　　　　　图 10−7

3. 问题深入，直接提出问题

一元二次方程和一元二次不等式是不是也可以和二次函数统一起来呢？请画出二次函数 $y = x^2 - x - 6$ 的图像的草图，并根据图像回答，在什么情况下函数值为正、零、负？（问题如此设置，很自然地过渡到解一元二次不等式的问题。）

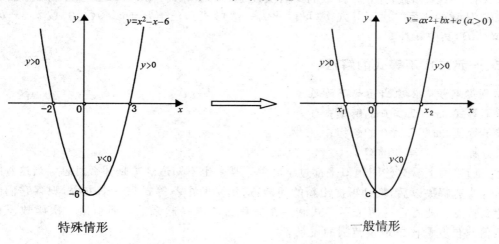

特殊情形　　　　　　　　　　　　一般情形

$\Delta = b^2 - 4ac$	$\Delta > 0$	$\Delta = 0$	$\Delta < 0$
二次函数 $y = ax^2 + bx + c(a > 0)$ 的图像			

(续)

$ax^2+bx+c=0(a>0)$的根	有两相异实根 $x_1,x_2(x_1<x_2)$	有两相等实根 $x_1=x_2=-\dfrac{b}{2a}$	无实根
$ax^2+bx+c>0(a>0)$	$\{x\mid x<x_1$ 或 $x>x_2\}$	$\left\{x\mid x\neq-\dfrac{b}{2a}\right\}$	**R**
$ax^2+bx+c<0(a>0)$的解集	$\{x\mid x_1<x<x_2\}$	$\varnothing$	$\varnothing$

【注意】

1)一元二次方程 $ax^2+bx+c=0(a\neq0)$ 的两根 x_1、x_2 是相应的不等式的解集的端点的取值,是抛物线 $y=ax^2+bx+c$ 与 x 轴的交点的横坐标.

2)表中不等式的二次项系数均为正,如果不等式的二次项系数为负,应先利用不等式的性质转化为二次项系数为正的形式,然后讨论解决.

3)解集分 $\Delta>0$,$\Delta=0$,$\Delta<0$ 三种情况,得到一元二次不等式 $ax^2+bx+c>0$ 与 $ax^2+bx+c<0$ 的解集。

三、解一元二次不等式的步骤：

1)先看二次项系数是否为正,若为负,则将二次项系数化为正数.

2)写出相应的方程 $ax^2+bx+c=0(a>0)$,计算判别式 Δ:

①$\Delta>0$ 时,求出两根 x_1,x_2,且 $x_1<x_2$(注意灵活运用因式分解法和配方法);

②$\Delta=0$ 时,求出根 $x_1=x_2=-\dfrac{b}{2a}$;

③$\Delta<0$ 时,方程无解;

3)根据不等式,写出解集。

四、三个"二次"的关系

二次函数 $y=ax^2+bx+c(a\neq0)$用以研究自变量 x 与函数值 y 之间的对应关系,一元二次方程的解就是自变量为何值时,函数值 $y=0$ 的这一情况;而一元二次不等式的解集是自变量变化过程中,何时函数值 $y>0(y\geq0)$ 或 $y<0(y\leq0)$ 的情况。一元二次方程 $ax^2+bx+c=0$($a\neq0$)的解对研究二次函数 $y=ax^2+bx+c(a\neq0)$ 的函数值的变化是十分重要的,因为方程的两根 x_1,x_2 是函数值由正变负或由负变正的分界点,也是不等式的解的区间的端点。在学习过程中,只有搞清三者之间的联系,才能正确认识与理解一元二次不等式的解法。

案例分析

例 解下列不等式：

(1)$-6x^2-x+2\leq0$;

(2)$4x^2+4x+1<0$;

(3) $x^2-3x+5>0$。

分析:解一元二次不等式的步骤是:①把二次项系数化为正数;②解对应的一元二次方程;③根据方程的根,结合不等号方向,得出不等式的解集.

解:(1)原不等式化为 $6x^2+x-2\geqslant0$,

因为 $\Delta>0$,方程 $6x^2+x-2=0$ 的根是 $-\dfrac{2}{3}$,$\dfrac{1}{2}$.

所以原不等式的解集是 $\{x\mid x\leqslant-\dfrac{2}{3}$,或 $x\geqslant\dfrac{1}{2}\}$.

(2)因为 $4x^2+4x+1=(2x+1)^2\geqslant0$.

所以不等式 $4x^2+4x+1<0$ 的解集是 $\varnothing$.

(3)因为 $\Delta<0$,方程 $x^2-3x+5=0$ 无实数根.

所以不等式 $x^2-3x+5>0$ 的解集是 **R**.

解题后反思:在一元二次不等式的解法中可结合一元二次函数的图像进行分析.

 习题演练

1. 解下列不等式.

(1) $14-4x^2\geqslant x$;

(2) $x^2+x+1>0$;

(3) $2x^2+3x+4<0$;

(4)求不等式 $4x^2-4x+1>0$ 的解集.;

(5)解不等式 $-x^2+2x-3>0$.

2. 若关于 x 的不等式 $ax^2+bx+c<0(a\neq0)$ 的解集是空集,则( ).

  A. $a<0$ 且 $b^2-4ac>0$ B. $a<0$ 且 $b^2-4ac\leqslant0$

  C. $a>0$ 且 $b^2-4ac\leqslant0$ D. $a>0$ 且 $b^2-4ac>0$

3. 1. 若 x 为实数,则下列不等式的解集正确的是( ).

  A. $x^2\geqslant2$ 的解集是 $\{x\mid x\geqslant\pm\sqrt{2}\}$

  B. $(x-1)^2<2$ 的解集是 $\{x\mid 1-\sqrt{2}<x<1+\sqrt{2}\}$

  C. $x^2-9<0$ 的解集是 $\{x\mid x<3\}$

  D. 设 x_1,x_2 为 $ax^2+bx+c=0$ 的两个实根,且 $x_1>x_2$,则 $ax^2+bx+c>0$ 的解集是 $\{x\mid x_2<x<x_1\}$

10.6 一元二次不等式的应用

 **案例分析**

  例1 把一些书分给几个学生,如果每人分 3 本,那么余 8 本;如果前面的每个学生分 5 本,那么最后一人就分不到 3 本.问这些书有多少本? 学生有多少人?

解：设有 x 名学生，那么有 $(3x+8)$ 本书，于是有

$$0 \leqslant (3x+8)-5(x-1)<3,$$
$$0 \leqslant -2x+13<3,$$
$$-13 \leqslant -2x<-10,$$
$$5<x \leqslant 6.5.$$

因为 x 整数，所以 $x=6$.

答：即有 6 名学生，有 26 本书.

例 2　抗洪抢险，向险段运送物资，共有 120 公里原路程，需要 1 小时送到，前半小时已经走了 50 公里后，后半小时速度多大才能保证及时送到？

解：设后半小时的速度至少为 x 千米/小时，则

$$50+(1-1/2)x \geqslant 120,$$
$$50+1/2x \geqslant 120,$$
$$1/2x \geqslant 70,$$
$$x \geqslant 140.$$

答：后半小时的速度至少是 140 千米/小时.

例 3　用每分钟抽 1.1 吨水的 A 型抽水机来抽池水，半小时可以抽完；如果改用 B 型抽水机，估计 20 分钟到 22 分可以抽完. B 型抽水机比 A 型抽水机每分钟约多抽多少吨水？

解：设 B 型抽水机比 A 型抽水机每分钟多抽 x 吨水，则池子有 $1.1 \times 30=330$ 吨水.

$$20 \times (1.1+x) \leqslant 33, \qquad\qquad ①$$
$$22 \times (1.1+x) \geqslant 33 \qquad\qquad ②$$

由①得 $x \leqslant 0.55$，由②得 $x \geqslant 0.4$.

所以 $0.4 \leqslant x \leqslant 0.55$.

答：B 型比 A 型每分钟多抽 0.4 到 0.55 吨水.

例 4　商场购进某种商品 m 件，每件按进价加价 30 元售出全部商品的 65%，然后再降价 10%，这样每件仍可获利 18 元，又售出全部商品的 25%.

(1)试求该商品的进价和第一次的售价；

(2)为了确保这批商品总的利润率不低于 25%，剩余商品的售价应不低于多少元？

解：(1)设进价是 x 元，则第一次的售价为 $x+30$ 元，有

$$(x+30)(1-10\%)=x+18,$$
$$x=90,$$
$$x+30=120.$$

该商品的进价为 90 元，第一次的售价为 120 元.

(2)设剩余商品售价应不低于 y 元，有

$$(90+30)m65\%+(90+18)m25\%+(1-65\%-25\%)my \geqslant 90 \times m(1+25\%),$$
$$120 \times 0.65+108 \times 0.25+0.1y \geqslant 90 \times 1.25,$$
$$78+27+0.1y \geqslant 112.5,$$
$$0.1y \geqslant 7.5,$$
$$y \geqslant 75.$$

剩余商品的售价应不低于 75 元.

本 章 小 结

本章主要内容有不等式的相关概念、性质和解不等式的基本方法. 重点是不等式的解法.

通过本章学习,要求掌握不等式的概念、性质及不等式的同解原理,熟练掌握一元一次不等式和一元一次不等式组的解法,掌握一元二次不等式以及简单的分式不等式和含有绝对值符号的不等式的解法.

在学习本章时,要注意如下几点.

1)不等式与方程的概念和性质,解不等式与解方程的方法既有许多相同之处,但又有根本区别. 例如,含有未知数的等式叫方程,而含有未知数的不等式仍然叫不等式。又例如,在解方程的过程中,如遇方程两边同乘以(或除以)一个不为零的实数时,不必考虑这个数的符号. 但是在解不等式时,如遇这种情况,就必须考虑这个数的符号(若这个数为正,不等号的方向不变,若这个数为负,不等号的方向要改变). 此外,方程的解一般是一个或几个确定的数位,而不等式的解集是一个确定的数值范围.

2)不等式的基本性质与不等式的同解性质是有区别的(当然,同解性质的原始依据是不等式的三个基本性质). 一般说来,不等式的基本性质是证明不等式的依据,不等式的同解性质是解不等式的依据. 因为在初中阶段,我们主要学习不等式的解法,因此在前面的基本内容中,将其归结为同解性质.

复 习 题

1. 不等式 $2x-7<5-2x$ 的正整数解有(　　　).

  A. 1 个   B. 2 个   C. 3 个   D. 4 个

2. 不等式组 $\begin{cases} x-2<0, \\ x\geqslant 1 \end{cases}$ 的解集为(　　　).

  A. $1\leqslant x<2$ B. $x\geqslant 1$ C. $x<2$ D. 无解

3. 不等式 $2x+1>0$ 的解集是＿＿＿＿＿＿.

4. 不等式 $x-2>0$ 的解集是＿＿＿＿＿＿＿＿.

5. 不等式组 $\begin{cases} 3x\leqslant 6, \\ x+1>0 \end{cases}$ 的整数解是＿＿＿＿＿＿＿.

6. 不等式组 $\begin{cases} 2x-7<5-2x, \\ x+1>\dfrac{3+x}{2} \end{cases}$ 的整数解是＿＿＿＿＿.

7. 已知关于 x 的不等式组 $\begin{cases} x-a>0, \\ 3-2x>0 \end{cases}$ 的整数解共有 6 个,则 a 的取值范围是＿＿＿＿＿＿＿.

8. 不等式 $3\leqslant |5-2x|<9$ 的解集是＿＿＿＿＿＿＿.

9. 不等式 $-2x^2+x+3<0$ 的解集是＿＿＿＿＿.

10. 不等式 $x^2-x+\dfrac{1}{4}>0$ 的解集是＿＿＿＿＿.

奥古斯丁·路易·柯西著名数学家．第一个认识到无穷级数论并非多项式理论的平凡推广而应当以极限为基础建立其完整理论的数学家．

奥古斯丁·路易·柯西于 1789 年 8 月 21 日出生于高级官员家庭．大约在 1805 年时，他就读于巴黎综合理工学院．他在数学方面有杰出的表现，被任命为法国科学院院士等大学的重要职位．1830 年柯西拒绝效忠新国王，并自行离开了法国．大约在十年后，他担任了巴黎综合理工学院教授．在 1848 年时，在巴黎大学担任教授．柯西一生写了大约八百篇论文，这些论文编成《柯西著作全集》，于 1882 年开始出版．

19 世纪微积分学的准则并不严格，他拒绝当时微积分学的说法，并定义了一系列的微积分学准则．他一生共发表 800 多篇论文．其中较为有名的是《分析教程》《无穷小分析教程概论》和《微积分在几何上的应用》．他 1823 年在其中一篇论文中，提出弹性体平衡和运动的一般方程可分别用六个分量表示．他和马克劳林重新发现了积分检验这个用来测试无限级数是否收敛的方法，积分检验最早可追溯到 14 世纪印度数学家 Madhava 和 Madhava 的 Kerala 学派．他一生中最重要的贡献主要是在微积分学、复变函数和微分方程这三个领域．

奥古斯丁·路易·柯西是数学分析严格化的开拓者，复变函数论的奠基者，也是弹性力学理论基础的建立者．他是仅次于欧拉的多产数学家，他的全集包括 789 篇论著，多达 24 卷，其中有大量的开创性工作．举世公认的事实是，即使经过了将近两个世纪，柯西的工作与现代数学的中心位置仍然相去不远．他引进的方法，以及无可比拟的创造力，开创了近代数学严密性的新纪元．

著名的柯西不等式就是由大数学家柯西在研究数学分析中的"流数"问题时得到的．但从历史的角度讲，该不等式应当称为 Cauchy-Buniakowsky-Schwarz 不等式，因为正是后两位数学家彼此独立地在积分学中推而广之，才将这一不等式应用到近乎完善的地步．柯西不等式非常重要，灵活巧妙地应用它，可以使一些较为困难的问题迎刃而解．柯西不等式在证明不等式、解三角形、求函数最值、解方程等问题的方面得到应用．

参考文献

[1] 薛金星. 小学数学基础知识手册[M]. 北京:北京教育出版社,2011.

[2] 薛金星. 小学数学教材课内外知识现用现查[M]. 北京:北京教育出版社,2006.

[3] 薛金星. 初中数学基础知识手册[M]. 北京:北京教育出版社,2010.

[4] 李淑贤. 幼儿数学教育理论与实践[M]. 长春:东北师范大学出版社,1994.

[5] 张俊,马柳新. 0~6岁小儿数学教育[M]. 上海:上海科学技术出版社,2004.

[6] 石美霞. 0~6岁数学能力培养[M]. 北京:人民日报出版社,2008.

[7] 徐青,刘昕,高晓敏. 学前儿童数学教育[M]. 北京:高等教育出版社,2011.

[8] 孔宝刚. 数学(合订本)[M]. 上海:复旦大学出版社,2010.

[9] 陈水林,黄伟祥. 数学[M]. 武汉:湖北科学技术出版社,2007.

[10] (美)G. 波利亚. 怎样解题——数学思维的新方法[M]. 涂泓,冯承天,译. 上海:上海科技教育出版社,2011.

[11] 程帆. 爱上数学——趣味数学故事90篇[M]. 长春:吉林出版集团有限责任公司,2010.

[12] 李毓佩. 数学学习故事[M]. 北京:海豚出版社,2007.

[13] 杨志敏. 数学[M]. 北京:高等教育出版社,2012.

[14] 朱华伟. 小学数学培优竞赛讲座[M]. 北京:中国少年儿童新闻出版总社,中国少年儿童出版社,2011.

[15] 于雷. 北大清华学生爱做的400个思维游戏[M]. 北京:中央编译出版社,2009.

[16] 谈祥柏. 登上智力快车[M]. 北京:中国少年儿童新闻出版总社,2012.

[17] 谈祥柏. 故事中的数学[M]. 北京:中国少年儿童新闻出版总社,2012.

[18] 马希文. 数学花园漫游记[M]. 北京:中国少年儿童新闻出版总社,中国少年儿童出版社,2012.

[19] 加里·西伊,苏珊娜·努切泰利. 逻辑思维简易入门[M]. 廖备水,雷丽赟,冯立荣,译. 北京:机械工业出版社,2013.

[20] 李毓佩. 数学大世界[M]. 武汉:湖北少年儿童出版社,2013.